工业和信息化部“十四五”规划教材
科学出版社“十四五”普通高等教育研究生规划教材

结构振动主动控制

蔡国平　刘　翔　著

科学出版社
北　京

内 容 简 介

结构振动主动控制是利用外部能源对结构施加控制力以迅速衰减和控制结构振动反应的一种技术。和经典的被动控制相比，主动控制在控制设计上具有更大的灵活性，控制效果往往优于被动控制，是当前振动工程领域的热点之一。结构振动主动控制涉及数学、力学、控制、计算机等多学科的交叉知识，是振动控制领域内的一项新技术，在航空航天、土木、机械等许多工程领域具有广阔的应用前景。

本书介绍结构振动的基本理论和主动控制的设计方法，内容包括振动基本理论、结构振动的最优控制、结构振动的次最优控制、结构振动的模态控制、基于系统输入和输出的低维建模与参数辨识、结构振动主动控制中传感器和作动器的优化配置、结构振动主动控制中时滞问题的处理方法、结构振动主动控制系统的模型降阶等。

本书适合从事结构振动主动控制研究的研究生、科研人员、工程技术人员阅读和使用，也适合其他从事相关技术研究的学者参考。

图书在版编目(CIP)数据

结构振动主动控制/蔡国平，刘翔著. —北京：科学出版社，2021.11
(工业和信息化部“十四五”规划教材·科学出版社“十四五”普通高等教育研究生规划教材)
ISBN 978-7-03-068908-5

Ⅰ. ①结… Ⅱ. ①蔡… ②刘… Ⅲ. ①结构振动控制-高等学校-教材 Ⅳ. ①TB123

中国版本图书馆 CIP 数据核字(2021)第 103404 号

责任编辑：陈 琪 张丽花 / 责任校对：王 瑞
责任印制：张 伟 / 封面设计：迷底书装

科 学 出 版 社 出版
北京东黄城根北街 16 号
邮政编码：100717
http://www.sciencep.com
北京中石油彩色印刷有限责任公司 印刷
科学出版社发行 各地新华书店经销
*
2021 年 11 月第 一 版 开本：787×1092 1/16
2022 年 1 月第二次印刷 印张：11 1/4
字数：267 000

定价：79.00 元
(如有印装质量问题，我社负责调换)

前　言

结构振动控制一般可分为被动控制、主动控制和混合控制。被动控制系统无须外部能量输入，它是利用阻尼元件的耗能来达到振动控制的目的。主动控制系统需要外部能量输入，通过主动地对结构施加实时的控制力以达到振动控制的目的。混合控制则同时采用主动控制技术和被动控制技术。主动控制方法具有控制效果不依赖于外部扰动的特点，并且控制效果往往明显优于被动控制方法，因此在结构振动控制领域得到了广泛的关注，其优越性也在大量的工程实践中得到了检验。

结构振动主动控制系统一般为反馈系统，是利用系统的状态信息实时地进行控制反馈，以对结构进行主动调节。结构振动主动控制具有丰富的内涵，研究内容涉及数学、力学、土木、控制、材料等许多学科的知识，在土木、机械、航空航天、军事等许多工程领域具有广阔的应用需求和前景。

在近 20 年的时间里，作者一直讲授力学专业的本科生课程“振动理论”和研究生课程“结构主动控制”，并且指导研究生在结构动力学与控制方向上开展了大量的科学研究。本书根据这 20 年来的研究成果和对问题的感悟汇总而成。作者带领的研究团队所做的研究是本书的基础：谢永、范亮、吕娟霞对基于系统输入和输出的低维建模和参数辨识的研究，陈龙祥和刘锟对结构振动主动控制系统中时滞问题处理方法的研究，周勍对结构振动次最优控制的研究，刘翔和潘继对结构振动主动控制中传感器/作动器优化配置的研究，谢永和章敏对结构振动主动控制系统的模型降阶问题的研究。以上的研究工作都有公开发表的研究生学位论文。正是这些研究生在攻读学位期间的努力钻研，才有本书的成果汇总，作者对他们的辛勤付出表示衷心的感谢。

本书共 9 章，编写分工为：第 1、5、8 章由蔡国平编写，第 2 章由蔡国平、刘翔和范亮编写，第 3 章由蔡国平和刘翔编写，第 4 章由周勍编写，第 6 章由范亮编写，第 7、9 章由刘翔编写。全书由蔡国平和刘翔统稿。全书内容属于结构动力学与主动控制范畴，各章自成体系。本书还参考了国内外许多专家和学者的成果，皆已给出参考文献注释。另外，本书的部分内容是在国家自然科学基金的资助下完成的，在此一并表示感谢。

本书内容只是基于作者在结构动力学与控制研究方向上的成果汇集与个人认识，并未涵盖该研究方向的所有内容。希望本书能够对从事结构动力学与控制研究的学者有所裨益。

由于作者水平有限，本书内容难免存在不足之处，敬请读者批评指正。

蔡国平

2021 年 2 月于上海交通大学

目　　录

第 1 章　概　　述

学习要点

- 科学方法、科学精神和科学素养
- 结构振动控制的分类及其各自的特点
- 常用主动控制方法的基本概念
- 智能材料在结构振动主动控制应用中的基本概念

振动与控制从广义上讲可以归为动力学的范畴。力学在历史上有许多大师级的人物，如牛顿、达朗贝尔、库伦、铁摩辛柯、伯努利、钱学森等，这些力学大师热爱祖国、献身科学，为社会的进步与发展做出了卓越贡献，是探索真理的典范。学习这些力学大师要学习他们的科学观，包括科学方法、科学精神和科学素养。**科学方法**是在研究科学问题和发现科学规律时所采用的方法，一般情况下是从实践中发现科学问题，然后上升到理论高度去探索与总结规律，最后再将规律在实践中进行检验，即“实践—理论—实践”。也有的是先从理论上发现问题，然后在实践中检验，最后再上升到理论高度去总结规律，即“理论—实践—理论”。**科学精神**的内涵是科学批判和大胆质疑，针对现有成果敢于质疑和探究，善于分析和创新，去伪存真、发现本质。**科学素养**则是进行科学判断、科学应用、追求真理和热爱科学，针对问题能够进行合理的分析、判断与解决，具有良好的品德，要有责任感和使命感。高校课程思政的核心是立德树人，关系到培养什么样的人、如何培养人，以及为谁培养人这个教育的根本问题。而教材作为课程的媒介，不但有着知识传授和能力培养的功能，还担负着培养学员塑造正确的世界观、人生观和价值观的作用。

振动与控制的理论是人类几百年乃至上千年来高级心智文明的成果，是人类智慧的结晶。希望学员在钻研、探索的过程中，培养从错综复杂的现象和繁杂无序的数据中寻找与总结内在关系和规律的能力，体会科学研究的艰辛和乐趣，培养在科学研究上百折不挠、持之以恒的毅力和意志，提高力学素质和修养，提高开展科技活动和社会实践的能力以及开展科研工作的能力。通过本书的学习，学员应当具备对工程振动问题正确的力学建模能力，以及运用振动主动控制的基本理论和分析方法解决问题的能力。

1.1　振 动 控 制

实际工程结构中存在着大量的振动问题，振动不但会影响工程结构的正常工作，而且有可能引起结构的疲劳破坏，缩短其使用寿命，因此有必要对振动进行抑制，以消除它所造成的有害影响。结构振动控制技术是指通过采取一定的措施来减少或者抑制工程结构由于动力载荷所引起的动响应，以满足结构安全性、舒适性和实用性的要求。

结构振动控制大致可以分为三大类：被动控制、主动控制、混合控制。被动控制又称无源控制，它无须外部能量输入，而是通过在结构上附加各种耗能或储能材料，以耗散结构的振动能量，从而达到抑制结构振动的目的。被动振动控制有较长的研究历史和广泛的工程应用，它具有结构简单、易于实现、经济性好、可靠性高等优点，但也有控制效果和适应性差的缺点。一般来说，被动控制对高频振动较为有效，但是对低频振动的控制效果较差。主动控制是通过向被控系统中输入能量，以获得期望的阻尼、刚度特性，达到对振动主动调节和镇定的目的。主动控制由于具有诸多的优点，因此成为当前人们关注的热点问题。混合控制则兼有被动控制和主动控制的特点，它是将主动控制策略和被动控制策略同时用于同一结构，以达到降低结构动态响应的目的。另外，随着材料科学的飞速发展，以压电陶瓷、电(磁)流变液和形状记忆合金为代表的智能材料在结构振动控制中呈现出巨大的生命力。智能材料具有传感和作动的功能，将智能材料用于结构以构成自适应结构系统是结构振动控制领域中的一个重要研究方向。下面对结构的振动控制策略逐一进行介绍。

1.1.1　被动控制

被动控制技术是最早发展起来的控制技术，控制装置不需要外部提供能量，控制所需要的力通过结构的相对运动而产生。被动控制因其构造简单、造价低、易于维护且无须外部能源支持等优点而引起了人们的广泛关注。许多被动控制技术已经日趋成熟，并且在结构振动控制中发挥着重要作用。常用的被动控制技术有隔振、耗能阻振和动力吸振[1-9]。

经典隔振理论的研究开始于 20 世纪初，主要研究对象为理想的刚性基础单层隔振系统。隔振器的分布质量特性在高频域会引起驻波效应，使传递曲线向上翘曲，隔振效果下降；同时，机器设备和基础并非理想刚体，而柔性隔振系统在高频激励下使传递率曲线产生许多谐振峰值，影响了隔振效果。基础的非刚性对隔振效果有着重要的影响。

耗能减振技术是通过在结构上设置阻尼器，结构在外荷载作用下发生振动时，耗能装置通过剪切变形、金属屈服滞回特性、流体穿过孔隙等方式，来耗散掉结构的振动能量。主要的阻尼装置有黏弹性阻尼器、摩擦阻尼器、金属阻尼器，以及复合型阻尼装置。耗能减振装置一般需要较大的相对变形并对安装位置比较敏感，安装在具有较大相对位移处才能充分发挥消能减振的作用。目前耗能减振技术仍然是受到人们青睐的一种有效的被动控制方法，在振动控制中应用比较广泛。

动力吸振技术是在结构上附加减振装置，结构振动时带动附加装置一起运动，附加装置被动地产生一组反作用于主结构的力，同时主结构能量被子系统吸收，从而达到保护主结构的目的。该控制方法常常用于风激励所引起的结构振动的控制，最典型的吸振装置是调谐质量阻尼器(tuned mass damper，TMD)和调谐液体阻尼器(tuned liquid damper，TLD)。TMD 系统是在被控结构上安装惯性质量，并配以弹簧和阻尼器与主结构相连，应用共振原理，对结构某一振型进行控制。TLD 依靠液体的黏性运动和波浪破碎来吸收和消耗主结构的振动能量。

被动控制技术具有构造简单、安装方便、成本低、无须外部能源供给等优点，但也存在自身的缺陷，如只能对某种特定的振动进行控制、缺乏跟踪和调节能力、减振效果很大程度上依赖于激励特性和结构的动力响应特性等。目前，被动控制研究主要有以下几个问题需要解决：一是被动控制系统的可靠性研究，包括减振装置本身的可靠性以及极端荷载作用下减振装置是否会对结构造成危害；二是被动控制效果的定量设计以及附加减振装置效果评价体系的建立；三是新型经济、有效的被动控制装置的概念设计以及试验研究。另外，如何在被动控制系统中应用新材料、新工艺，以及发展、探索新的含阻尼材料的结构优化设计方法，也是今后被动振动控制的研究热点。

1.1.2 主动控制

主动控制是通过作动器向系统输入能量，以达到对系统振动进行主动调节或镇定的目的。关于振动主动控制可以参考文献[1]～[9]。目前常用的结构振动主动控制方法有以下几种。

PID 控制[10]：PID (proportion integral derivative) 控制是最早发展起来的控制策略之一。在 PID 控制中，控制律是控制偏差量的比例 P、积分 I 和微分 D 的线性组合。由于 PID 控制具有简单、有效和实用的特点，该控制方法在实际工程中得到了大量应用，其有效性得到了广泛验证。对于结构的主动控制，一般是仅采用 P、D 环节。

极点配置控制[11]：极点配置方法通过选择适当的增益矩阵，引入某种控制器，使得闭环系统的极点可以移动到指定的位置，从而使系统的动态性能得到改善。极点配置法在仅考虑对结构响应较大的少数几阶振型时比较容易实现。这种方法所选择的增益矩阵通常不是唯一的，因此极点配置法得出的控制规律也不是最优的，但是该方法简单、易行。

独立模态空间控制[5]：独立模态空间控制法是基于振动模态分解的概念建立的，根据模态正交原理，针对每阶模态独立地设计控制律，对于求出的模态控制通过模态的参与矩阵进行线性变换，由模态控制得出结构控制。控制设计一般只针对几个主要振型进行。在控制器数目少于系统自由度时，所截取的振型数目应与控制器的数目相同。

最优控制[11,12]：最优控制方法是现有所有主动控制方法中理论体系最为完备的一种，它定义了一个性能指标函数，然后设计最优控制律，使得性能指标函数取极小值。性能指标函数一般包含有控制效果和控制代价两部分评价指标，通过调整各自的权重矩阵的大小可以达到控制效果和控制代价之间的均衡。一般情况下，权重矩阵的选择是在合理控制效果的前提下使得控制代价尽可能地小。最优控制是在性能指标函数极小情况下的最优，该控制方法并不一定是控制效果的最优。

变结构控制[13]：变结构控制又称滑模控制，是一种不连续的反馈控制系统，其中滑动模态是该控制方法的显著特点。控制律根据到达条件进行设计，驱使系统的相点于有限时间内到达切换面上，然后向原点(或平衡位置)趋近。在切换面上，滑动模态具有强鲁棒性，对系统参数变化和外部扰动不敏感，并且滑动模态具有优良的稳定性质。但是变结构控制方法也有其缺点，即抖振。抖振源于系统相点在接近切换面时由于惯性而不断地穿越切换面。对该问题常用的处理方法之一是采用饱和函数来代替变结构控制律中的符号函数，另一处理方法是从到达条件上进行设计，以减缓相点在接近切换面时的运动速度。目前变结构控制方法在机器人、电机工程领域得到了深入研究和应用，控制效果显著。

自适应控制[14]：自适应控制能通过测取过程状态的连续信息，自动调节控制器的参数以适应环境条件或过程参数的变化，使系统获得较强的鲁棒性，维持控制系统所要求的性能指标。

鲁棒控制[15]：由于柔性机械臂的结构特性及运动特征，其动力学方程中存在显著的不确定性(结构不确定性和参数大范围摄动)。鲁棒控制是一种适宜于补偿这种不确定性的方法。1981 年，Zames 首次用明确的数学语言描述了基于经典设计理论的优化设计问题，提出用传递函数阵的 H_∞范数来记述优化指标。1984 年，加拿大学者 Francis 和 Zames 用古典的函数插值理论，提出了这种设计 H_∞问题的最初解法；而英国学者 Glover 则将 H_∞设计问题归纳为函数逼近问题，并用 Hankel 算子理论给出了这个问题的解析解；Glover 的解法又被 Doyle 在状态空间上进行了整理并系统地归纳为 H_∞控制问题，至此，H_∞控制理论体系已经初步形成。

智能控制[16]：智能控制是指模糊控制、神经元网络控制、基于知识的专家系统，以及基于信息论的控制方法等，它主要应用于具有参数不确定性和结构不确定性的复杂系统以及具有较大时间常数和较大纯滞后的线性系统与确定性系统。由于智能控制研究的主要目标不是被控对象，而是控制器本身，研究的工具不是纯数学解析方法，而是定性和定量相结合、数学解析与直接推理相结合的工程方法。智能控制是一种语言控制器，可反映人在进行控制活动时的思维特点，其主要特点之一是控制系统设计并不需要通常意义上的被控对象的数学模型，而是需要操作者或专家的经验知识、操作数据等。

1.1.3 混合控制

混合控制技术是指在控制的过程中，同时采用主动控制技术和被动控制技术。被动控制简单可靠，不需外部能源，经济易行，但控制范围及控制幅度受到限制；主动控制减振效果好，但需外部能源，系统配置要求较高，造价较为昂贵[1,2]。将两种系统联合使用，利用二者各自的优势，可以达到更加经济、更加合理的控制目标。

在振动控制策略中还有一类控制——半主动控制，这里将其归纳在混合控制中。半主动控制一般以被动控制为主体，使用少量能量用于改变被动控制系统的参数和工作状态，以适应系统对最优状态的跟踪。半主动控制比主动控制容易实施且更经济，而且其控制效果与主动控制相近，具有较大的研究和应用开发价值。半主动控制的优化控制律一般采用主动控制理论来解决。对于结构振动的半主动控制，一般采用磁流变(MR)阻尼器和电流变(ER)阻尼器。其中磁流变阻尼器可通过调整磁流变阀中的电场强度来调整阻尼器的阻尼系数，当它安置在结构上时，所实现的结构控制就是这种半主动控制。

1.2　智能材料在主动振动控制中的应用

随着材料科学、控制理论和计算机技术的发展，智能材料以其独特的物理耦合效应受到了国内外学者的普遍关注。智能材料具有传感和作动的功能，它通过粘贴和填满等方式与构件结为一体，因此非常适合于柔性结构/机构的振动控制。目前常采用的智能材料包括：电/磁流变液、超磁致伸缩材料，以及压电材料等。电/磁流变液是指具有电/磁流变效应的流体，它的黏度随外加电/磁场强度的变化而变化。当电/磁场强度达到一定值的时候，电/磁流变液由流动性能良好的牛顿流体转变为剪切屈服应力很高的黏弹塑性体，并且这一过程是可逆的。通过对电/磁场强度的控制很容易实现黏度和屈服应力的主动控制。超磁致伸缩材料在磁场作用下具有较强的磁滞伸缩效应，即在磁场作用下，它的体积和尺寸均发生变化；在一定的磁场中，给磁性体施加外力作用，其磁化强度发生变化，即产生逆磁滞伸缩现象。利用这两种效应可将超磁致伸缩材料用作作动器和传感器。压电材料是指具有压电效应的一类材料，在机械变形作用下该材料会发生极化而在材料两端的表面间产生电位差；同时在电场作用下该材料会发生机械变形。利用这一特性，压电材料可用来构建传感器和作动器。随着科学技术，特别是航空、航天技术的飞速发展，以智能材料为传感器与作动器而构成的具有自感知和自控制的智能结构必将具有更广阔的应用前景[2,17]。

复习思考题

1-1　参考文献[1]～[8]，对本章学习要点的三点内容（结构振动控制的分类及其各自的特点；常用主动控制方法的基本概念；智能材料在结构振动主动控制应用中的基本概念）进行深入理解。

1-2　利用网络资源查找相关文献，学习结构振动主动控制领域内的前沿问题，给出综述性报告。

参 考 文 献

[1] 欧进萍. 结构振动控制：主动、半主动与智能控制[M]. 北京：科学出版社, 2003.
[2] 张景绘，李宁，李新民，等. 一体化振动控制：若干理论、技术问题引论[M]. 北京：科学出版社, 2005.
[3] 周星德. 结构振动主动控制[M]. 北京：科学出版社, 2009.
[4] 王飞，翁震平，何琳. 结构振动的主动控制[M]. 哈尔滨：哈尔滨工程大学出版社, 2016.
[5] 顾仲权，马扣根，陈卫东. 振动主动控制[M]. 北京：国防工业出版社, 1997.
[6] 李宏男，李忠献，邹皑. 结构振动与控制[M]. 北京：中国建筑工业出版社, 2005.
[7] 周福霖. 工程结构减振控制[M]. 北京：地震出版社, 1997.
[8] 张春良，梅德庆，陈子辰. 振动主动控制及应用[M]. 哈尔滨：哈尔滨工业大学出版社, 2011.

[9] HAGEDORN P, SPELSBERG G. Active and passive vibration control of structures[M]. Berlin: Springer, 2014.
[10] 陶永华, 尹怡欣, 葛芦生. 新型 PID 控制及其应用[M]. 北京: 机械工业出版社, 1998.
[11] 郑大钟. 线性系统理论[M]. 2 版. 北京: 清华大学出版社, 2002.
[12] 谢绪恺. 现代控制理论基础[M]. 沈阳: 辽宁人民出版社, 1980.
[13] 高为炳. 变结构控制的理论及设计方法[M]. 北京: 科学出版社, 1996.
[14] 柴天佑, 岳恒. 自适应控制[M]. 北京: 清华大学出版社, 2016.
[15] 申铁龙. H_∞控制理论及应用[M]. 北京: 清华大学出版社, 1996.
[16] 冯冬青, 谢宋和. 模糊智能控制[M]. 北京: 化学工业出版社, 1995.
[17] 张光磊, 杜彦良. 智能材料与结构系统[M]. 北京: 北京大学出版社, 2010.

第 2 章　振动基本理论

学习要点

- 单自由度系统自由振动的特性
- 单自由度系统的强迫振动特性及其在简谐激励、周期激励和任意激励作用下的振动求解
- 多自由度系统固有频率和振型的求解
- 多自由度系统的振型叠加法
- 连续体系统固有频率和振型函数的求解及其与多自由度系统的区别
- 连续体系统的振型叠加法及其与多自由度系统的区别

对于结构振动主动控制的学习主要包括两大部分，即振动基本理论和控制方法。振动基本理论是进行结构振动控制的基础，绝大多数的振动控制方法都需要建立在结构振动模型的理论基础之上。所谓的振动是指物体在平衡位置附近的一种往复的运动，其最大的特点就是振荡性[1]。振动是自然界中最为常见的现象之一，大至宏观宇宙，小至微观粒子，都有振动现象的存在。在工程领域，振动更是人们十分关注的重要问题。根据实际系统所具有的独立广义坐标个数，可将物体的振动分为单自由度系统振动、多自由度系统振动，以及连续体振动。其中，单自由度系统和多自由系统的振动都可以用常微分方程(组)来表述，连续体的振动则需要用偏微分方程来进行分析。单自由度系统的振动最为简单，但它却是研究更为复杂系统振动特性的基础。本章首先对单自由度系统的振动特性进行介绍，然后介绍多自由度系统的振动，最后对典型的连续体的振动进行研究。

2.1　单自由度系统的振动

单自由度系统是振动研究中最简单的一类系统，仅使用一个坐标变量就可以完全确定该类系统的运动。求解振动问题的主要目的是要确定系统在任意时刻的位移、速度和加速度等。单自由度系统的振动分析是多自由度系统振动分析的基础。本节分别介绍无阻尼和有黏性阻尼的单自由度系统的振动分析方法。

2.1.1　单自由度系统的自由振动

系统在无外激励作用仅在初始扰动作用下所产生的振动称为自由振动。它在整个振动过程中没有外部能量补充。保守系统在自由振动过程中没有能量耗散，总的机械能守

恒，动能和势能相互转换，维持系统的等幅振动，这种振动称为**无阻尼自由振动**。但是，实际振动系统中不可避免地存在着阻尼因素，阻尼会耗散系统的振动能量，从而导致自由振动呈现出衰减趋势，这种振动称为**阻尼自由振动**。本小结介绍无阻尼和有黏性阻尼系统的自由振动特性。

1. 无阻尼的自由振动

如图 2-1 所示为一个质量-弹簧系统，它由一个可视为质点的集中质量和一个不考虑质量的弹簧所构成。设质点质量为 m，无扰动时处于平衡位置。以平衡位置 0 为原点沿运动方向建立坐标轴 x。当质量受到扰动偏离平衡位置时，弹簧产生恢复力 kx，其中，k 为弹簧的刚度系数，单位为 N/m。根据牛顿定律，可以写出质量块的自由振动方程为

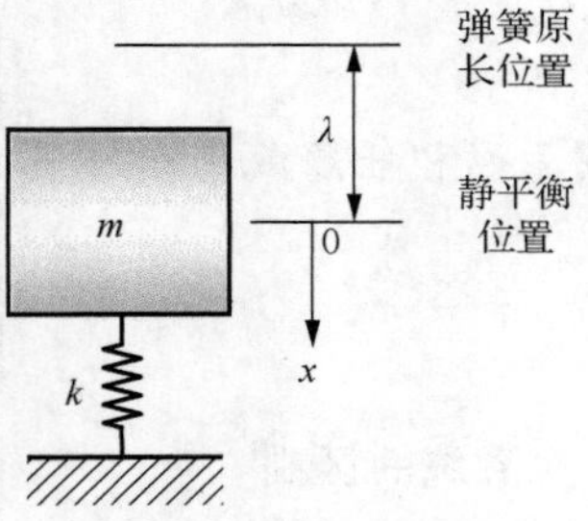

图 2-1　质量-弹簧系统

$$m\ddot{x}(t)+kx(t)=0 \tag{2-1}$$

引入参数 $\omega_0=\sqrt{k/m}$，将方程(2-1)写为

$$\ddot{x}(t)+\omega_0^2x(t)=0 \tag{2-2}$$

方程(2-2)为线性振动系统，根据常微分方程理论，将解 $x(t)=c\mathrm{e}^{st}$ 代入方程，导出特征方程为

$$s^2+\omega_0^2=0 \tag{2-3}$$

相应的特征根为两个纯虚根 $s_{1,2}=\pm\mathrm{i}\omega_0$（i 为虚数单位，$\mathrm{i}^2=-1$）。$s_1$ 和 s_2 都满足特征方程，故方程(2-2)的通解可写为

$$x(t)=A_1\mathrm{e}^{s_1t}+A_2\mathrm{e}^{s_2t} \tag{2-4}$$

将 s_1 和 s_2 的表达式代入方程(2-4)，并利用欧拉公式 $\mathrm{e}^{\pm\mathrm{i}\omega t}=\cos\omega t\pm\mathrm{i}\sin\omega t$，可得

$$x(t)=c_1\cos\omega_0t+c_2\sin\omega_0t=A\sin(\omega_0t+\phi) \tag{2-5}$$

其中，c_1 和 c_2 都为常数，由初始振动条件决定；$A=\sqrt{c_1^2+c_2^2}$ 为振幅；$\phi=\arctan(c_1/c_2)$ 为初相位。

设在初始时刻，质量 m 的位移和速度为

$$x(0)=x_0,\qquad \dot{x}(0)=\dot{x}_0 \tag{2-6}$$

代入方程(2-5)，可得

$$x(t)=x_0\cos\omega_0t+\frac{\dot{x}_0}{\omega_0}\sin\omega_0t=A\sin(\omega_0t+\phi) \tag{2-7}$$

其中，$A=\sqrt{x_0^2+\left(\dfrac{\dot{x}_0}{\omega_0}\right)^2}$；$\phi=\arctan\dfrac{x_0\omega_0}{\dot{x}_0}$。

可以看出，无阻尼的质量-弹簧系统受到初始扰动后，其自由振动是以 ω_0 为振动频率的简谐振动，并且永无休止。ω_0 称为系统振动的**固有频率**，$\omega_0=2\pi/T_0$，单位为 rad/s。其中，T_0 为振动的**周期**，即往返一周所需要的时间，单位为 s。固有频率和周期是系统的固有参数，与初始条件无关，表现线性系统自由振动的等时性。质量越大，弹簧越软，则固有频率越低，振动周期越长；反之，质量越小，弹簧越硬，则固有频率越高，振动周期越短。

图 2-2 为方程(2-7)所示系统的响应。初始扰动是外部能量向系统的一种输入方式，初始位移 x_0 相当于给系统输出了弹性势能；初始速度 $\dot{x}_0$ 相当于给系统输出了动能。因为无阻尼自由振动为保守系统，因此振动系统的总能量在振动过程中保持不变。

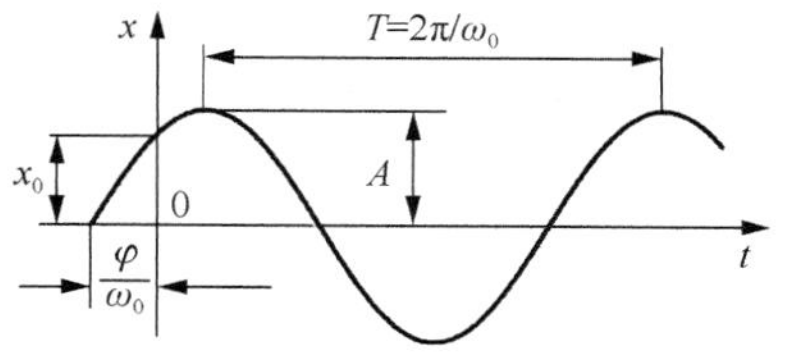

图 2-2　单自由度弹簧-质量系统无阻尼自由响应

由图 2-1 可知，在静平衡位置上有 $mg = k\lambda$，其中，λ 为静变形。因此，固有频率也可表达为

$$\omega_0 = \sqrt{\frac{k}{m}} = \sqrt{\frac{g}{\lambda}} \tag{2-8}$$

对于不易得到 m 和 k 的系统，若能测出静变形 λ，则用该式计算固有频率较为方便。

值得指出的是，系统的振动方程(2-1)中没有出现重力项，重力与弹簧的预变形弹性力相互抵消掉了。可以得出结论，振动坐标原点取在静平衡位置上，在所建立的振动方程中将不出现重力项。

例 2-1　如图 2-3 所示的提升机系统。重物重量 $W = 1.47 \times 10^5$ N，钢丝绳的弹簧刚度 $k = 5.78 \times 10^4$ N/cm，重物以 $v = 15$m/min 的速度均匀下降。求：绳的上端突然被卡住时(1)重物的振动频率，(2)钢丝绳中的最大张力。

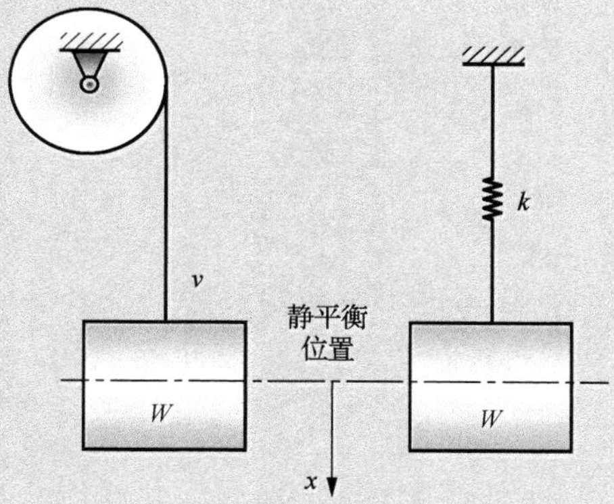

图 2-3　提升机

解　振动系统的固有频率为

$$\omega_0 = \sqrt{\frac{gk}{W}} = 19.6 \ \ (\text{rad/s}) \tag{a}$$

重物匀速下降时处于静平衡位置，若将坐标原点取在绳被卡住瞬时重物所在位置，则 $t =$ 0 时，有

$$x_0 = 0, \qquad \dot{x}_0 = v \tag{b}$$

因此，重物的振动解为

$$x(t) = \frac{v}{\omega_0}\sin\omega_0 t = 1.28\sin 19.6t \ \ (\text{cm}) \tag{c}$$

绳中最大张力等于静张力与动张力之和，即

$$T_{\max}=T_s+kA=W+kA=1.47\times10^5+0.74\times10^5=2.21\times10^5\ (\text{N}) \tag{d}$$

可以看出，动张力几乎是静张力的两倍。由于 $kA=k(v/\omega_0)=v\sqrt{km}$，为了减少振动引起的动张力，应当降低升降系统的刚度。

例 2-2　如图 2-4 所示简支梁，梁长为 l，抗弯刚度为 EI，重物落下与梁中点做完全非弹性碰撞，求重物振动的频率和梁的最大挠度。

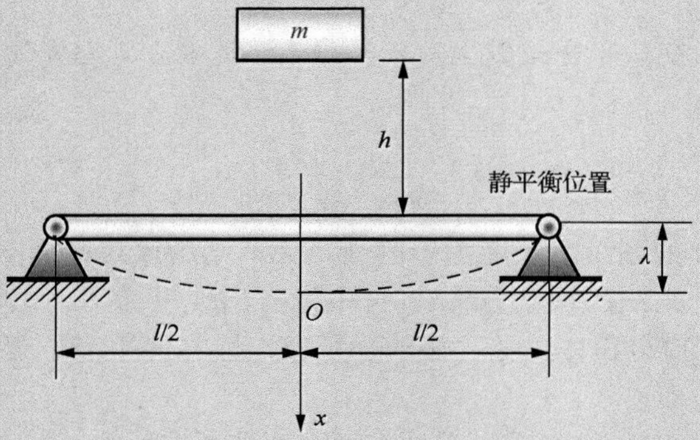

图 2-4　简支梁

解　以梁承受重物静平衡位置为坐标原点 O。由材料力学知，重物的静变形为

$$\lambda=\frac{mgl^3}{48EI} \tag{a}$$

因此自由振动的频率为

$$\omega_0=\sqrt{\frac{g}{\lambda}}=\sqrt{\frac{48EI}{ml^3}} \tag{b}$$

取撞击瞬时为零时刻，则 $t=0$ 时，有初始条件

$$x_0=-\lambda,\qquad \dot{x}_0=\sqrt{2gh} \tag{c}$$

则振动振幅为

$$A=\sqrt{x_0^{\,2}+\left(\frac{\dot{x}_0}{\omega_0}\right)^2}=\sqrt{\lambda^2+2h\lambda} \tag{d}$$

梁的最大扰度为

$$\lambda_{\max}=A+\lambda=\frac{mgl^3}{48EI}+\sqrt{\left(\frac{mgl^3}{48EI}\right)^2+\frac{mghl^3}{24EI}} \tag{e}$$

2. 有黏性阻尼的自由振动

无阻尼自由振动是一种理想情况，实际振动系统的机械能不可能守恒，总是存在着各种各样的阻力。振动中将阻力称为阻尼，如摩擦阻尼、电磁阻尼、介质阻尼和结构阻尼等。尽管已经提出了许多数学上描述阻尼的方法，但是实际系统中阻尼的物理本质仍然极难确定。最常用的一种阻尼力学模型是黏性阻尼。例如，在流体中低速运动或沿润滑表面滑动的物体通常就认为受到黏性阻尼的作用。

黏性阻尼力与相对速度呈正比，即

$$P_d = cv \tag{2-9}$$

其中，c 为黏性阻尼系数，或阻尼系数，单位为 N·s/m；v 为相对速度。

对于图 2-5 所示的质量-弹簧-阻尼单自由度系统，建立平衡位置，并进行受力分析，可以得到振动微分方程为

$$m\ddot{x}(t) + c\dot{x}(t) + kx(t) = 0 \tag{2-10}$$

或写作

$$\ddot{x}(t) + 2\zeta\omega_0\dot{x}(t) + \omega_0^2 x(t) = 0 \tag{2-11}$$

其中，$2\zeta\omega_0 = \dfrac{c}{m}$，$\zeta = \dfrac{c}{2\sqrt{km}}$ 为相对阻尼系数。

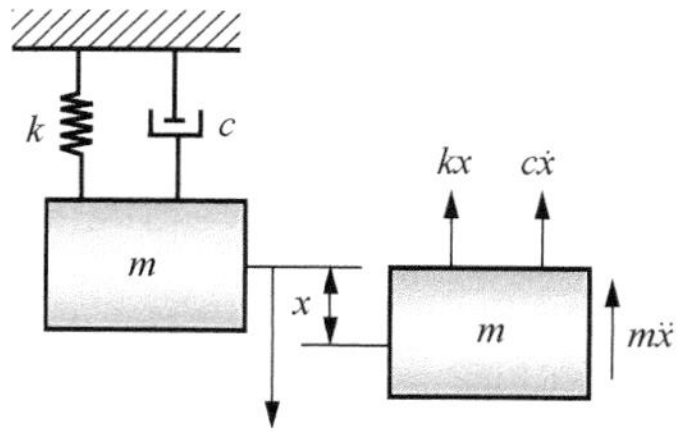

图 2-5　质量-弹簧-阻尼单自由度系统

将 $x = e^{st}$ 代入方程(2-11)，导出特征方程为

$$s^2 + 2\zeta\omega_0 s + \omega_0^2 = 0 \tag{2-12}$$

可得特征根为

$$s_{1,2} = -\zeta\omega_0 \pm \omega_0\sqrt{\zeta^2 - 1} \tag{2-13}$$

下面分 $\zeta < 1$、$\zeta > 1$、$\zeta = 1$ 三种情况分别讨论其振动。

(1)欠阻尼情况($\zeta < 1$)

这时方程(2-12)的特征根是一对共轭复数，方程(2-11)的通解可表示为

$$x(t) = e^{-\zeta\omega_0 t}(c_1\cos\omega_d t + c_2\sin\omega_d t) \tag{2-14}$$

其中，c_1 和 c_2 都为常数，由初始振动条件决定；$\omega_d = \omega_0\sqrt{1-\zeta^2}$ 称为**阻尼固有频率**。可以看出，对于有阻尼的自由振动，固有频率要略小于无阻尼情况下的固有频率，即阻尼自由振动的周期要略大于无阻尼自由振动的周期。

设在初始时刻，质量 m 的位移和速度分别为 $x(0) = x_0$ 和 $\dot{x}(0) = \dot{x}_0$，代入方程(2-14)，可得

$$x(t) = e^{-\zeta\omega_0 t}\left(x_0\cos\omega_d t + \frac{\dot{x}_0 + \zeta\omega_0 x_0}{\omega_d}\sin\omega_d t\right) = e^{-\zeta\omega_0 t}A\sin(\omega_d t + \theta) \tag{2-15}$$

其中，$A = \sqrt{{x_0}^2 + (\dfrac{\dot{x}_0 + \zeta\omega_0 x_0}{\omega_d})^2}$；$\theta = \arctan\dfrac{x_0\omega_d}{\dot{x}_0 + \zeta\omega_0 x_0}$。

阻尼自由振动的响应如图 2-6 所示，可以看出，阻尼自由振动是一种振幅逐渐衰减的自由振动，而且阻尼越大，振动衰减越快；阻尼越小，则衰减越慢。采用减幅系数 η 来评价阻尼对振幅衰减快慢的影响。减幅系数定义为

$$\eta = \frac{\Delta_i}{\Delta_{i+1}} \tag{2-16}$$

其中，Δ_i 和 Δ_{i+1} 为相邻的两个振幅，如图 2-6 所示。利用方程(2-15)、方程(2-16)可以改写为

$$\eta = \frac{Ae^{-\zeta\omega_0 t_i}}{Ae^{-\zeta\omega_0(t_i+T_d)}} = e^{\zeta\omega_0 T_d} \tag{2-17}$$

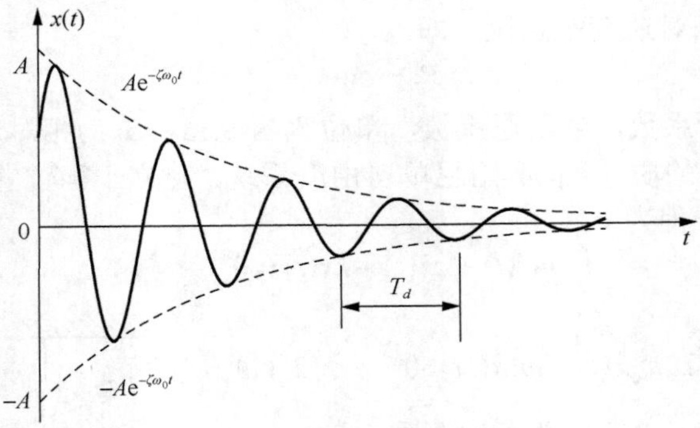

图 2-6　阻尼自由振动响应

可以看出，减幅系数η与t无关，任意两个相邻振幅之比均为η。衰减振动的频率为ω_d，振幅衰减的快慢取决于$\zeta\omega_0$，这两个重要的特征反映在特征方程的特征根的实部和虚部。利用阻尼自由振动的衰减特性可以通过实验方法测定相对阻尼系数ζ。

(2)过阻尼情况($\zeta>1$)

这时方程(2-12)所示的特征根是两个不等的负实数$s_{1,2}=-\zeta\omega_0\pm\omega^*$，其中，$\omega^*=\omega_0\sqrt{\zeta^2-1}$。方程(2-11)的通解为

$$x(t)=\mathrm{e}^{-\zeta\omega_0 t}(c_1\cosh\omega^* t+c_2\sinh\omega^* t) \tag{2-18}$$

其中，c_1和c_2为待定系数。设初始条件为$x(0)=x_0$和$\dot{x}(0)=\dot{x}_0$，可以求得

$$x(t)=\mathrm{e}^{-\zeta\omega_0 t}\left(x_0\cosh\omega^* t+\frac{\dot{x}_0+\zeta\omega_0 x_0}{\omega^*}\sinh\omega^* t\right) \tag{2-19}$$

此时，系统的响应曲线如图 2-7 中的点画线所示，可以看出，过阻尼的响应是一种按指数规律衰减的非周期蠕动，没有振动发生。

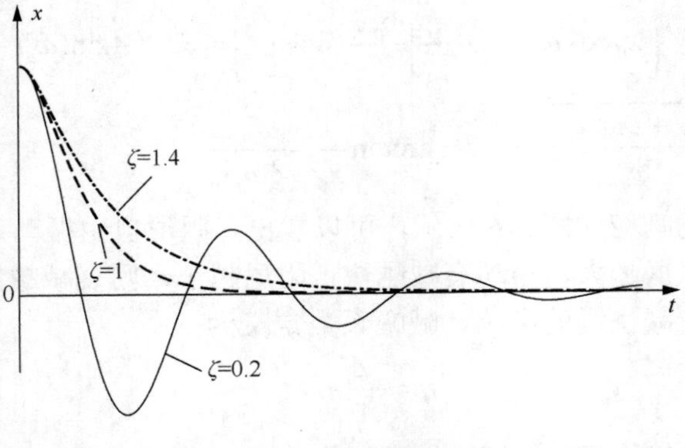

图 2-7　欠阻尼、过阻尼和临界阻尼响应示意图

(3)临界情况(ζ=1)

这时方程(2-12)所示的特征根是二重根$s_{1,2}=-\omega_0$，方程(2-11)的通解为

$$x(t)=\mathrm{e}^{-\omega_0 t}(c_1+c_2 t) \tag{2-20}$$

其中，c_1和c_2为待定系数。利用初始条件，得

$$x(t)=\mathrm{e}^{-\omega_0 t}[x_0+(\dot{x}_0+\omega_0 x_0)t] \tag{2-21}$$

临界阻尼的响应曲线如图 2-7 中虚线所示，可以看出，临界阻尼的响应也是按指数规律衰减的非周期运动，但比过阻尼衰减得更快。

例 2-3　如图 2-8 所示阻尼缓冲器。静载荷 P 去除后，质量块越过平衡位置的位移为初始位移的 10%。求缓冲器的相对阻尼系数。

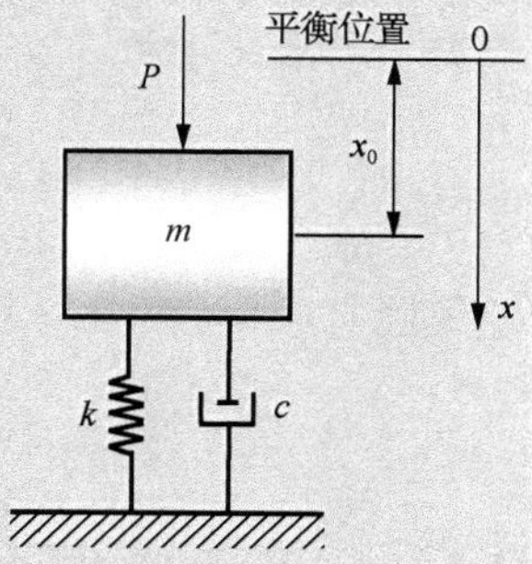

图 2-8　阻尼缓冲器

解　设在静载荷 P 作用下所产生的静变形为 x_0，因此振动初始条件为

$$x(0)=x_0,\quad \dot{x}(0)=0 \tag{a}$$

对方程(2-15)求导，并代入初始条件，可得

$$\dot{x}(t)=-\frac{\omega_0^2 x_0}{\omega_d}\mathrm{e}^{-\zeta\omega_0 t}\sin\omega_d t \tag{b}$$

设在时刻 t_1 质量越过平衡位置到达最大位移，此时速度为零，令方程(b)等于零，求得

$$t_1=\frac{\pi}{\omega_d} \tag{c}$$

即经过半个周期后出现第一个振幅 x_1，将初始条件和 t_1 代入方程(2-15)，可求得

$$x_1=x(t_1)=-x_0\mathrm{e}^{-\zeta\omega_0 t_1}=-x_0\mathrm{e}^{\frac{\pi\zeta}{\sqrt{1-\zeta^2}}} \tag{d}$$

由题知

$$\left|\frac{x_1}{x_0}\right|=\mathrm{e}^{\frac{\pi\zeta}{\sqrt{1-\zeta^2}}}=10\% \tag{e}$$

可求得

$$\zeta=0.59 \tag{f}$$

例 2-4　如图 2-9 所示，小球的集中质量为 m，刚性杆质量不计。求(1)系统振动微分方程，(2)临界阻尼系数和阻尼固有频率。

解　选刚性杆的转角 θ 作为广义坐标，取静平衡位置为坐标原点。受力分析如图 2-10 所示，其中，$m\ddot{\theta}l$ 为达朗贝尔惯性力。对杆左端取力矩平衡，可得

$$m\ddot{\theta}(t)l\cdot l+c\dot{\theta}(t)a\cdot a+k\theta(t)b\cdot b=0 \tag{a}$$

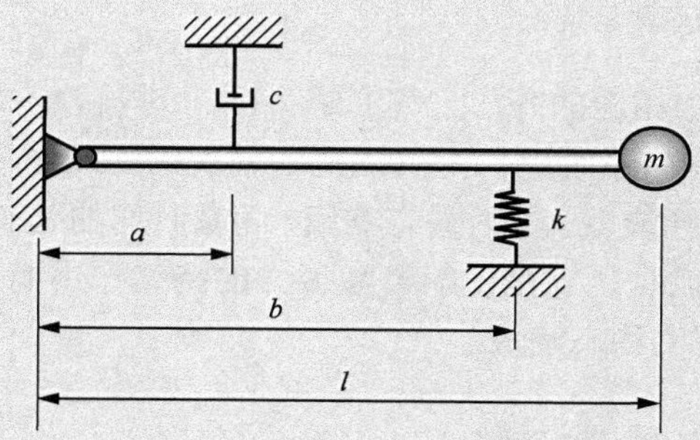

图 2-9　振动系统

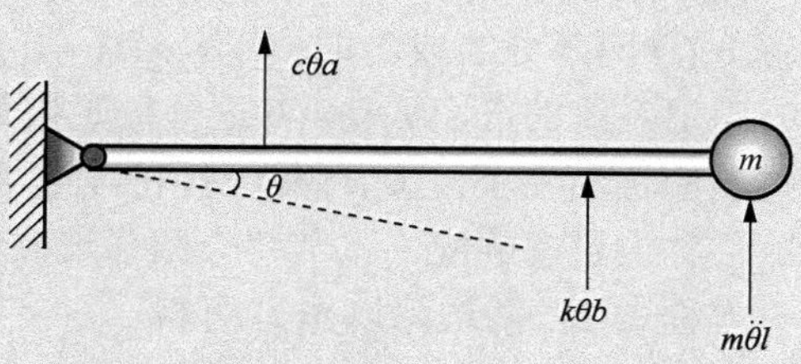

图 2-10　受力分析图

整理后，可以得到小球振动微分方程为

$$ml^2\ddot{\theta}(t)+ca^2\dot{\theta}(t)+kb^2\theta(t)=0 \tag{b}$$

无阻尼固有频率为

$$\omega_0=\sqrt{\frac{kb^2}{ml^2}}=\frac{b}{l}\sqrt{\frac{k}{m}} \tag{c}$$

根据相对阻尼系数定义，有 $\frac{ca^2}{ml^2}=2\zeta\omega_0$，可求得相对阻尼系数为

$$\zeta=\frac{ca^2}{2ml^2\omega_0}=\frac{ca^2}{2mlb}\sqrt{\frac{m}{k}} \tag{d}$$

阻尼固有频率为

$$\omega_d=\omega_0\sqrt{1-\zeta^2}=\frac{1}{2ml^2}\sqrt{4kmb^2l^2-c^2a^4} \tag{e}$$

2.1.2　单自由度系统的强迫振动

单自由度系统在持续激励作用下的振动称为强迫振动。激励按随时间变化的规律可以分类为：简谐激励、周期激励和任意激励。下面分别阐述在这三种外部激励作用下系统的强迫振动特性。

1. 简谐激励下的强迫振动

如图 2-11 所示的质量-弹簧系统，质量块上作用有简谐激振力 $F(t)=F_0\mathrm{e}^{\mathrm{i}\omega t}$，其中，$F_0$ 为外力幅值；ω 为外力的激励频率。以静平衡位置为坐标原点建立坐标系，由受力分析可以得到系统的运动微分方程为

$$m\ddot{x}(t)+c\dot{x}(t)+kx(t)=F_0\mathrm{e}^{\mathrm{i}\omega t} \tag{2-22}$$

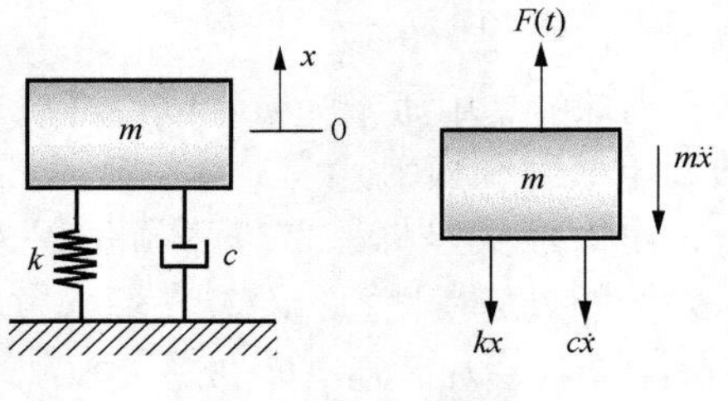

图 2-11　质量-弹簧系统

由常微分方程理论可知，方程(2-22)的解由相应的齐次方程通解 $x_h(t)$ 和非齐次方程特解 $x_p(t)$ 两部分组成，即 $x(t)=x_h(t)+x_p(t)$。当系统阻尼为欠阻尼的情况时，$x_h(t)$ 即为有阻尼系统的自由振动，其振幅按照指数规律衰减，称为**瞬态响应**，随着时间的延长，瞬态响应逐渐变小；$x_p(t)$ 是一种持续的等幅振动，它是由简谐激振力的持续作用而产生的，称为**稳态响应**。本节将介绍强迫振动下的稳态响应。

方程(2-22)两边除以 m，可得

$$\ddot{x}(t)+2\zeta\omega_0\dot{x}(t)+\omega_0^2x(t)=B\omega_0^2\mathrm{e}^{\mathrm{i}\omega t} \tag{2-23}$$

其中，$\zeta=c/(2\sqrt{km})$；$\omega_0=\sqrt{k/m}$；$B=F_0/k$。

设方程(2-23)的特解为

$$x = \bar{x}e^{i\omega t} \tag{2-24}$$

其中，$\bar{x}$ 为稳态响应的复振幅。将特解代入方程(2-23)，可得

$$(-m\omega^2 + ic\omega + k)\bar{x}e^{i\omega t} = F_0 e^{i\omega t} \tag{2-25}$$

进一步写为

$$\bar{x} = H(\omega)F_0 \tag{2-26}$$

其中，$H(\omega)$ 为复频响应函数，表达式为

$$H(\omega) = \frac{1}{k - m\omega^2 + ic\omega} \tag{2-27}$$

定义外部激励频率与系统固有频率之比为 $s = \omega / \omega_0$，则方程(2-27)可以表示为

$$H(\omega) = \frac{1}{k}\frac{1}{(1-s^2)^2 + i(2\zeta s)} = \frac{1}{k}\beta e^{-i\theta} = |H(\omega)|e^{-i\theta} \tag{2-28}$$

其中，$\beta(s)$ 和 $\theta(s)$ 分别表示**振幅放大因子**和**相位差**，表达式分别为

$$\beta(s) = \frac{1}{\sqrt{(1-s^2)^2 + (2\zeta s)^2}}, \qquad \theta(s) = \arctan\frac{2\zeta s}{1-s^2} \tag{2-29}$$

此外，方程(2-28)中，$|H(\omega)| = \beta / k$ 表示幅频响应函数的模。

由方程(2-24)、方程(2-26)和方程(2-28)可以得到系统的稳态响应表达式为

$$x(t) = \frac{F_0}{k}\beta e^{i(\omega t - \theta)} = Ae^{i(\omega t - \theta)} \tag{2-30}$$

其中，$A = \frac{F_0}{k}\beta$ 为振幅。

由方程(2-29)和方程(2-30)可以看出，系统的稳态强迫振动具有如下两个特点：①线性系统对简谐激励的稳态响应是频率等同于激振频率，而相位滞后激振力的简谐振动；②稳态响应的振幅及相位只取决于系统本身的物理性质(m,k,c)和激振力的频率及幅值，而与系统进入运动的方式(初始条件)无关。

下面介绍稳态响应特性。稳态响应特性分为**幅频特性**和**相频特性**两种，先介绍幅频特性。根据方程(2-29)，绘制振幅放大因子 $\beta(s)$ 随频率比 s 的变化曲线，如图 2-12 所示。根据图中的特点，分下面六种情况讨论。

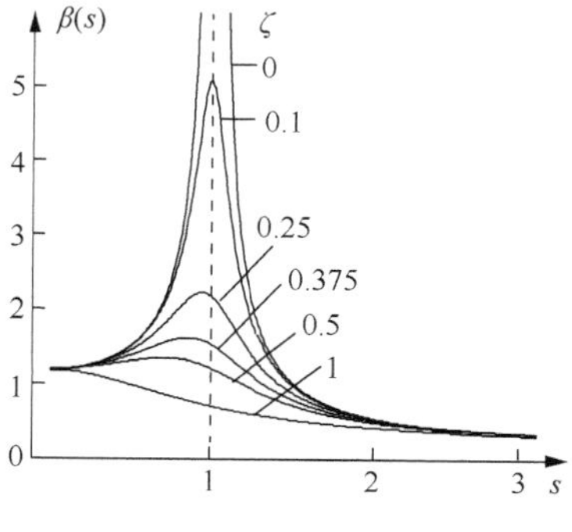

图 2-12　幅频曲线

1) $s \ll 1$（$\omega \ll \omega_0$）。这种情况代表着外部激励的频率远小于系统的固有频率。由图 2-12 中可以看出，此时有 $\beta \approx 1$，系统的响应振幅 A 与静变形 $B = F_0 / k$ 相当。

2) $s \gg 1$（$\omega \gg \omega_0$）。这种情况代表着外部激励的频率远高于系统的固有频率，此时 $\beta \approx 0$，意味着系统响应的振幅很小。

3) 在 $s \gg 1$ 和 $s \ll 1$ 两个区域。在这两个区域，对应于不同的 ζ 值，曲线较为密集，说明阻尼的影响不显著，系统可以按无阻尼情况考虑。

4) $s \approx 1$（$\omega \approx \omega_0$）。当 $s \approx 1$ 时，对应于较小的 ζ 值，$\beta(s)$ 迅速增大。当 $\zeta = 0$，$\beta(s) \to \infty$，此时系统处于共振状态，振幅无限大。同时，

在 $s=1$ 附近的区域内，系统共振对于阻尼的影响很敏感，增加阻尼使振幅明显下降。

5) 对有阻尼系统，$\beta_{\max}$ 并不出现在 $s=1$ 处，其位置稍偏左。令 $\mathrm{d}\beta/\mathrm{d}s=0$，可得 $s=\sqrt{1-2\zeta^2}$。

6) 当 $\zeta>1/\sqrt{2}$ 时，$\beta<1$，系统的幅频响应为平坦曲线，系统的振幅无极值。

下面介绍系统的相频特性。以 s 为横坐标绘制系统的相频特性曲线如图 2-13 所示，下面分三种情况。

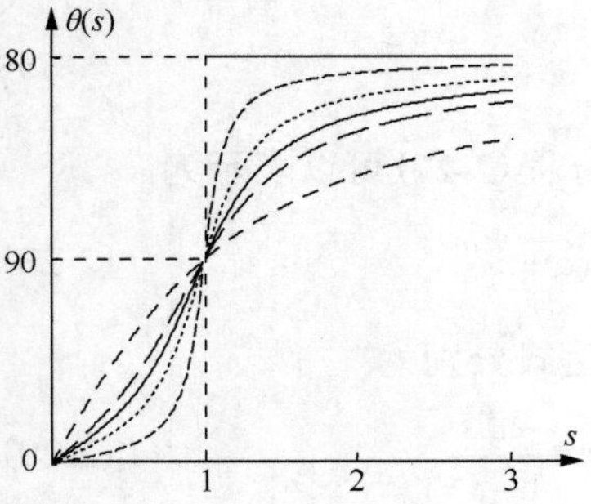

图 2-13　相频曲线

1) 当 $s\ll 1$ 时，$\omega\ll\omega_0$。由图 2-13 中可以看出有 $\theta\approx 0$，这意味着系统的外部激振力和系统的响应位移在相位上是同相的。

2) 当 $s\gg 1$ 时，$\omega\gg\omega_0$。此时有 $\theta\approx\pi$，这意味着系统的外部激振力和系统的响应位移在相位上是反相的。

3) 当 $s\approx 1$ 时，$\omega\approx\omega_0$。此时有 $\theta\approx\pi/2$，系统发生共振，系统的响应位移与外部激振力在相位上相差 90°。

2. 周期激励下的强迫振动

前面讨论的强迫振动中假设系统受到的激励形式为简谐函数，但实际工程问题中遇到的大多是周期激励的情形。对于周期激励，可以先对周期激励做谐波分析，将它分解为一系列不同频率的简谐激励，然后求出系统对各个频率的简谐激励的响应，再根据线性系统的叠加原理，将各个响应逐一叠加，即得到系统对周期激励的响应。下面将介绍周期激励下的强迫振动。

假设黏性阻尼系统受到的周期激振力为

$$F(t)=F(t+T) \tag{2-31}$$

其中，T 为周期，激励的基频为 $\omega_1=2\pi/T$。通过谐波分析，$F(t)$ 可以写为

$$F(t)=\frac{a_0}{2}+\sum_{n=1}^{\infty}(a_n\cos n\omega_1 t+b_n\sin n\omega_1 t) \tag{2-32}$$

其中，$a_0=\frac{2}{T}\int_{\tau}^{\tau+T}F(t)\mathrm{d}t$；$a_n=\frac{2}{T}\int_{\tau}^{\tau+T}F(t)\cos n\omega_1 t\mathrm{d}t$；$b_n=\frac{2}{T}\int_{\tau}^{\tau+T}F(t)\sin n\omega_1 t\mathrm{d}t$。三者皆可由傅里叶(Fourier)级数展开得到，τ 为任意一时刻。系统的运动微分方程可以表示为

$$m\ddot{x}(t)+c\dot{x}(t)+kx(t)=\frac{a_0}{2}+\sum_{n=1}^{\infty}(a_n\cos n\omega_1 t+b_n\sin n\omega_1 t) \tag{2-33}$$

由叠加原理，系统的稳态响应为

$$x(t)=\frac{a_0}{2k}+\sum_{n=1}^{\infty}\frac{a_n\cos(n\omega_1 t-\varphi_n)+b_n\sin(n\omega_1 t-\varphi_n)}{k\sqrt{(1-n^2s^2)^2+(2\zeta ns)^2}} \tag{2-34}$$

其中，$s=\frac{\omega_1}{\omega_0}$，$\omega_0=\sqrt{\frac{k}{m}}$；$\varphi_n=\arctan\frac{2n\zeta s}{1-n^2s^2}$。

当不考虑阻尼时，系统的稳态响应可以表示为

$$x(t)=\frac{a_0}{2k}+\sum_{n=1}^{\infty}\frac{a_n\cos n\omega_1 t+b_n\sin n\omega_1 t}{k(1-n^2s^2)} \tag{2-35}$$

例 2-5　在研究如图 2-14 所示的液压控制系统中阀的振动时，可将阀及其弹性杆简化为有阻尼的质量-弹簧系统。除了弹簧力和阻尼力，阀还受到随着其开启和关闭量变化的液体的压力。已知 $m=0.25\text{kg}$，$k=2500\text{N/m}$，$c=10\text{N}\cdot\text{s/m}$，当液压缸内的液体压力按照图 2-15 所示变化时，试求阀的稳态响应。

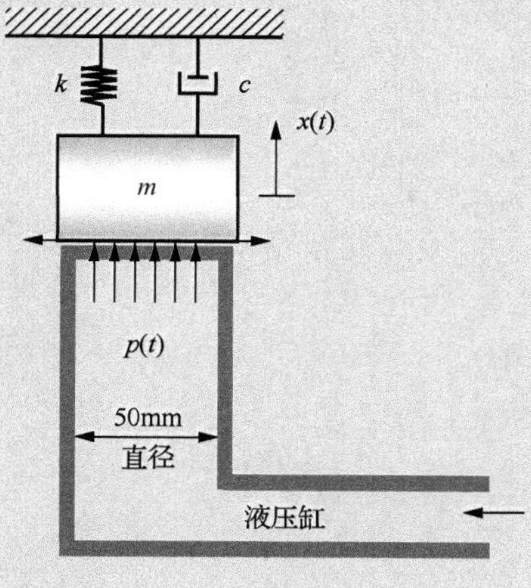

图 2-14　液压控制系统

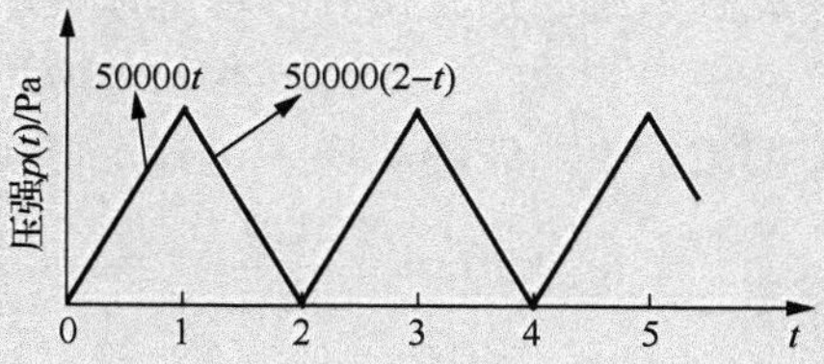

图 2-15　液压缸压强

解　系统所受外力 $F(t)$ 可以表示为

$$F(t)=Ap(t) \tag{a}$$

缸体的横截面面积 A 可以表示为

$$A=\frac{\pi\times 50^2}{4}=625\pi\ (\text{mm}^2)=0.000625\pi\ (\text{m}^2) \tag{b}$$

将外力按傅里叶级数展开，有

$$F(t)=\frac{a_0}{2}+a_1\cos\omega t+a_2\cos 2\omega t+\cdots+b_1\sin\omega t+b_2\sin 2\omega t+\cdots \tag{c}$$

液压缸压强的规律如图 2-15 所示，通过该规律可以定义外力在一个周期 $(\tau=2\text{s})$ 内的函数表达式为

$$F(t)=\begin{cases}50000At, & 0\leqslant t<\tau/2\\ 50000A(\tau-t), & \tau/2<t\leqslant\tau\end{cases} \tag{d}$$

根据傅里叶级数展开规律，可以得到方程 (c) 中的各个系数表达式如下。

$$a_0=\frac{2}{2}\left[\int_0^1 50000At\text{d}t+\int_1^2 50000A(2-t)\text{d}t\right]=50000A$$

$$a_1=\frac{2}{2}\left[\int_0^1 50000At\cos\pi t\text{d}t+\int_1^2 50000A(2-t)\cos\pi t\text{d}t\right]=-\frac{2\times10^5A}{\pi^2}$$

$$b_1=\frac{2}{2}\left[\int_0^1 50000At\sin\pi t\text{d}t+\int_1^2 50000A(2-t)\sin\pi t\text{d}t\right]=0$$

$$a_2=\frac{2}{2}\left[\int_0^1 50000At\cos 2\pi t\text{d}t+\int_1^2 50000A(2-t)\cos 2\pi t\text{d}t\right]=0$$

$$b_2 = \frac{2}{2}\left[\int_0^1 50000At\sin 2\pi t\mathrm{d}t + \int_1^2 50000A(2-t)\sin 2\pi t\mathrm{d}t\right] = 0$$

$$a_3 = \frac{2}{2}\left[\int_0^1 50000At\cos 3\pi t\mathrm{d}t + \int_1^2 50000A(2-t)\cos 3\pi t\mathrm{d}t\right] = -\frac{2\times 10^5 A}{9\pi^2}$$

$$b_3 = \frac{2}{2}\left[\int_0^1 50000At\sin 3\pi t\mathrm{d}t + \int_1^2 50000A(2-t)\sin 3\pi t\mathrm{d}t\right] = 0$$

其他参数分别为 $a_2 = a_4 = a_6 = \cdots = 0$， $b_1 = b_2 = b_3 = \cdots = 0$。

将上述外力方程(c)近似取前四项，得

$$F(t) \approx 25000A - \frac{2\times 10^5 A}{\pi^2}\cos\omega t - \frac{2\times 10^5 A}{9\pi^2}\cos 3\omega t \tag{e}$$

液压缸系统的运动微分方程可以表示为

$$m\ddot{x}(t) + c\dot{x}(t) + kx(t) = F(t) \tag{f}$$

根据周期激励下系统的响应表达式，可以得到阀的稳态响应为

$$\begin{aligned} x_p(t) = &\frac{25000A}{k} - \frac{2\times 10^5 A/(k\pi^2)}{\sqrt{(1-s^2)^2 + (2\zeta s)^2}}\cos(\omega t - \varphi_1) \\ &- \frac{2\times 10^5 A/(9k\pi^2)}{\sqrt{(1-9s^2)^2 + (6\zeta s)^2}}\cos(3\omega t - \varphi_3) \end{aligned} \tag{g}$$

其中，阀的固有频率为

$$\omega_0 = \sqrt{\frac{k}{m}} = \sqrt{\frac{2500}{0.25}} = 100\ (\mathrm{rad/s})$$

外力基频为

$$\omega = 2\pi/\tau = \pi\ (\mathrm{rad/s})$$

频率比和阻尼比为

$$s = \frac{\omega}{\omega_0} = \frac{\pi}{100} = 0.031416, \qquad \zeta = \frac{c}{2m\omega_0} = \frac{10.0}{2\times 0.25\times 100} = 0.2$$

相位差为

$$\varphi_1 = \arctan\frac{2\zeta s}{1-s^2} = \arctan\frac{2\times 0.2\times 0.031416}{1-0.031416^2} = 0.0125664\ \ (\mathrm{rad})$$

$$\varphi_3 = \arctan\frac{6\zeta s}{1-9s^2} = \arctan\frac{6\times 0.2\times 0.031416}{1-9\times 0.031416^2} = 0.0380483\ \ (\mathrm{rad})$$

可以得到系统响应函数为

$$\begin{aligned} x_p(t) = &0.019635 - 0.015930\cos(\pi t - 0.0125664) \\ &- 0.0017828\cos(3\pi t - 0.0380483)\ \ (\mathrm{m}) \end{aligned}$$

3. 任意激励下的强迫振动

由于任意激振力可以看作是一系列脉冲力的叠加，因此在介绍任意激励的响应之前，先介绍单位脉冲响应，再介绍杜哈梅(Duhamel)积分。

(1) 单位脉冲响应

零初始条件下的系统对单位脉冲力的响应通常被称为**单位脉冲响应**，或简称**脉冲响应**。单位脉冲力可以用狄拉克(Dirac)分布函数 $\delta(t)$ 表示。$\delta(t)$ 函数定义为

$$\delta(t-\tau)=\begin{cases}\infty, & t=\tau \\ 0, & t\neq\tau\end{cases} \tag{2-36}$$

$\delta(t-\tau)$ 的图像用任意时刻 τ、长度为 1 的有向线段表示，如图 2-16 所示，且有 $\int_{-\infty}^{+\infty}\delta(t-\tau)\mathrm{d}t=1$。由图 2-16 可知，$\delta(t)$ 函数的单位为 1/s。下面求解单自由度系统在单位脉冲激励下响应的表达式。

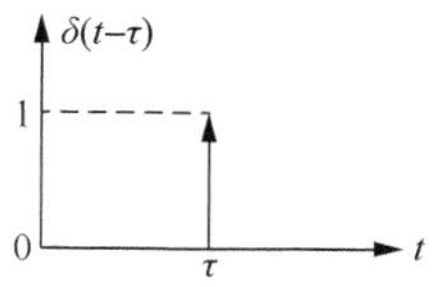

图 2-16　$\delta(t)$ 函数

记 0^-、0^+ 为单位脉冲力的前后时刻，运动微分方程与初始条件可以写为

$$\begin{cases}m\ddot{x}+c\dot{x}+kx=1\cdot\delta(t) \\ x(0^-)=0, \quad \dot{x}(0^-)=0\end{cases} \tag{2-37}$$

第一个方程等号右端的1代表单位冲量，$1\cdot\delta(t)$ 为单位脉冲力。

由动量定理有

$$m\mathrm{d}\dot{x}=\delta(t)\mathrm{d}t \tag{2-38}$$

两边在区间 $0^-\leqslant t\leqslant 0^+$ 对时间积分，有

$$\int_{0^-}^{0^+}\delta(t)\mathrm{d}t=m\int_{0^-}^{0^+}\ddot{x}\mathrm{d}t \tag{2-39}$$

可得

$$1=m\dot{x}(0^+)-m\dot{x}(0^-) \tag{2-40}$$

因此有 $\dot{x}(0^+)=1/m$。可以看出，在单位脉冲力的作用下，系统的速度发生了突变，但在这一瞬间，位移则来不及改变，即有 $x(0^+)=x(0^-)$。又当 $t>0^+$ 时，脉冲力作用已经结束，所以 $t>0^+$ 时，有

$$\begin{cases}m\ddot{x}+c\dot{x}+kx=0 \\ x(0^+)=0, \quad \dot{x}(0^+)=\dfrac{1}{m}\end{cases} \tag{2-41}$$

由此可见，系统的脉冲响应为初始位移为零而初始速度为 $1/m$ 的自由振动，记为 $h(t)$，其表达式为

$$h(t)=\frac{1}{m\omega_d}\mathrm{e}^{-\zeta\omega_0 t}\sin\omega_d t \tag{2-42}$$

对于无阻尼系统，则有

$$h(t)=\frac{1}{m\omega_0}\sin\omega_0 t \tag{2-43}$$

若单位脉冲力不是作用在 $t=0$ 时刻，而是作用在 $t=\tau$ 时刻，那么响应将滞后时间 τ，此时，方程(2-43)可以表示为

$$h(t-\tau)=\frac{1}{m\omega_d}\mathrm{e}^{-\zeta\omega_0(t-\tau)}\sin\omega_d(t-\tau), \qquad t>\tau \tag{2-44}$$

例 2-6　如图 2-17 所示，在结构振动测试中，用一个装有测力传感器的冲击锤激振。

假设 $m=5\text{kg}$ ， $k=2000\text{N/m}$ ， $c=10\text{N}\cdot\text{s/m}$ ， $I_0=20\text{N}\cdot\text{s}$ ，求系统的响应。

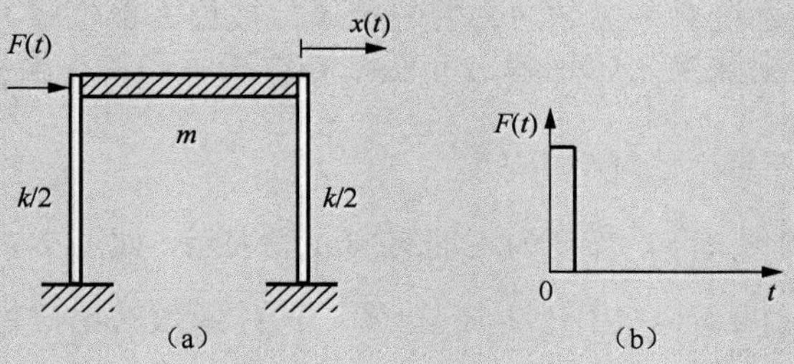

图 2-17　结构模型示意图和脉冲激励

解　系统的无阻尼固有频率、相对阻尼系数和有阻尼固有频率可以分别求出为

$$\omega_0=\sqrt{\frac{k}{m}}=\sqrt{\frac{2000}{5}}=20\ (\text{rad/s}),\qquad \zeta=\frac{c}{2\sqrt{km}}=\frac{10}{2\sqrt{2000\times 5}}=0.05$$

$$\omega_d=\omega_0\sqrt{1-\zeta^2}=19.975\ \text{rad/s}$$

假设冲量是在 $t=0$ 时刻施加的，系统的响应可表示为

$$x(t)=\frac{I_0\text{e}^{-\zeta\omega_0 t}}{m\omega_d}\sin\omega_d t=\frac{20}{5\times 19.975}\text{e}^{-0.05\times 20t}\sin 19.975t=0.20025\text{e}^{-t}\sin 19.975t\ \ (\text{m})$$

(2) 杜哈梅积分

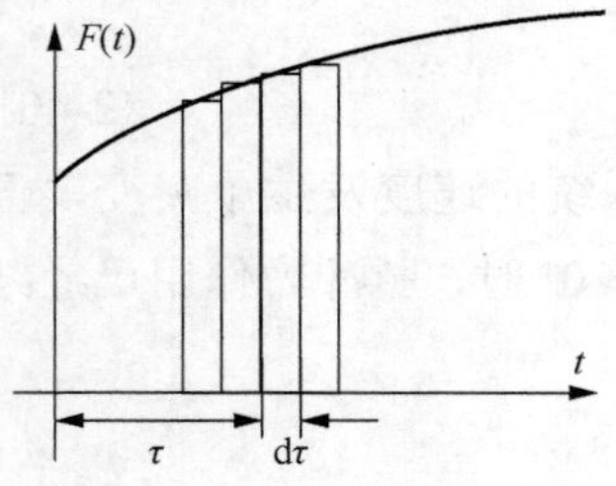

图 2-18　$F(t)$ 函数

当处于零初始条件的系统受到任意激振力时，可以将激振力 $F(t)$ 看作一系列脉冲力的叠加，如图 2-18 所示。对于时刻 $t=\tau$ 的脉冲力，其冲量为 $F(\tau)\text{d}\tau$ ，系统的脉冲响应为

$$\text{d}x=F(\tau)h(t-\tau)\text{d}\tau \tag{2-45}$$

由线性系统的叠加原理，系统对任意激振力的响应等于系统在 $[0,t]$ 时刻内各个脉冲响应的总和，则系统的响应可以表示为

$$x(t)=\int_0^t F(\tau)h(t-\tau)\text{d}\tau=\frac{1}{m\omega_d}\int_0^t F(\tau)\text{e}^{-\zeta\omega_0(t-\tau)}\sin\omega_d(t-\tau)\text{d}\tau \tag{2-46}$$

方程 (2-46) 称为**杜哈梅积分**。

若系统在 $t=0$ 时系统有初始位移 x_0 及初始速度 $\dot{x}_0$ ，则系统对任意激励的响应可以表示为

$$\begin{aligned}x(t)=&\ \text{e}^{-\zeta\omega_0 t}\left(x_0\cos\omega_d t+\frac{\dot{x}_0+\zeta\omega_0 x_0}{\omega_d}\sin\omega_d t\right)\\&+\frac{1}{m\omega_d}\int_0^t F(\tau)\text{e}^{-\zeta\omega_0(t-\tau)}\sin\omega_d(t-\tau)\text{d}\tau\end{aligned} \tag{2-47}$$

若系统阻尼为零，则方程 (2-47) 可以表示为

$$x(t)=(x_0\cos\omega_0 t+\frac{\dot{x}_0}{\omega_0}\sin\omega_0 t)+\frac{1}{m\omega_0}\int_0^t F(\tau)\sin\omega_0(t-\tau)\mathrm{d}\tau \tag{2-48}$$

例 2-7　压实机可简化为如图 2-19(a)所示的单自由度系统。由于一个突加压力所引起的作用在质量 m 上的力(m 包括活塞质量、工作台质量和被压实材料质量)可以认为是一个矩形脉冲力，其函数如图 2-19(b)所示，作用力在 t_0 时刻停止。不考虑阻尼作用，试求系统响应。

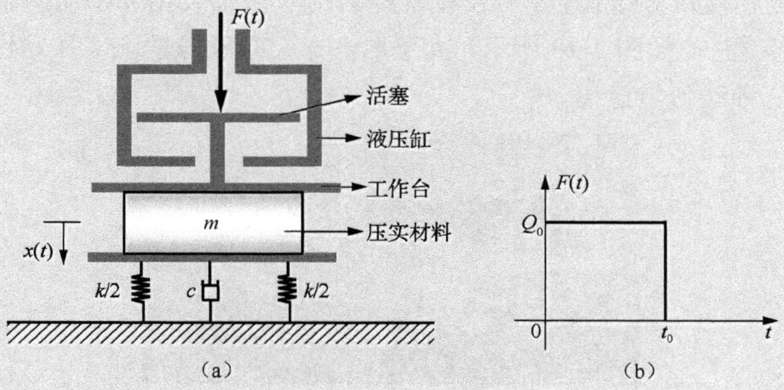

图 2-19　压实机示意图和激励函数

解　矩形脉冲力函数可以表示为

$$F(t)=\begin{cases}Q_0, & 0\leqslant t\leqslant t_0\\ 0, & t>t_0\end{cases}$$

1) $0\leqslant t\leqslant t_0$ 时，有

$$\begin{aligned}x(t)&=\frac{1}{m\omega_0}\int_0^t F(\tau)\sin\omega_0(t-\tau)\mathrm{d}\tau\\&=\frac{Q_0}{m\omega_0}\int_0^t \sin\omega_0(t-\tau)\mathrm{d}\tau\\&=\frac{Q_0}{k}(1-\cos\omega_0 t)\end{aligned}$$

2) $t>t_0$ 时，有

$$\begin{aligned}x(t)&=\frac{1}{m\omega_0}\int_0^t F(\tau)\sin\omega_0(t-\tau)\mathrm{d}\tau\\&=\frac{1}{m\omega_0}[\int_0^{t_0} Q_0\sin\omega_0(t-\tau)\mathrm{d}\tau+\int_{t_0}^t 0\cdot\sin\omega_0(t-\tau)\mathrm{d}\tau]\\&=\frac{Q_0}{k}[\cos\omega_0(t-t_0)-\cos\omega_0 t]\end{aligned}$$

因此，系统响应可以表示为

$$x(t)=\begin{cases}\dfrac{Q_0}{k}(1-\cos\omega_0 t), & 0\leqslant t\leqslant t_0\\ \dfrac{Q_0}{k}[\cos\omega_0(t-t_0)-\cos\omega_0 t], & t>t_0\end{cases}$$

2.2　多自由度系统的振动

在工程实际中，许多振动问题不能用简单的单自由度系统来进行描述，这就需要引入多自由度系统的概念。所谓的多自由度系统是指具有多个独立的广义坐标的系统。对于一个具有 n 自由度的系统而言，系统的振动行为一般需要由 n 个相互耦合的二阶常微分方程来进行描述[2]。如图 2-20 所示，为了对汽车在行驶时的上下振动进行描述，可以对其进行如下三种动力学建模。

图 2-20　行驶在路面上的汽车

1) 将车体和乘客简化为一个集中质量，汽车与地面间的相互作用简化为一个弹簧和一个阻尼，简化得到的单自由度系统如图 2-21(a) 所示。

2) 将乘客和车体分别进行集中质量简化，将汽车与地面、乘客与汽车之间的相互作用简化为一个弹簧和一个阻尼，如图 2-21(b) 所示。

3) 将乘客、车体、车轮分别进行集中质量简化，将车轮与地面、车体与车轮、乘客与车体之间的相互作用用弹簧和阻尼来进行描述，如图 2-21(c) 所示。

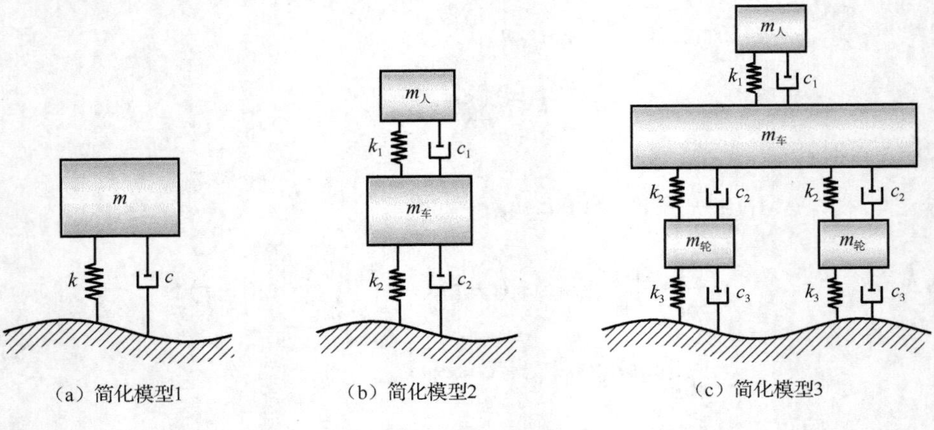

图 2-21　行驶在路面的汽车的简化动力学模型

对上述三种模型进行分析，显然模型 3 所示的多自由度系统最为精确。实际上，这种需要用多自由度系统来更好地反映问题实质的例子有很多，比如，多级运载火箭的轴向振动问题，多轮盘转子的扭转振动问题等。

本节将会对多自由度系统的振动特性以及多自由度系统振动的求解方法等关键问题进行阐述。如前文所述，对于多自由度系统而言，其动力学方程一般为多维相互耦合的二阶常微分方程组。为了研究多自由度系统的振动基本理论，有必要首先学习多自由度系统动力学方程的建立方法。

2.2.1　多自由度系统的动力学方程

一般来说，一个线性系统的动力学行为具有唯一性，但是其动力学微分方程(数学模型)却可以依据不同的力学原理来建立，可以具有不同的表现形式[3]。对于多自由度系统而言，常用的建立其动力学方程的方法有：动静法(达朗贝尔原理)、影响系数法和拉格朗日方法。

1. 动静法(达朗贝尔原理)

动静法是一种将动力学问题用静力学的方式来求解的方法。利用达朗贝尔原理，通过引入惯性力的概念，可以用列“平衡方程”的方式来建立系统的动力学模型。

例 2-8　图 2-22 为一个二自由度的质量-弹簧系统。假定质量块 m_1 和 m_2 只做水平方向的运动，两个质量块上分别作用有水平激励力 $f_1(t)$ 和 $f_2(t)$，不计摩擦和阻尼，试建立系统的动力学微分方程。

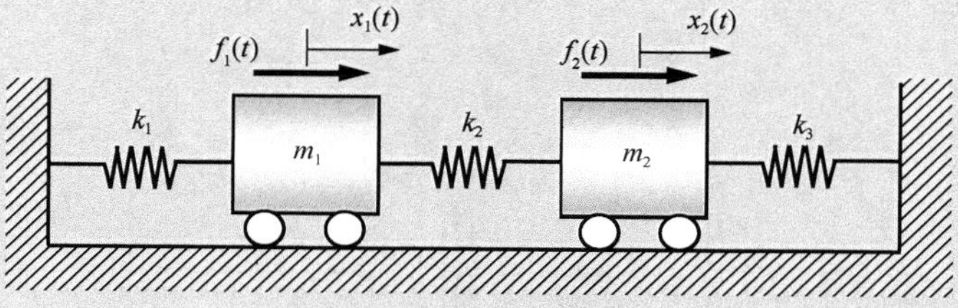

图 2-22　二自由度质量-弹簧系统

解　选定质量块 m_1 的水平方向位移 $x_1(t)$ 和质量块 m_2 的水平方向位移 $x_2(t)$ 为系统的广义坐标，取 m_1、m_2 的静平衡位置为 x_1 和 x_2 的坐标原点。由达朗贝尔原理可得，两个质量块上除作用有激励力和弹簧恢复力外，还有惯性力项 $-m_1\ddot{x}_1$ 和 $-m_2\ddot{x}_2$。质量块 m_1 和 m_2 的受力分析如图 2-23 所示。

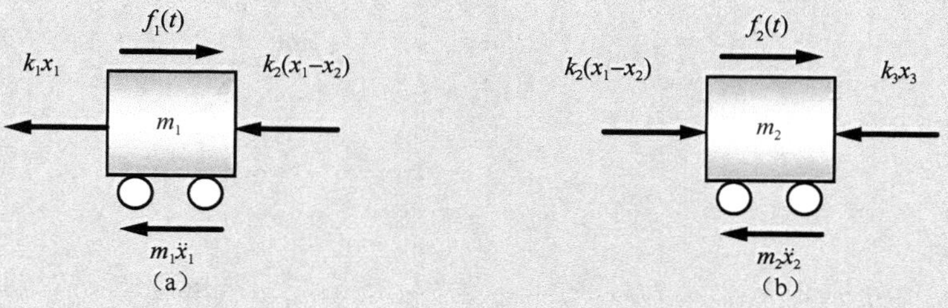

图 2-23　质量块 m_1 和 m_2 的受力分析图

依据图 2-23，可以分别建立 m_1 和 m_2 的“平衡方程”如下。

$$\begin{cases} m_1\ddot{x}_1 + k_1x_1 + k_2(x_1 - x_2) = f_1(t) \\ m_2\ddot{x}_2 + k_2(x_2 - x_1) + k_3x_2 = f_2(t) \end{cases} \tag{a}$$

整理可得

$$\begin{cases} m_1\ddot{x}_1 + (k_1 + k_2)x_1 - k_2x_2 = f_1(t) \\ m_2\ddot{x}_2 - k_2x_1 + (k_2 + k_3)x_2 = f_2(t) \end{cases} \tag{b}$$

方程(b)即为表征图 2-23 所示的二自由度系统的动力学微分方程。可以看到，方程中每一项都为力的量纲，因此这种类型的方程也被称为**作用力方程**。

为简洁起见，可将公式(b)写成如下矩阵形式。

$$\begin{bmatrix} m_1 & 0 \\ 0 & m_2 \end{bmatrix}\begin{bmatrix} \ddot{x}_1 \\ \ddot{x}_2 \end{bmatrix} + \begin{bmatrix} k_1 + k_2 & -k_2 \\ -k_2 & k_2 + k_3 \end{bmatrix}\begin{bmatrix} x_1 \\ x_2 \end{bmatrix} = \begin{bmatrix} f_1(t) \\ f_2(t) \end{bmatrix} \tag{c}$$

可以看到，方程左端第一个矩阵为对角阵，这表示系统不存在惯性耦合。同时，左端第二个矩阵的非对角线元素不全为 0，这表示系统存在刚度耦合，非 0 的非对角元素即对应方程组内坐标间的耦合项。

例 2-9　如图 2-24 所示的转动系统，固定在转轴上的两个圆盘分别在扭矩 $M_1(t)$ 和 $M_2(t)$ 的作用下做扭转振动。已知两个圆盘的转动惯量分别为 I_1 和 I_2，转轴上三个区段的扭转刚度分别为 k_{θ_1}、k_{θ_2} 和 k_{θ_3}，试建立系统的动力学微分方程。

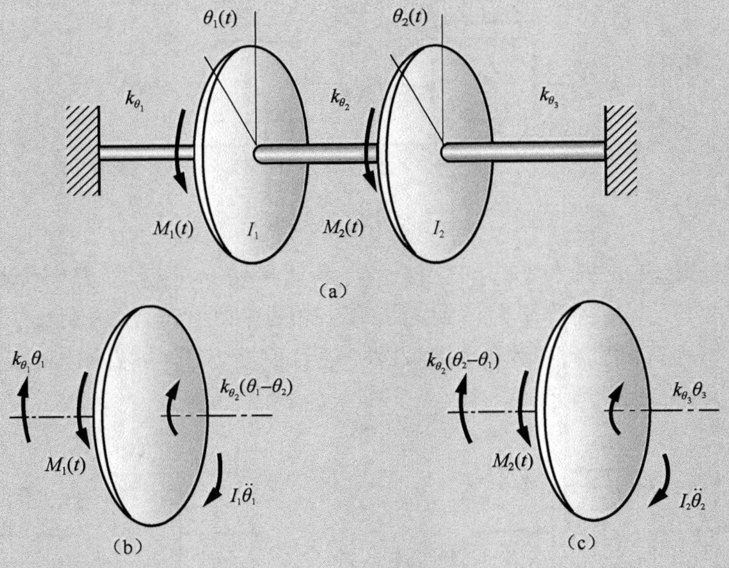

图 2-24　双圆盘转动系统

解　选定角坐标 θ_1 和 θ_2 作为系统的广义坐标来描述系统的运动。依据达朗贝尔原理和力矩平衡方程，可得

$$\begin{cases} I_1\ddot{\theta}_1 + k_{\theta_1}\theta_1 + k_{\theta_2}(\theta_1 - \theta_2) = M_1(t) \\ I_2\ddot{\theta}_2 + k_{\theta_2}(\theta_2 - \theta_1) + k_{\theta_3}\theta_2 = M_2(t) \end{cases}$$

整理并转化为矩阵形式可得

$$\begin{bmatrix} I_1 & 0 \\ 0 & I_2 \end{bmatrix}\begin{bmatrix} \ddot{\theta}_1 \\ \ddot{\theta}_2 \end{bmatrix}+\begin{bmatrix} k_{\theta_1}+k_{\theta_2} & -k_{\theta_2} \\ -k_{\theta_2} & k_{\theta_2}+k_{\theta_3} \end{bmatrix}\begin{bmatrix} \theta_1 \\ \theta_2 \end{bmatrix}=\begin{bmatrix} M_1(t) \\ M_2(t) \end{bmatrix}$$

对比例 2-8 和例 2-9 可以看到，多自由度系统的角振动与直线振动在数学描述上是相同的。这提示我们，对于多自由度系统也可以将质量、刚度、位移、加速度、力做广义上的理解。

对于一个具有 n 个自由度的系统，其动力学方程一般可用如下公式进行表示。

$$\boldsymbol{M}\ddot{\boldsymbol{x}}+\boldsymbol{K}\boldsymbol{x}=\boldsymbol{f}(t) \tag{2-49}$$

其中，$\boldsymbol{M}$ 称为**质量阵**，为正定对称的 $n\times n$ 矩阵，表达式为

$$\boldsymbol{M}=\begin{bmatrix} m_{11} & m_{12} & \cdots & m_{1n} \\ m_{21} & m_{22} & \cdots & m_{2n} \\ \vdots & \vdots & & \vdots \\ m_{n1} & m_{n2} & \cdots & m_{nn} \end{bmatrix} \tag{2-50}$$

$\boldsymbol{K}$ 称为**刚度阵**，为半正定对称的 $n\times n$ 矩阵，表达式为

$$\boldsymbol{K}=\begin{bmatrix} k_{11} & k_{12} & \cdots & k_{1n} \\ k_{21} & k_{22} & \cdots & k_{2n} \\ \vdots & \vdots & & \vdots \\ k_{n1} & k_{n2} & \cdots & k_{nn} \end{bmatrix} \tag{2-51}$$

$\boldsymbol{x}$ 为**位移向量**，其维度为 $n\times 1$，表达式为

$$\boldsymbol{x}=\begin{bmatrix} x_1 \\ x_2 \\ \vdots \\ x_n \end{bmatrix} \tag{2-52}$$

$\boldsymbol{f}(t)$ 为**载荷向量**，其维度为 $n\times 1$，表达式为

$$\boldsymbol{f}(t)=\begin{bmatrix} f_1(t) \\ f_2(t) \\ \vdots \\ f_n(t) \end{bmatrix} \tag{2-53}$$

实际上，方程(2-49)所示的矩阵形式的多自由系统动力方程最为常见，同时也是实际工程中最为常用的一种。

本小节对如何利用动静法来建立多自由度系统的动力学方程进行了表述，该方法比较简单、明了，但是需要进行一定的改写才可以得到矩阵形式的动力学模型。对于一些自由度较大的系统而言，该方法会显得比较的烦琐。下面将介绍如何利用影响系数法直接建立矩阵形式的多自由度系统动力学微分方程。

2. 影响系数法

为了说明**影响系数法**的概念，这里首先对刚度阵和质量阵的物理意义进行分析。假设系统的加速度 $\ddot{\boldsymbol{x}}=\boldsymbol{0}$，外力以准静态的方式施加于系统上，方程(2-49)可改写为

$$\boldsymbol{K}\boldsymbol{x}=\boldsymbol{f} \tag{2-54}$$

假设作用于系统上的外力使得系统只在第 j 个坐标上产生单位位移，其余各个坐标都保持不动，即系统的位移向量为

$$\boldsymbol{x}=[x_1,\cdots,x_{j-1},x_j,x_{j+1},\cdots,x_n]^{\mathrm{T}}=[0,\cdots,0,1,0,\cdots,0]^{\mathrm{T}} \tag{2-55}$$

将方程(2-55)代入方程(2-54)中，可得

$$\boldsymbol{f}=\begin{bmatrix} f_1 \\ f_2 \\ \vdots \\ f_n \end{bmatrix}=\begin{bmatrix} k_{11} & \cdots & k_{1j} & \cdots & k_{1n} \\ k_{21} & \cdots & k_{2j} & \cdots & k_{2n} \\ \vdots & & \vdots & & \vdots \\ k_{n1} & \cdots & k_{nj} & \cdots & k_{nn} \end{bmatrix}\begin{bmatrix} 0 \\ \vdots \\ 0 \\ 1 \\ 0 \\ \vdots \\ 0 \end{bmatrix}=\begin{bmatrix} k_{1j} \\ k_{2j} \\ \vdots \\ k_{nj} \end{bmatrix} \tag{2-56}$$

可见，此时需要施加的外力向量正好为刚度矩阵的第 j 列，其中，k_{ij} 对应于第 i 个坐标上所须施加的外力。归纳起来说：刚度矩阵 $\boldsymbol{K}$ 的第 i 行第 j 列上的元素 k_{ij} 是使系统仅在第 j 个坐标上产生单位位移而其余坐标都不产生位移时，需要在第 i 个坐标上施加的力。

采用类似的方式可以对系统的质量阵进行分析。假设系统受到外力的瞬间，系统只产生加速度而不产生位移，即 $\boldsymbol{x}=\boldsymbol{0}$，基于方程(2-49)可得

$$\boldsymbol{M}\ddot{\boldsymbol{x}}=\boldsymbol{f} \tag{2-57}$$

类似的，假设系统仅在第 j 个坐标上产生单位加速度，其余各个坐标的加速度为 0，可得系统的加速度向量为

$$\ddot{\boldsymbol{x}}=[\ddot{x}_1,\cdots,\ddot{x}_{j-1},\ddot{x}_j,\ddot{x}_{j+1},\cdots,\ddot{x}_n]^{\mathrm{T}}=[0,\cdots,0,1,0,\cdots,0]^{\mathrm{T}} \tag{2-58}$$

将方程(2-58)代入方程(2-57)中，可得

$$\boldsymbol{f}=\begin{bmatrix} f_1 \\ f_2 \\ \vdots \\ f_n \end{bmatrix}=\begin{bmatrix} m_{11} & \cdots & m_{1j} & \cdots & m_{1n} \\ m_{21} & \cdots & m_{2j} & \cdots & m_{2n} \\ \vdots & & \vdots & & \vdots \\ m_{n1} & \cdots & m_{nj} & \cdots & m_{nn} \end{bmatrix}\begin{bmatrix} 0 \\ \vdots \\ 0 \\ 1 \\ 0 \\ \vdots \\ 0 \end{bmatrix}=\begin{bmatrix} m_{1j} \\ m_{2j} \\ \vdots \\ m_{nj} \end{bmatrix} \tag{2-59}$$

根据方程(2-59)可以得到结论：质量矩阵 $\boldsymbol{M}$ 的第 i 行第 j 列上的元素 m_{ij} 是使系统仅在第 j 个坐标上产生单位加速度时，相应地在第 i 个坐标上需要施加的力。

依据 k_{ij} 和 m_{ij} 的物理意义，将其分别称为**刚度影响系数**和**质量影响系数**。根据上文所述，可以直接写出多自由度系统的质量阵和刚度阵，进而构建系统的动力学模型，这种方法被称为影响系数法。下面将通过几个例子来对影响系数法的具体实施进行说明。

例 2-10 考虑如图 2-25 所示的三自由度系统。试通过影响系数法写出系统的刚度阵、质量阵，并建立系统的动力学微分方程。

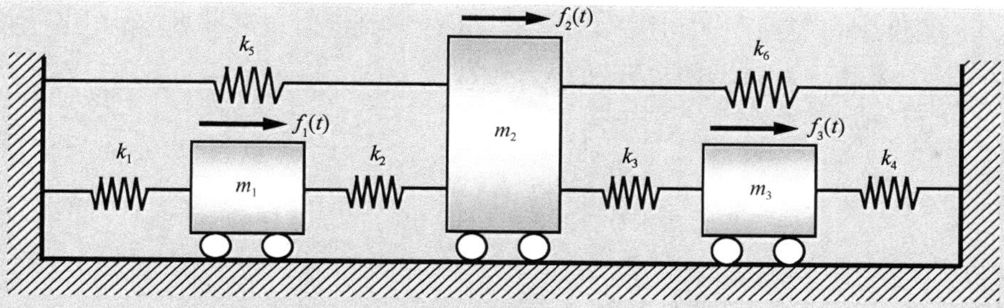

图 2-25　三自由度质量-弹簧系统

解　首先进行刚度阵的构建。假设系统为准静态，仅在 m_1 上产生单位位移，即 $\ddot{\boldsymbol{x}}=\boldsymbol{0}$，$\boldsymbol{x}=[1,0,0]^{\mathrm{T}}$。在上述条件下，对 m_1、m_2 和 m_3 分别进行受力分析，如图 2-26 所示，可以得到此时需要在三个坐标上分别施加的外力为 k_1+k_2、$-k_2$ 和 0。由刚度影响系数的物理意义可以得到刚度阵的第一列为

$$\begin{bmatrix} k_{11} \\ k_{21} \\ k_{31} \end{bmatrix} = \begin{bmatrix} k_1+k_2 \\ -k_2 \\ 0 \end{bmatrix} \tag{a}$$

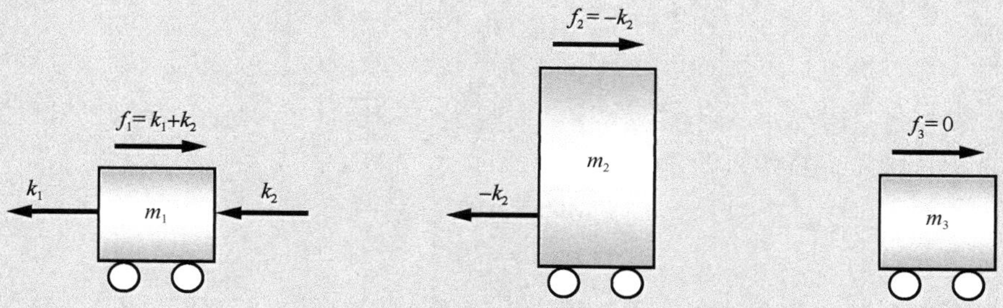

图 2-26　刚度影响系数受力分析图 1

同理，假设 $\boldsymbol{x}=[0,1,0]^{\mathrm{T}}$，如图 2-27 所示，可以得到此时需要在各坐标上分别施加的外力为 $-k_2$、$k_2+k_3+k_5+k_6$ 和 $-k_3$，即刚度阵的第二列为

$$\begin{bmatrix} k_{12} \\ k_{22} \\ k_{32} \end{bmatrix} = \begin{bmatrix} -k_2 \\ k_2+k_3+k_5+k_6 \\ -k_3 \end{bmatrix} \tag{b}$$

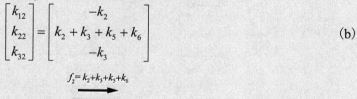

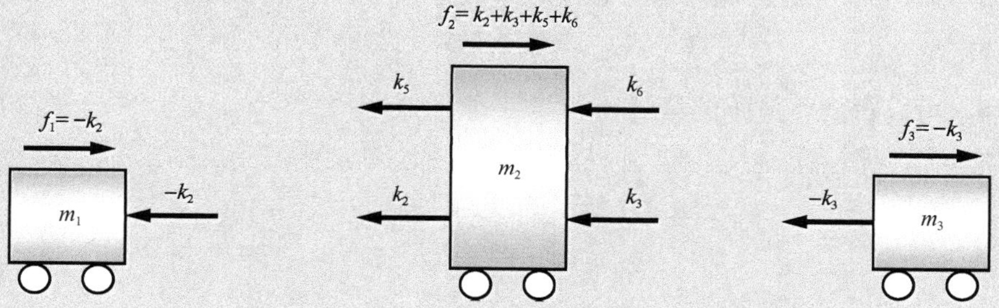

图 2-27　刚度影响系数受力分析图 2

同理，假设 $\boldsymbol{x}=[0,0,1]^{\mathrm{T}}$ ，如图 2-28 所示，可以得到此时需要在各坐标上分别施加的外力为 0 、 $-k_3$ 和 k_3+k_4 ，即刚度阵的第三列为

$$\begin{bmatrix} k_{13} \\ k_{23} \\ k_{33} \end{bmatrix} = \begin{bmatrix} 0 \\ -k_3 \\ k_3+k_4 \end{bmatrix} \tag{c}$$

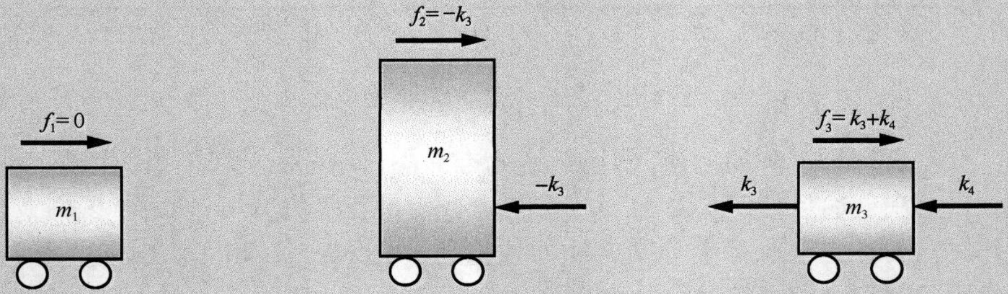

图 2-28　刚度影响系数受力分析图 3

由方程(a)～(c)可以整合得到系统的刚度阵为

$$\boldsymbol{K} = \begin{bmatrix} k_1+k_2 & -k_2 & 0 \\ -k_2 & k_2+k_3+k_5+k_6 & -k_3 \\ 0 & -k_3 & k_3+k_4 \end{bmatrix} \tag{d}$$

现只考虑动态情况，令系统的加速度向量为 $\ddot{\boldsymbol{x}}=[1,0,0]^{\mathrm{T}}$ ，系统的受力分析如图 2-29 所示，可以得到系统的外力向量为

$$\boldsymbol{f} = \begin{bmatrix} m_{11} \\ m_{21} \\ m_{31} \end{bmatrix} = \begin{bmatrix} m_1 \\ 0 \\ 0 \end{bmatrix} \tag{e}$$

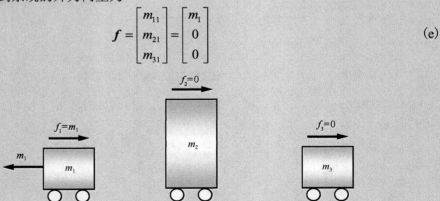

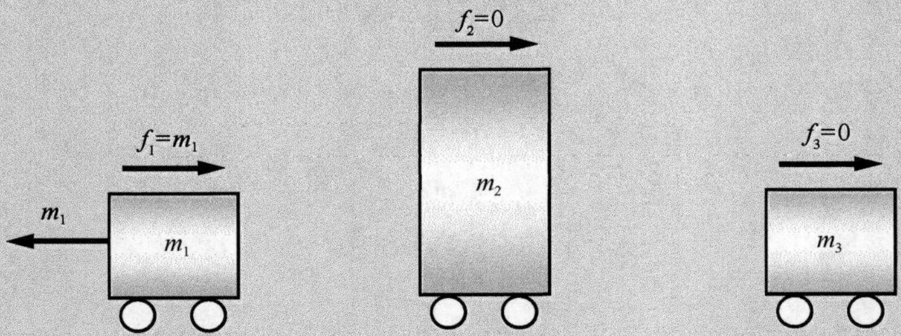

图 2-29　质量影响系数受力分析图

同理，可以得到质量阵的第二列和第三列分别为

$$\begin{bmatrix} m_{12} \\ m_{22} \\ m_{32} \end{bmatrix} = \begin{bmatrix} 0 \\ m_2 \\ 0 \end{bmatrix} \tag{f}$$

$$\begin{bmatrix} m_{13} \\ m_{23} \\ m_{33} \end{bmatrix} = \begin{bmatrix} 0 \\ 0 \\ m_3 \end{bmatrix} \tag{g}$$

由方程(e)～(g)可以整合得到系统的质量阵为

$$\boldsymbol{M} = \begin{bmatrix} m_1 & 0 & 0 \\ 0 & m_2 & 0 \\ 0 & 0 & m_3 \end{bmatrix} \tag{h}$$

根据质量阵、刚度阵，可以得到系统的动力学微分方程为

$$\begin{bmatrix} m_1 & 0 & 0 \\ 0 & m_2 & 0 \\ 0 & 0 & m_3 \end{bmatrix}\begin{bmatrix} \ddot{x}_1 \\ \ddot{x}_2 \\ \ddot{x}_3 \end{bmatrix} + \begin{bmatrix} k_1 + k_2 & -k_2 & 0 \\ -k_2 & k_2 + k_3 + k_5 + k_6 & -k_3 \\ 0 & -k_3 & k_3 + k_4 \end{bmatrix}\begin{bmatrix} x_1 \\ x_2 \\ x_3 \end{bmatrix} = \begin{bmatrix} f_1(t) \\ f_2(t) \\ f_3(t) \end{bmatrix} \tag{i}$$

例 2-11　图 2-30 为两个刚体组成的双混合摆。两个刚体的质量分别为 m_1 和 m_2，质心的位置分别位于图示的 C_1 点和 C_2 点。已知两个刚体相对于各自质心的转动惯量分别为 I_1 和 I_2，试利用影响系数法写出该系统做小幅转动时的动力学微分方程。

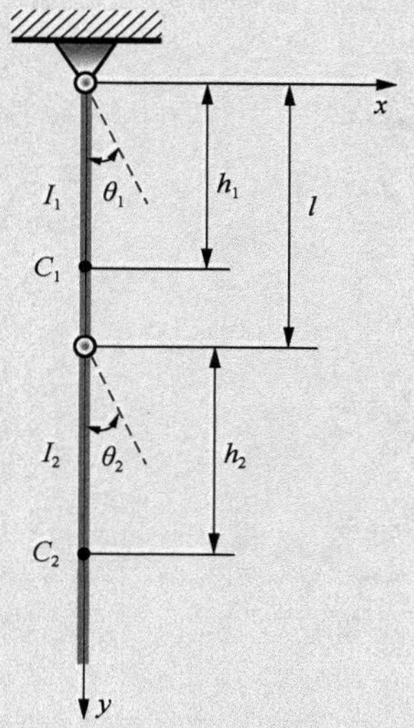

图 2-30　双混合摆结构

解　首先计算质量影响系数。假定 $\ddot{\theta}_1 = 1, \ddot{\theta}_2 = 0$，对两个摆臂分别进行受力分析，如图 2-31(a)所示，可以得到此时需要在 m_2 和 m_1 上施加的力矩分别为

$$m_{21} = m_2 l h_2 \tag{a}$$

$$m_{11} = I_1 + m_1 h_1^2 + m_2 l(l + h_2) - m_{21} = I_1 + m_1 h_1^2 + m_2 l^2 \tag{b}$$

令 $\ddot{\theta}_1 = 0, \ddot{\theta}_2 = 1$，由图 2-31(b)所示的受力分析，可得

$$m_{22} = I_2 + m_2 h_2^2 \tag{c}$$

$$m_{21} = I_2 + m_2 h_2 (l + h_2) - m_{22} = m_2 l h_2 \tag{d}$$

由方程(a)～(d)可建立系统的质量阵为

$$\boldsymbol{M}=\begin{bmatrix} I_1+m_1h_1^2+m_2l^2 & m_2lh_2 \\ m_2lh_2 & I_2+m_2h_2^2 \end{bmatrix} \tag{e}$$

接下来计算刚度影响系数，令 $\theta_1=1,\theta_2=0$，结构的受力分析如图 2-31(c)所示，可求得此时需要在 m_2 和 m_1 上施加的力矩分别为

$$k_{21}=0 \tag{f}$$

$$k_{11}=m_1gh_1+m_2gl \tag{g}$$

同理，令 $\theta_1=0,\theta_2=1$，由受力分析图 2-31(d)可得

$$k_{22}=m_2gh_2 \tag{h}$$

$$k_{12}=m_2gh_2-k_{22}=0 \tag{i}$$

依据方程(f)～(i)，可建立系统的刚度阵为

$$\boldsymbol{K}=\begin{bmatrix} m_1gh_1+m_2gl & 0 \\ 0 & m_2gh_2 \end{bmatrix} \tag{j}$$

依据系统的质量阵、刚度阵，可建立系统的动力学微分方程，其表达式为

$$\begin{bmatrix} I_1+m_1h_1^2+m_2l^2 & m_2lh_2 \\ m_2lh_2 & I_2+m_2h_2^2 \end{bmatrix}\begin{bmatrix} \ddot{\theta}_1 \\ \ddot{\theta}_2 \end{bmatrix}+\begin{bmatrix} m_1gh_1+m_2gl & 0 \\ 0 & m_2gh_2 \end{bmatrix}\begin{bmatrix} \theta_1 \\ \theta_2 \end{bmatrix}=\begin{bmatrix} 0 \\ 0 \end{bmatrix} \tag{k}$$

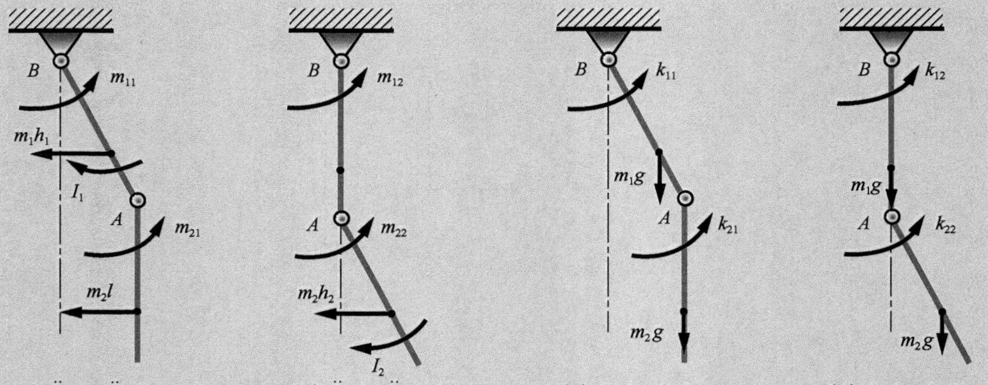

(a) $\ddot{\theta}_1=1$，$\ddot{\theta}_2=0$　(b) $\ddot{\theta}_1=0$，$\ddot{\theta}_2=1$　(c) $\theta_1=1$，$\theta_2=0$　(d) $\theta_1=0$，$\theta_2=1$

图 2-31　双混合摆结构受力分析图

在上文中，都是基于结构的受力平衡条件建立起具有力的量纲的作用力方程。其实，有时通过柔度矩阵建立**位移方程**比通过刚度矩阵来建立作用力方程更为简便。所谓的**柔度**是指弹性体在单位力下所产生的变形，它具有与刚度恰好相反的量纲。下面通过一个例子来说明位移方程的建立方法。

例 2-12　图 2-32 为一简支梁结构，对结构进行集中质量简化处理可得到一个二自由度系统。在系统的集中质量 m_1 和 m_2 上作用有外力 f_1 和 f_2，试建立该系统的动力学微分方程。

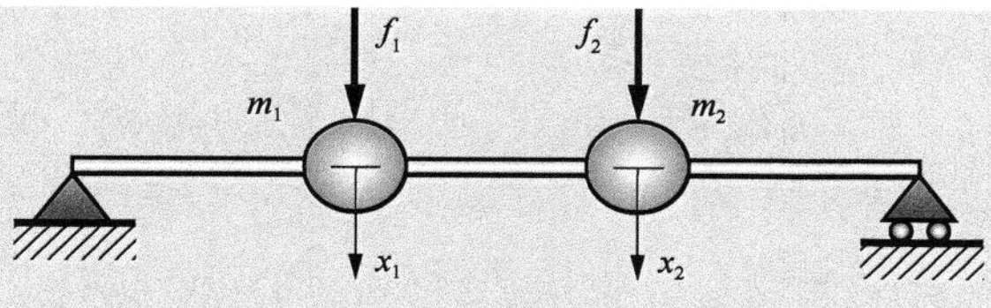

图 2-32 双混合摆结构受力分析

解 假定外力 f_1 和 f_2 为以准静态的方式作用在 m_1 和 m_2 上的常力。取质量 m_1 和 m_2 的静平衡位置为广义坐标 x_1 和 x_2 的原点。假设外力 $f_1=1, f_2=0$ 时，质量 m_1 和 m_2 的位移分别为 $x_1=d_{11}$ 和 $x_2=d_{21}$；外力 $f_1=0, f_2=1$ 时，质量 m_1 和 m_2 的位移分别为 $x_1=d_{12}$ 和 $x_2=d_{22}$。依据线性叠加原理，可得到在一般情况下 m_1 和 m_2 的位移如下。

$$\begin{cases} x_1 = d_{11}f_1 + d_{12}f_2 \\ x_2 = d_{21}f_1 + d_{22}f_2 \end{cases} \tag{a}$$

方程(a)可改写为矩阵形式，即

$$\boldsymbol{x} = \boldsymbol{Df} \tag{b}$$

其中，$\boldsymbol{x}=\begin{bmatrix} x_1 \\ x_2 \end{bmatrix}$；$\boldsymbol{f}=\begin{bmatrix} f_1 \\ f_2 \end{bmatrix}$；$\boldsymbol{D}=\begin{bmatrix} d_{11} & d_{12} \\ d_{21} & d_{22} \end{bmatrix}$称为系统的**柔度矩阵**。柔度矩阵 $\boldsymbol{D}$ 的第 i 行第 j 列上的元素 d_{ij} 表示仅在系统第 j 个坐标上作用有单位力时相应的第 i 个广义坐标的位移。与刚度影响系数类似，将 d_{ij} 称为**柔度影响系数**。

当外力为动载荷时，质量 m_1 和 m_2 会产生加速度，此时需要考虑惯性力的存在。如图 2-33 所示，方程(a)可改写为

$$\begin{cases} x_1 = d_{11}(f_1 - m_1\ddot{x}_1) + d_{12}(f_2 - m_2\ddot{x}_2) \\ x_2 = d_{21}(f_1 - m_1\ddot{x}_1) + d_{22}(f_2 - m_2\ddot{x}_2) \end{cases} \tag{c}$$

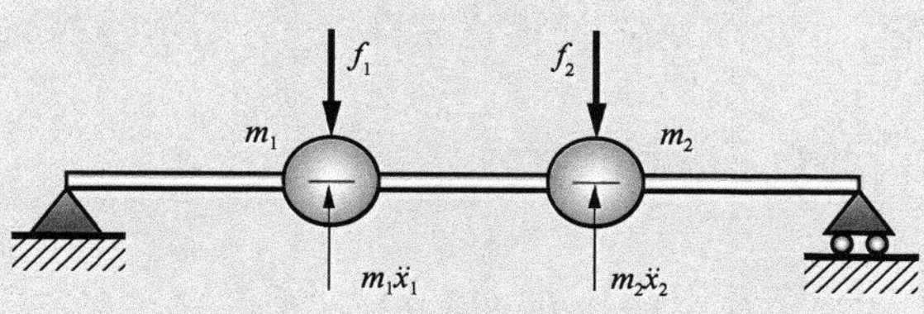

图 2-33 考虑惯性力的双混合摆结构受力分析

将方程(c)写成矩阵形式，可得

$$\boldsymbol{x} = \boldsymbol{D}(\boldsymbol{f} - \boldsymbol{M}\ddot{\boldsymbol{x}}) \tag{d}$$

方程(d)即为图 2-32 所示的二自由度简支梁结构的位移方程。对于一个具有 n 自由度的系统而言，其位移方程也可以表示为上述形式，这时柔度矩阵 $\boldsymbol{D}$ 将为 n 阶方阵。

为了进一步对柔度矩阵的性质进行说明，考虑例 2-8 所示的二自由度弹簧质量系统，利用柔度系数的性质可建立系统的柔度矩阵为

$$\boldsymbol{D} = \frac{1}{k_1k_2 + k_1k_3 + k_2k_3}\begin{bmatrix} k_2 + k_3 & k_2 \\ k_2 & k_1 + k_2 \end{bmatrix} \tag{e}$$

将方程(e)与例 2-8 的结果进行比较，可得

$$D=\frac{1}{k_1k_2+k_1k_3+k_2k_3}\begin{bmatrix}k_2+k_3 & k_2\\ k_2 & k_1+k_2\end{bmatrix}=\begin{bmatrix}k_1+k_2 & -k_2\\ -k_2 & k_2+k_3\end{bmatrix}^{-1}=K^{-1} \tag{f}$$

即系统的柔度矩阵为刚度阵的逆。实际上，该结论可通过对位移方程进行变换得出。方程(d)可改写作

$$M\ddot{x}+D^{-1}x=f \tag{g}$$

将方程(g)与多自由度系统的作用力方程(2-49)进行比对，可以看到

$$D^{-1}=K \tag{h}$$

即柔度矩阵和刚度矩阵互逆。需要说明的是，对于存在刚体运动的系统，由于此时刚度阵奇异(行列式为 0)，刚度阵的逆阵不存在，对于这一情况无法通过柔度矩阵来建立系统的位移方程。

3. 拉格朗日方法

前面分别介绍了用于建立多自由系统动力学微分方程的动静法和影响系数法。从本质上来讲，这两种方法都是基于牛顿定律的非变分方法。对于一些结构形式比较复杂、约束条件较多的系统而言，这两种方法会显得不太方便。这里介绍一种从能量角度出发的多自由度系统动力学微分方程建立的方法——拉格朗日方法。

由分析力学的理论可知，对于一个 n 自由度的系统，其动力学方程可写成拉格朗日方程的形式，即

$$\frac{\mathrm{d}}{\mathrm{d}t}\left(\frac{\partial L}{\partial \dot{q}_i}\right)-\frac{\partial L}{\partial q_i}=Q_i,\qquad i=1,2,\cdots,n \tag{2-60}$$

其中，q_i 表示系统的广义坐标；Q_i 为与广义坐标 q_i 对应的作用在系统上的广义外力；$L=T-U$，称为拉格朗日函数，这里 T 表示系统的动能，U 表示系统的势能。

利用拉格朗日方程，可以较为简便地建立例 2-11 所示的双混合摆的动力学模型，具体如下。

分析可得，质心 C_1 和 C_2 的平动速度为

$$v_1=h_1\dot{\theta}_1 \tag{2-61}$$

$$v_2=l\dot{\theta}_1+h_2\dot{\theta}_2 \tag{2-62}$$

依据刚体系统动能(质心的平动动能+质心的转动动能)的建立方法，可得双混合摆系统动能的表达式为

$$T=T_1+T_2=\frac{1}{2}m_1v_1^2+\frac{1}{2}I_1\dot{\theta}_1^2+\frac{1}{2}m_2v_2^2+\frac{1}{2}I_2\dot{\theta}_2^2 \tag{2-63}$$

系统的势能可表示为

$$U=U_1+U_2=-m_1gh_1\cos\theta_1-m_2g(l\cos\theta_1+h_2\cos\theta_2) \tag{2-64}$$

将方程(2-61)～方程(2-64)代入拉格朗日方程(2-60)中，可推得

$$(I_1+m_1h_1^2+m_2l^2)\ddot{\theta}_1+m_2lh_2\ddot{\theta}_2+(m_1gh_1+m_2gl)\sin\theta_1=0 \tag{2-65}$$

$$(I_2+m_2h_2^2)\ddot{\theta}_2+m_2lh_2\ddot{\theta}_1+m_2gh_2\sin\theta_2=0 \tag{2-66}$$

对于小幅振动，方程(2-65)和方程(2-66)可改写为

$$(I_1 + m_1h_1^2 + m_2l^2)\ddot{\theta}_1 + m_2lh_2\ddot{\theta}_2 + (m_1gh_1 + m_2gl)\theta_1 = 0 \tag{2-67}$$

$$(I_2 + m_2h_2^2)\ddot{\theta}_2 + m_2lh_2\ddot{\theta}_1 + m_2gh_2\theta_2 = 0 \tag{2-68}$$

显然该结果与“影响系数法”中推导的结果相同。

下面通过一个例子来说明拉格朗日方法的应用。

例 2-13　图 2-34 为一汽车简化模型。汽车的悬挂系统和轮胎用刚度为 k_1 和 k_2 的弹簧来表示。车身主体简化为一根刚性杆，刚性杆 AB 的质量为 m，绕质心 C 的转动惯量为 I_C。假设 AB 杆在 D 点的外力主矢和主矩分别为 f_D 和 M_D。选取 D 点的垂直位移 x_D 和绕 D 点的转动角 θ_D 为广义坐标，试建立系统的动力学微分方程。

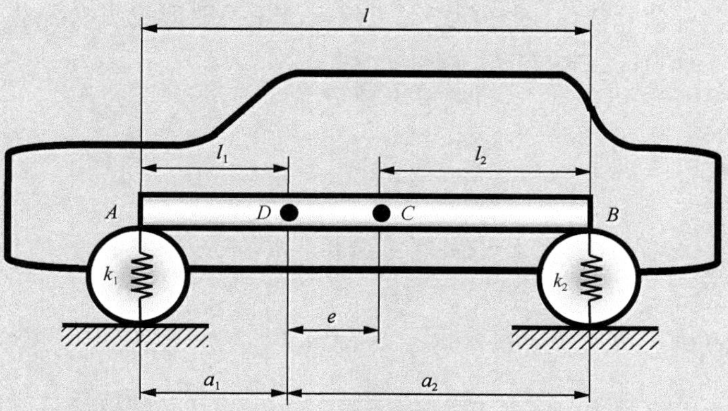

图 2-34　汽车简化模型

解　依据刚体的合速度关系，可以推得 AB 杆质心的上下平移速度为

$$v_C = \dot{x}_D + e\dot{\theta}_D \tag{a}$$

AB 杆质心的转动速度为

$$\omega_C = \dot{\theta}_D \tag{b}$$

依据方程(a)和方程(b)可得到系统的动能为

$$T = \frac{1}{2}mv_C^2 + \frac{1}{2}I_C\omega_C^2 = \frac{1}{2}m(\dot{x}_D + e\dot{\theta}_D)^2 + \frac{1}{2}I_C\dot{\theta}_D^2 \tag{c}$$

依据弹簧 k_1 和 k_2 的长度变化，可写出系统的势能为

$$U = \frac{1}{2}k_1(x_D - a_1\theta_D)^2 + \frac{1}{2}k_2(x_D + a_2\theta_D)^2 \tag{d}$$

将系统的势能、动能函数代入拉格朗日方程中，可推得系统的动力学微分方程为

$$\begin{cases} m\ddot{x}_D + me\ddot{\theta}_D + (k_1 + k_2)x_D + (k_2a_2 - k_1a_1)\theta_D = f_D \\ me\ddot{x}_D + (I_C + me^2)\ddot{\theta}_D + (k_2a_2 - k_1a_1)x_D + (k_1a_1^2 + k_2a_2^2)\theta_D = M_D \end{cases} \tag{e}$$

改写为矩阵形式可得

$$\boldsymbol{M}_D\ddot{\boldsymbol{x}}_D + \boldsymbol{K}_D\boldsymbol{x}_D = \boldsymbol{f}_D \tag{f}$$

其中，$\boldsymbol{M}_D = \begin{bmatrix} m & me \\ me & I_C + me^2 \end{bmatrix}$；$\boldsymbol{K}_D = \begin{bmatrix} k_1 + k_2 & k_2a_2 - k_1a_1 \\ k_2a_2 - k_1a_1 & k_1a_1^2 + k_2a_2^2 \end{bmatrix}$；$\boldsymbol{x}_D = \begin{bmatrix} x_D \\ \theta_D \end{bmatrix}$；$\boldsymbol{f}_D = \begin{bmatrix} f_D \\ M_D \end{bmatrix}$。

由方程(f)可以看到，该系统的质量阵和刚度阵都不为对角阵，即系统存在惯性耦合和刚度耦合。有趣的是，如果将 D 点设定在质心处，即 $e=0$，此时系统的动力学微分方程转化为

$$\boldsymbol{M}_C\ddot{\boldsymbol{x}}_C+\boldsymbol{K}_C\boldsymbol{x}_C=\boldsymbol{f}_C \tag{g}$$

其中，$\boldsymbol{M}_C=\begin{bmatrix} m & 0 \\ 0 & I_C \end{bmatrix}$；$\boldsymbol{K}_C=\begin{bmatrix} k_1+k_2 & k_2a_2-k_1a_1 \\ k_2a_2-k_1a_1 & k_1a_1^2+k_2a_2^2 \end{bmatrix}$；$\boldsymbol{x}_C=\begin{bmatrix} x_C \\ \theta_C \end{bmatrix}$；$\boldsymbol{f}_C=\begin{bmatrix} f_C \\ M_C \end{bmatrix}$。

可以看到，这时系统的惯性耦合项消失了，这表明系统耦合的表现形式取决于坐标的选取。

对于从方程(f)到方程(g)的转化，可以用坐标转换的形式加以描述。

依据 C 点与 D 点的坐标间的关系得

$$\begin{cases} x_D=x_C-e\theta_C \\ \theta_D=\theta_C \end{cases} \tag{h}$$

其中有

$$\begin{bmatrix} x_D \\ \theta_D \end{bmatrix}=\begin{bmatrix} 1 & -e \\ 0 & 1 \end{bmatrix}\begin{bmatrix} x_C \\ \theta_C \end{bmatrix} \tag{i}$$

记矩阵 $\boldsymbol{T}=\begin{bmatrix} 1 & -e \\ 0 & 1 \end{bmatrix}$，该矩阵称为坐标转换矩阵。

再考虑 C 点和 D 点上的主矢和主矩间的关系，由力的平移定理可得

$$\begin{bmatrix} f_C \\ M_C \end{bmatrix}=\begin{bmatrix} 1 & 0 \\ -e & 1 \end{bmatrix}\begin{bmatrix} f_D \\ M_D \end{bmatrix}=\boldsymbol{T}^{\mathrm{T}}\begin{bmatrix} f_D \\ M_D \end{bmatrix} \tag{j}$$

将方程(i)代入方程(f)中，左乘矩阵 $\boldsymbol{T}^{\mathrm{T}}$，可推得

$$\boldsymbol{T}^{\mathrm{T}}\boldsymbol{M}_D\boldsymbol{T}\ddot{\boldsymbol{x}}_C+\boldsymbol{T}^{\mathrm{T}}\boldsymbol{K}_D\boldsymbol{T}\boldsymbol{x}_C=\boldsymbol{T}^{\mathrm{T}}\boldsymbol{f}_D=\boldsymbol{f}_C \tag{k}$$

不难验证，$\boldsymbol{T}^{\mathrm{T}}\boldsymbol{M}_D\boldsymbol{T}=\boldsymbol{M}_C$，$\boldsymbol{T}^{\mathrm{T}}\boldsymbol{K}_D\boldsymbol{T}\boldsymbol{x}_C=\boldsymbol{K}_C$。

可以看到，通过一定的坐标转换，系统的质量阵实现了解耦。试想，是否存在一个坐标转换矩阵，可以对系统的质量阵和刚度阵实现同时解耦呢？如果这种情况存在的话，就可以将多自由度系统的动力学微分方程组转换为一组相互之间没有联系的独立方程。或者说，可以将多自由度系统的振动问题转换为多个单自由度的振动问题来进行求解。这显然会极大简化求解过程。本书将这种使系统动力学微分方程全部解耦的坐标称为系统的**主坐标**，那么主坐标应该如何确立呢？请带着这个问题进行下面的学习。

2.2.2　多自由度系统的无阻尼自由振动

若多自由度系统上没有外力作用，即载荷向量 $\boldsymbol{f}(t)=\boldsymbol{0}$，不考虑阻尼的影响，可以得到此时系统的动力学微分方程为

$$\boldsymbol{M}\ddot{\boldsymbol{x}}+\boldsymbol{K}\boldsymbol{x}=\boldsymbol{0} \tag{2-69}$$

通过对方程(2-69)进行深入的分析，可以发掘出许多关于多自由度系统振动的特性。

1. 多自由度系统的固有频率

在微振动情况下，方程(2-69)的解可设定为

$$\boldsymbol{x}=\boldsymbol{\varphi}\sin(\omega t+\alpha) \tag{2-70}$$

其中，$\boldsymbol{\varphi}=[\varphi_1,\varphi_2,\cdots,\varphi_n]^{\mathrm{T}}$ 代表系统的振动幅度。

将方程(2-70)代入方程(2-69)中可推得

$$(\boldsymbol{K}-\boldsymbol{M}\omega^2)\boldsymbol{\varphi}=\boldsymbol{0} \tag{2-71}$$

为了使系统存在非零解，必须有

$$\left|\boldsymbol{K}-\boldsymbol{M}\omega^2\right|=0 \tag{2-72}$$

行列式(2-72)一般称为系统的特征方程，具体可写作

$$\begin{vmatrix} k_{11}-\omega^2 m_{11} & k_{12}-\omega^2 m_{12} & \cdots & k_{1n}-\omega^2 m_{1n} \\ k_{21}-\omega^2 m_{21} & k_{22}-\omega^2 m_{22} & \cdots & k_{2n}-\omega^2 m_{2n} \\ \vdots & \vdots & & \vdots \\ k_{n1}-\omega^2 m_{n1} & k_{n2}-\omega^2 m_{n2} & \cdots & k_{nn}-\omega^2 m_{nn} \end{vmatrix}=0 \tag{2-73}$$

将方程进行展开处理，可以得到一个关于 ω^2 的 n 次多项式，ω^2 称为该特征方程的特征根。

由线性代数的知识可知，对于正定的 $\boldsymbol{M}$ 矩阵和半正定的 $\boldsymbol{K}$ 矩阵，特征方程(2-72)的根总是大于或等于 0 的。将特征方程的 n 个根按升序排列，即

$$0\leqslant\omega_1^2\leqslant\omega_2^2\leqslant\cdots\leqslant\omega_n^2 \tag{2-74}$$

显然特征根的值仅取决于系统的质量、刚度等固有的参数，因此，可将第 i 个特征根 ω_i^2 的算术平方根 ω_i 称为系统的第 i 阶**固有频率**。n 个自由度的系统有 n 个固有频率。系统的固有频率是一个十分重要的概念，它反映了系统振动的固有特性。在工程实践中，固有频率往往是一个重要的设计参数。

类似的，系统的固有频率也可以通过位移方程来求解。对于无阻尼自由振动，n 自由度系统的位移方程可写作

$$\boldsymbol{DM}\ddot{\boldsymbol{x}}+\boldsymbol{x}=\boldsymbol{0} \tag{2-75}$$

将方程(2-70)代入方程(2-75)中可推得

$$(\boldsymbol{DM}-\lambda\boldsymbol{I})\boldsymbol{\varphi}=\boldsymbol{0} \tag{2-76}$$

其中，$\boldsymbol{I}$ 表示单位矩阵；$\lambda=1/\omega^2$。

根据方程(2-76)，同样可建立特征方程 $\left|\boldsymbol{DM}-\lambda\boldsymbol{I}\right|=0$，由它解出的 n 个特征值可按降序排列为 $\lambda_1\geqslant\lambda_2\geqslant\cdots\geqslant\lambda_n\geqslant0$，系统的第 i 阶固有频率为 $\omega_i=1/\sqrt{\lambda_i}$。

下面通过一个例子来具体说明如何求解多自由系统的固有频率。

例 2-14　图 2-35 为一个三自由质量-弹簧系统，试计算该系统的固有频率。

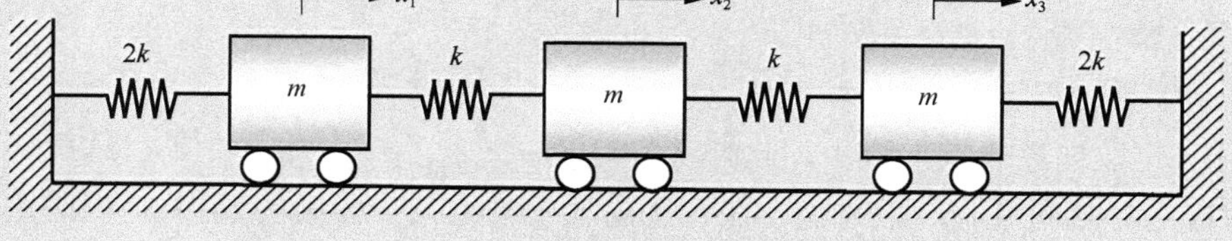

图 2-35　三自由质量-弹簧系统

解　利用影响系数法可推得系统的质量阵、刚度阵为

$$\boldsymbol{M}=\begin{bmatrix} m & 0 & 0 \\ 0 & m & 0 \\ 0 & 0 & m \end{bmatrix} \tag{a}$$

$$\boldsymbol{K}=\begin{bmatrix} 3k & -k & 0 \\ -k & 2k & -k \\ 0 & -k & 3k \end{bmatrix} \tag{b}$$

将方程(a)和方程(b)代入特征方程(2-70)中，可得

$$\begin{vmatrix} 3k-m\omega^2 & -k & 0 \\ -k & 2k-m\omega^2 & -k \\ 0 & -k & 3k-m\omega^2 \end{vmatrix}=0 \tag{c}$$

令 $\alpha=\dfrac{m}{k}\omega^2$，方程可改写为

$$\begin{vmatrix} 3-\alpha & -1 & 0 \\ -1 & 2-\alpha & -1 \\ 0 & -1 & 3-\alpha \end{vmatrix}=0 \tag{d}$$

对行列式进行求解可得 $\alpha_1=1,\ \alpha_2=3,\ \alpha_3=4$，即系统的固有频率为 $\omega_1=\sqrt{k/m}$，$\omega_2=1.732\sqrt{k/m}$，$\omega_3=2\sqrt{k/m}$。

2. 多自由度系统的主振型

将满足方程(2-71)的非零向量 $\boldsymbol{\varphi}$ 称为系统的特征向量，显然每一个特征根都对应于一个特征向量。n 个自由度的系统有 n 个特征向量。记与特征根 ω_i^2 对应的特征向量为 $\boldsymbol{\varphi}_i$。在振动理论中，$\boldsymbol{\varphi}_i$ 称为系统的第 i 阶**主振型**或**固有振型**。

为了求解 $\boldsymbol{\varphi}_i$，可将 $\omega^2=\omega_i^2$ 代入方程(2-71)中，得

$$(\boldsymbol{K}-\boldsymbol{M}\omega_i^2)\boldsymbol{\varphi}_i=\boldsymbol{0} \tag{2-77}$$

当 ω_i^2 不是特征方程的重根时，式中的 n 个方程中只有一个是不独立的。不妨令最后一个方程不独立，将其划去，并把含有 $\boldsymbol{\varphi}_i$ 中某个元素的项(如 $\varphi_{i,n}$)全部移至方程右端，可得

$$\begin{cases} (k_{11}-m_{11}\omega_i^2)\varphi_{i,1}+\cdots+(k_{1,n-1}-m_{1,n-1}\omega_i^2)\varphi_{i,n-1}=-(k_{1,n}-m_{1,n}\omega_i^2)\varphi_{i,n} \\ \cdots\cdots \\ (k_{n-1,1}-m_{n-1,1}\omega_i^2)\varphi_{i,1}+\cdots+(k_{n-1,n-1}-m_{n-1,n-1}\omega_i^2)\varphi_{i,n-1}=-(k_{n-1,n}-m_{n-1,n}\omega_i^2)\varphi_{i,n} \end{cases} \tag{2-78}$$

令 $\varphi_{i,n}=1$，利用方程(2-78)所示的 $n-1$ 个方程，可以求解出 $\varphi_{i,1},\varphi_{i,2},\cdots,\varphi_{i,n-1}$。于是系统的第 i 阶主振型为

$$\boldsymbol{\varphi}_i=[\varphi_{i,1},\varphi_{i,2},\cdots,\varphi_{i,n-1},1]^{\mathrm{T}} \tag{2-79}$$

显然，$\varphi_{i,n}$ 可取任意非零常数 a_i，此时将解得 $\boldsymbol{\varphi}_i=a_i[\varphi_{i,1},\varphi_{i,2},\cdots,\varphi_{i,n-1},1]^{\mathrm{T}}$，这同样为特征根 ω_i^2 对应的特征向量。一般来说，在特征向量中规定某一元素的值为 1 以确定其他元素的过程，称为归一化。

将 ω_i 和 $\boldsymbol{\varphi}_i$ 代入方程(2-70)中，可得

$$\boldsymbol{x}=\begin{bmatrix}x_1\\x_2\\\vdots\\x_{n-1}\\x_n\end{bmatrix}=\begin{bmatrix}\varphi_{i,1}\\\varphi_{i,2}\\\vdots\\\varphi_{i,n-1}\\1\end{bmatrix}\sin(\omega_i t+\alpha) \tag{2-80}$$

可以看到，若系统做第 i 阶主振动时，各个坐标都将以第 i 阶固有频率做同相位的简谐运动，$\boldsymbol{\varphi}_i$ 的各个元素代表了各个坐标上位移幅度的比值，$\boldsymbol{\varphi}_i$ 实际上描述的是系统做第 i 阶主振动时的振动形态，这也就是 $\boldsymbol{\varphi}_i$ 称为系统振型的原因。系统所有的主振型向量放在一起组成的矩阵 $\boldsymbol{\Phi}=[\boldsymbol{\varphi}_1,\boldsymbol{\varphi}_2,\cdots,\boldsymbol{\varphi}_n]$ 称为系统的振型矩阵。

例 2-15　试计算例 2-14 所示结构的振型矩阵。

解　依据系统的质量阵、刚度阵可建立如下特征方程。

$$\begin{bmatrix}3k-m\omega_i^2 & -k & 0\\-k & 2k-m\omega_i^2 & -k\\0 & -k & 3k-m\omega_i^2\end{bmatrix}\begin{bmatrix}\varphi_{i,1}\\\varphi_{i,2}\\\varphi_{i,3}\end{bmatrix}=\begin{bmatrix}0\\0\\0\end{bmatrix} \tag{a}$$

将 $\omega_1=\sqrt{k/m}$ 代入方程(a)并进行归一化，可以求得 $\boldsymbol{\varphi}_1=[1,2,1]^{\mathrm{T}}$。

同理，将 $\omega_2=1.732\sqrt{k/m},\omega_3=2\sqrt{k/m}$ 分别代入方程(a)，可以计算得到 $\boldsymbol{\varphi}_2=[-1,0,1]^{\mathrm{T}}$，$\boldsymbol{\varphi}_3=[1,-1,1]^{\mathrm{T}}$。

综合上述结果，可得到系统的振型矩阵为

$$\boldsymbol{\Phi}=[\boldsymbol{\varphi}_1,\boldsymbol{\varphi}_2,\boldsymbol{\varphi}_3]=\begin{bmatrix}1 & -1 & 1\\2 & 0 & -1\\1 & 1 & 1\end{bmatrix}$$

结构的振型图如图 2-36 所示。

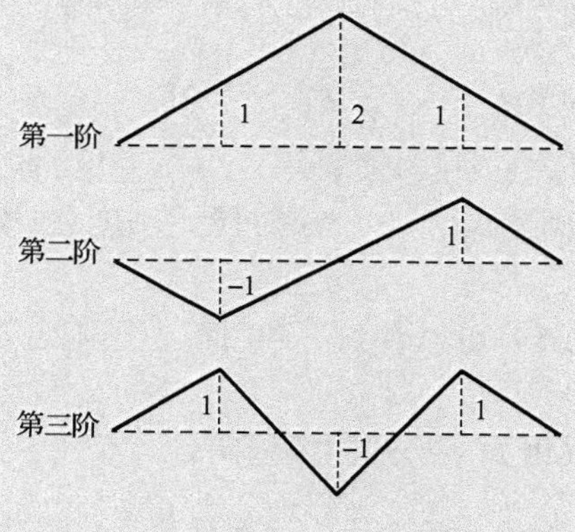

图 2-36　三自由质量-弹簧系统振型图

3. 主振型的正交性

由固有频率和主振型的定义可得

$$\boldsymbol{K\varphi}_i=\omega_i^2\boldsymbol{M\varphi}_i \tag{2-81}$$

$$\boldsymbol{K}\boldsymbol{\varphi}_j = \omega_j^2 \boldsymbol{M}\boldsymbol{\varphi}_j \tag{2-82}$$

将方程(2-81)两边转置，然后右乘$\boldsymbol{\varphi}_j$，利用$\boldsymbol{M}$阵和$\boldsymbol{K}$阵的对称性，可得

$$\boldsymbol{\varphi}_i^{\mathrm{T}}\boldsymbol{K}\boldsymbol{\varphi}_j = \omega_i^2 \boldsymbol{\varphi}_i^{\mathrm{T}}\boldsymbol{M}\boldsymbol{\varphi}_j \tag{2-83}$$

在方程(2-82)等号两边分别乘以$\boldsymbol{\varphi}_i^{\mathrm{T}}$，可得

$$\boldsymbol{\varphi}_i^{\mathrm{T}}\boldsymbol{K}\boldsymbol{\varphi}_j = \omega_j^2 \boldsymbol{\varphi}_i^{\mathrm{T}}\boldsymbol{M}\boldsymbol{\varphi}_j \tag{2-84}$$

将方程(2-83)和方程(2-84)相减，可得

$$(\omega_i^2 - \omega_j^2)\boldsymbol{\varphi}_i^{\mathrm{T}}\boldsymbol{M}\boldsymbol{\varphi}_j = 0 \tag{2-85}$$

若$i \neq j$，则有$\omega_i^2 \neq \omega_j^2$，可推得

$$\boldsymbol{\varphi}_i^{\mathrm{T}}\boldsymbol{M}\boldsymbol{\varphi}_j = 0, \quad i \neq j \tag{2-86}$$

依据方程(2-83)，可得

$$\boldsymbol{\varphi}_i^{\mathrm{T}}\boldsymbol{K}\boldsymbol{\varphi}_j = 0, \quad i \neq j \tag{2-87}$$

方程(2-86)、方程(2-87)表明，不同阶次的主振型关于质量矩阵和刚度矩阵正交，这一性质称为**主振型的正交性**。

依据主振型的正交性，可推得

$$\begin{aligned}\boldsymbol{M}_p &= \boldsymbol{\Phi}^{\mathrm{T}}\boldsymbol{M}\boldsymbol{\Phi} = [\boldsymbol{\varphi}_1,\boldsymbol{\varphi}_2,\cdots,\boldsymbol{\varphi}_n]^{\mathrm{T}}\boldsymbol{M}[\boldsymbol{\varphi}_1,\boldsymbol{\varphi}_2,\cdots,\boldsymbol{\varphi}_n] \\ &= \begin{bmatrix} \boldsymbol{\varphi}_1^{\mathrm{T}}\boldsymbol{M}\boldsymbol{\varphi}_1 & \boldsymbol{\varphi}_1^{\mathrm{T}}\boldsymbol{M}\boldsymbol{\varphi}_2 & \cdots & \boldsymbol{\varphi}_1^{\mathrm{T}}\boldsymbol{M}\boldsymbol{\varphi}_n \\ \boldsymbol{\varphi}_2^{\mathrm{T}}\boldsymbol{M}\boldsymbol{\varphi}_1 & \boldsymbol{\varphi}_2^{\mathrm{T}}\boldsymbol{M}\boldsymbol{\varphi}_2 & \cdots & \boldsymbol{\varphi}_2^{\mathrm{T}}\boldsymbol{M}\boldsymbol{\varphi}_n \\ \vdots & \vdots & & \vdots \\ \boldsymbol{\varphi}_n^{\mathrm{T}}\boldsymbol{M}\boldsymbol{\varphi}_1 & \boldsymbol{\varphi}_n^{\mathrm{T}}\boldsymbol{M}\boldsymbol{\varphi}_2 & \cdots & \boldsymbol{\varphi}_n^{\mathrm{T}}\boldsymbol{M}\boldsymbol{\varphi}_n \end{bmatrix} = \begin{bmatrix} m_{p1} & 0 & \cdots & 0 \\ 0 & m_{p2} & \cdots & 0 \\ \vdots & \vdots & & \vdots \\ 0 & 0 & \cdots & m_{pn} \end{bmatrix}\end{aligned} \tag{2-88}$$

$$\begin{aligned}\boldsymbol{K}_p &= \boldsymbol{\Phi}^{\mathrm{T}}\boldsymbol{K}\boldsymbol{\Phi} = [\boldsymbol{\varphi}_1,\boldsymbol{\varphi}_2,\cdots,\boldsymbol{\varphi}_n]^{\mathrm{T}}\boldsymbol{K}[\boldsymbol{\varphi}_1,\boldsymbol{\varphi}_2,\cdots,\boldsymbol{\varphi}_n] \\ &= \begin{bmatrix} \boldsymbol{\varphi}_1^{\mathrm{T}}\boldsymbol{K}\boldsymbol{\varphi}_1 & \boldsymbol{\varphi}_1^{\mathrm{T}}\boldsymbol{K}\boldsymbol{\varphi}_2 & \cdots & \boldsymbol{\varphi}_1^{\mathrm{T}}\boldsymbol{K}\boldsymbol{\varphi}_n \\ \boldsymbol{\varphi}_2^{\mathrm{T}}\boldsymbol{K}\boldsymbol{\varphi}_1 & \boldsymbol{\varphi}_2^{\mathrm{T}}\boldsymbol{K}\boldsymbol{\varphi}_2 & \cdots & \boldsymbol{\varphi}_2^{\mathrm{T}}\boldsymbol{K}\boldsymbol{\varphi}_n \\ \vdots & \vdots & & \vdots \\ \boldsymbol{\varphi}_n^{\mathrm{T}}\boldsymbol{K}\boldsymbol{\varphi}_1 & \boldsymbol{\varphi}_n^{\mathrm{T}}\boldsymbol{K}\boldsymbol{\varphi}_2 & \cdots & \boldsymbol{\varphi}_n^{\mathrm{T}}\boldsymbol{K}\boldsymbol{\varphi}_n \end{bmatrix} = \begin{bmatrix} k_{p1} & 0 & \cdots & 0 \\ 0 & k_{p2} & \cdots & 0 \\ \vdots & \vdots & & \vdots \\ 0 & 0 & \cdots & k_{pn} \end{bmatrix}\end{aligned} \tag{2-89}$$

其中，$\boldsymbol{M}_p$为系统的主质量阵(或模态质量阵)；m_{pi}为第i阶主质量(或模态质量)；$\boldsymbol{K}_p$为系统的主刚度阵(或模态刚度阵)；k_{pi}为第i阶主刚度(或模态刚度)。依据方程(2-72)可推得$\omega_i^2 = k_{pi}/m_{pi}$。

由方程(2-88)、方程(2-89)可以看到，利用模态矩阵可以实现对质量阵和刚度阵的同时解耦。

在振动理论中，常常采用如下形式的振型向量

$$\boldsymbol{\varphi}_{N,i} = \sqrt{\frac{1}{m_{pi}}}\,\boldsymbol{\varphi}_i \tag{2-90}$$

称其为系统的**正则振型**。

依据方程(2-88)可推得

$$
\boldsymbol{M}_N = [\boldsymbol{\varphi}_{N,1}, \boldsymbol{\varphi}_{N,2}, \cdots, \boldsymbol{\varphi}_{N,n}]^{\mathrm{T}} \boldsymbol{M} [\boldsymbol{\varphi}_{N,1}, \boldsymbol{\varphi}_{N,2}, \cdots, \boldsymbol{\varphi}_{N,n}] = \begin{bmatrix} 1 & 0 & \cdots & 0 \\ 0 & 1 & \cdots & 0 \\ \vdots & \vdots & & \vdots \\ 0 & 0 & \cdots & 1 \end{bmatrix} \tag{2-91}
$$

可以看到，利用正则模态，通过模态变换，可以将系统的质量阵转换为一单位阵。

依据方程(2-89)可得

$$
\boldsymbol{K}_N = [\boldsymbol{\varphi}_{N,1}, \boldsymbol{\varphi}_{N,2}, \cdots, \boldsymbol{\varphi}_{N,n}]^{\mathrm{T}} \boldsymbol{K} [\boldsymbol{\varphi}_{N,1}, \boldsymbol{\varphi}_{N,2}, \cdots, \boldsymbol{\varphi}_{N,n}] = \begin{bmatrix} \omega_1^2 & 0 & \cdots & 0 \\ 0 & \omega_2^2 & \cdots & 0 \\ \vdots & \vdots & & \vdots \\ 0 & 0 & \cdots & \omega_n^2 \end{bmatrix} = \boldsymbol{\Lambda} \tag{2-92}
$$

其中，矩阵 $\boldsymbol{\Lambda}$ 为多自由度系统的谱矩阵。

例 2-16　试计算例 2-14 所示结构的主质量阵、主刚度阵，以及正则振型。

解　依据例 2-15 的计算结果，系统的振型矩阵为

$$
\boldsymbol{\Phi} = \begin{bmatrix} 1 & -1 & 1 \\ 2 & 0 & -1 \\ 1 & 1 & 1 \end{bmatrix} \tag{a}
$$

依据方程(2-88)，可得系统的主质量阵为

$$
\boldsymbol{M}_p = \boldsymbol{\Phi}^{\mathrm{T}} \boldsymbol{M} \boldsymbol{\Phi} = \begin{bmatrix} 6m & 0 & 0 \\ 0 & 2m & 0 \\ 0 & 0 & 3m \end{bmatrix} \tag{b}
$$

依据方程(2-89)，可得系统的主刚度阵为

$$
\boldsymbol{K}_p = \boldsymbol{\Phi}^{\mathrm{T}} \boldsymbol{K} \boldsymbol{\Phi} = \begin{bmatrix} 6k & 0 & 0 \\ 0 & 6k & 0 \\ 0 & 0 & 12k \end{bmatrix} \tag{c}
$$

由方程(b)、方程(c)可以看到，系统的主质量阵和主刚度阵都为对角阵，这印证了主振型关于质量阵和刚度阵的正交性。

利用方程(2-90)，可推得系统的正则模态为

$$
\boldsymbol{\varphi}_{N,1} = \frac{1}{\sqrt{6m}}[1,2,1]^{\mathrm{T}}, \quad \boldsymbol{\varphi}_{N,2} = \frac{1}{\sqrt{2m}}[-1,0,1]^{\mathrm{T}}, \quad \boldsymbol{\varphi}_{N,3} = \frac{1}{\sqrt{3m}}[1,-1,1]^{\mathrm{T}}
$$

2.2.3　振型叠加法

由于系统的振型具有正交性，那么它们必然是相互独立的，因此，常常将多自由系统的 n 个主振型向量作为 n 维空间的一组基底[4]，系统的动态响应可表示为

$$
\begin{aligned} \boldsymbol{x} = \boldsymbol{\Phi\eta} &= [\boldsymbol{\varphi}_1, \boldsymbol{\varphi}_2, \cdots, \boldsymbol{\varphi}_n][\eta_1, \eta_2, \cdots, \eta_n]^{\mathrm{T}} \\ &= \eta_1\boldsymbol{\varphi}_1 + \eta_2\boldsymbol{\varphi}_2 + \cdots + \eta_n\boldsymbol{\varphi}_n \end{aligned} \tag{2-93}
$$

其中，$\boldsymbol{\eta} = [\eta_1, \eta_2, \cdots, \eta_n]^{\mathrm{T}}$ 为模态坐标。方程(2-93)表明，系统的任何一种运动都可以用主振型的线性组合来描述。

利用方程(2-93)，可以实现从系统的物理坐标向模态坐标的转换，这种方法称为**振型叠加法**。

考虑无阻尼自由振动的情况，将方程(2-93)代入方程(2-69)，两边左乘$\boldsymbol{\Phi}^{\mathrm{T}}$，可得

$$\boldsymbol{\Phi}^{\mathrm{T}}\boldsymbol{M}\boldsymbol{\Phi}\ddot{\boldsymbol{\eta}}+\boldsymbol{\Phi}^{\mathrm{T}}\boldsymbol{K}\boldsymbol{\Phi}\boldsymbol{\eta}=\boldsymbol{M}_p\ddot{\boldsymbol{\eta}}+\boldsymbol{K}_p\boldsymbol{\eta}=\boldsymbol{0} \tag{2-94}$$

由主振型的正交性不难看出，利用振型叠加法可以实现对质量阵和刚度阵的同时解耦，这显然会极大地简化系统动力学响应的求解过程。

若采用正则振型作为转换基，则有

$$\boldsymbol{x}=\boldsymbol{\Phi}_N\boldsymbol{\eta}_N=\eta_{N,1}\boldsymbol{\varphi}_{N,1}+\eta_{N,2}\boldsymbol{\varphi}_{N,2}+\cdots+\eta_{N,n}\boldsymbol{\varphi}_{N,n} \tag{2-95}$$

其中，$\boldsymbol{\eta}_N=[\eta_{N,1},\eta_{N,2},\cdots,\eta_{N,n}]^{\mathrm{T}}$为正则模态坐标。

方程(2-94)可转换为

$$\boldsymbol{I}\ddot{\boldsymbol{\eta}}_N+\boldsymbol{\Lambda}\boldsymbol{\eta}_N=\boldsymbol{0} \tag{2-96}$$

可展开为

$$\ddot{\eta}_{N,i}+\omega_i^2\eta_{N,i}=0,\qquad i=1,2,\cdots,n \tag{2-97}$$

假定系统的初始条件为$\boldsymbol{x}(0)=\boldsymbol{x}_0,\dot{\boldsymbol{x}}(0)=\dot{\boldsymbol{x}}_0$，由方程(2-95)可推得

$$\boldsymbol{\eta}_N(0)=\boldsymbol{\Phi}_N^{-1}\boldsymbol{x}_0=\boldsymbol{\Phi}_N^{\mathrm{T}}\boldsymbol{M}\boldsymbol{x}_0 \tag{2-98}$$

$$\dot{\boldsymbol{\eta}}_N(0)=\boldsymbol{\Phi}_N^{-1}\dot{\boldsymbol{x}}_0=\boldsymbol{\Phi}_N^{\mathrm{T}}\boldsymbol{M}\dot{\boldsymbol{x}}_0 \tag{2-99}$$

结合方程(2-97)～方程(2-99)，可解得

$$\eta_{N,i}(t)=\eta_{N,i}(0)\cos\omega_i t+\frac{\dot{\eta}_{N,i}(0)}{\omega_i}\sin\omega_i t,\qquad i=1,2,\cdots,n \tag{2-100}$$

将其代入式(2-95)中，可得多自由系统无阻尼自由振动的动力学响应为

$$\boldsymbol{x}(t)=\sum_{i=1}^{n}\boldsymbol{\varphi}_{N,i}\left[\eta_{N,i}(0)\cos\omega_i t+\frac{\dot{\eta}_{N,i}(0)}{\omega_i}\sin\omega_i t\right] \tag{2-101}$$

例 2-17　假设例 2-14 所示系统的初始条件为$\boldsymbol{x}_0=[2,2,0]^{\mathrm{T}}$，$\dot{\boldsymbol{x}}_0=[0,0,0]^{\mathrm{T}}$，试利用振型叠加法求解系统的响应。

解　利用系统的质量阵、刚度阵，系统的动力学微分方程为

$$\begin{bmatrix} m & 0 & 0 \\ 0 & m & 0 \\ 0 & 0 & m \end{bmatrix}\begin{bmatrix} \ddot{x}_1(t) \\ \ddot{x}_2(t) \\ \ddot{x}_3(t) \end{bmatrix}+\begin{bmatrix} 3k & -k & 0 \\ -k & 2k & -k \\ 0 & -k & 3k \end{bmatrix}\begin{bmatrix} x_1(t) \\ x_2(t) \\ x_3(t) \end{bmatrix}=\begin{bmatrix} 0 \\ 0 \\ 0 \end{bmatrix} \tag{a}$$

由例 2-16 的计算结果可知，系统的正则模态矩阵为

$$\boldsymbol{\Phi}_N=\frac{1}{\sqrt{6m}}\begin{bmatrix} 1 & -\sqrt{3} & \sqrt{2} \\ 2 & 0 & -\sqrt{2} \\ 1 & \sqrt{3} & \sqrt{2} \end{bmatrix} \tag{b}$$

由方程(2-98)和方程(2-99)可推得

$$\boldsymbol{\eta}_N(0)=\boldsymbol{\Phi}_N^{-1}\boldsymbol{x}_0=\sqrt{\frac{m}{6}}\begin{bmatrix}6\\-2\sqrt{3}\\0\end{bmatrix} \tag{c}$$

$$\dot{\boldsymbol{\eta}}_N(0)=\boldsymbol{\Phi}_N^{-1}\dot{\boldsymbol{x}}_0=\boldsymbol{0} \tag{d}$$

将方程(c)、方程(d)代入方程(2-100)中，可得

$$\boldsymbol{\eta}_N(t)=\sqrt{\frac{m}{6}}\begin{bmatrix}6\cos\sqrt{\frac{k}{m}}t\\-2\sqrt{3}\cos\sqrt{\frac{3k}{m}}t\\0\end{bmatrix} \tag{e}$$

将其代入方程(2-95)，可得系统的动力学响应为

$$\begin{aligned}\boldsymbol{x}(t)=\begin{bmatrix}x_1(t)\\x_2(t)\\x_3(t)\end{bmatrix}=\boldsymbol{\Phi}_N\boldsymbol{\eta}_N&=\frac{1}{\sqrt{6m}}\begin{bmatrix}1&-\sqrt{3}&\sqrt{2}\\2&0&-\sqrt{2}\\1&\sqrt{3}&\sqrt{2}\end{bmatrix}\times\sqrt{\frac{m}{6}}\begin{bmatrix}6\cos\sqrt{\frac{k}{m}}t\\-2\sqrt{3}\cos\sqrt{\frac{3k}{m}}t\\0\end{bmatrix}\\&=\begin{bmatrix}\cos\sqrt{\frac{k}{m}}t+\cos\sqrt{\frac{3k}{m}}t\\2\cos\sqrt{\frac{k}{m}}t\\\cos\sqrt{\frac{k}{m}}t-\cos\sqrt{\frac{3k}{m}}t\end{bmatrix}\end{aligned} \tag{f}$$

2.2.4　多自由度系统的无阻尼受迫振动

与单自由度系统类似，多自由度系统在外力激励下产生的运动称为受迫振动(或强迫振动)。不考虑阻尼作用，多自由度受迫振动的动力学微分方程为

$$\boldsymbol{M}\ddot{\boldsymbol{x}}+\boldsymbol{K}\boldsymbol{x}=\boldsymbol{f}(t) \tag{2-102}$$

1. 系统受简谐激励时的响应

首先，考虑简谐激励的情况。假定系统的各个坐标都受到同一频率的正弦激励作用，即

$$\boldsymbol{f}(t)=\boldsymbol{f}_0\sin\omega t \tag{2-103}$$

其中，ω 为外激励的频率；$\boldsymbol{f}_0=[f_0^1,f_0^2,\cdots,f_0^n]^{\mathrm{T}}$ 为激振力幅值的常数列向量。

此时，系统的动力学微分方程为

$$\boldsymbol{M}\ddot{\boldsymbol{x}}+\boldsymbol{K}\boldsymbol{x}=\boldsymbol{f}_0\sin\omega t \tag{2-104}$$

采用振型叠加法，方程(2-104)可转化为

$$\boldsymbol{I}\ddot{\boldsymbol{\eta}}_N+\boldsymbol{\Lambda}\boldsymbol{\eta}_N=\boldsymbol{\Phi}_N^{\mathrm{T}}\boldsymbol{f}_0\sin\omega t \tag{2-105}$$

将方程(2-105)展开，可得

$$\ddot{\eta}_{N,i}+\omega_i^2\eta_{N,i}=\boldsymbol{\varphi}_{N,i}^{\mathrm{T}}\boldsymbol{f}_0\sin\omega t,\qquad i=1,2,\cdots,n \tag{2-106}$$

可以看到，与自由振动情况不同，此时将得到一组关于正则模态坐标的非齐次的二阶微分方程。方程的解包括通解和特解两个部分，具体如下。

$$\eta_{N,i}(t)=C_i^1\sin\omega_i t+C_i^2\cos\omega_i t+\frac{\boldsymbol{\varphi}_{N,i}^{\mathrm{T}}\boldsymbol{f}_0\sin\omega t}{\omega_i^2-\omega^2},\qquad i=1,2,\cdots,n \tag{2-107}$$

其中，前两项为方程(2-106)的通解，C_i^1 和 C_i^2 为与初始条件相关的待定常数；最后一项为方程(2-106)的特解。

利用正则模态矩阵对模态坐标进行转换，可得到多自由度系统在正弦激励下的动力学响应为

$$\boldsymbol{x}(t)=\sum_{i=1}^{n}\boldsymbol{\varphi}_{N,i}\eta_{N,i}=\sum_{i=1}^{n}\boldsymbol{\varphi}_{N,i}\left[C_i^1\sin\omega_i t+C_i^2\cos\omega_i t+\frac{\boldsymbol{\varphi}_{N,i}^{\mathrm{T}}\boldsymbol{f}_0\sin\omega t}{\omega_i^2-\omega^2}\right] \tag{2-108}$$

其中，最后一项为多自由度系统在正弦激励下的**稳态响应**，是振动理论中一个十分重要的概念。由方程(2-108)可写出系统的稳态响应为

$$\boldsymbol{x}_s(t)=\sum_{i=1}^{n}\boldsymbol{\varphi}_{N,i}\frac{\boldsymbol{\varphi}_{N,i}^{\mathrm{T}}\boldsymbol{f}_0\sin\omega t}{\omega_i^2-\omega^2} \tag{2-109}$$

可以看到，当激励力的频率接近系统的第 i 阶固有频率时，与第 i 阶振型对应的振动幅值将急剧增大，这种现象称为**共振**。显然，对于一个具有 n 个不等的固有频率的系统，可能产生共振的激励频率也为 n 个。

对于简谐激励的情况，多自由度系统的稳态响应还可以通过**直接法**进行求解。

设系统的稳态响应为

$$\boldsymbol{x}_s(t)=\boldsymbol{S}\sin\omega t \tag{2-110}$$

将其代入系统的动力学微分方程中，可得

$$(\boldsymbol{K}-\omega^2\boldsymbol{M})\boldsymbol{S}=\boldsymbol{f}_0 \tag{2-111}$$

令 $\boldsymbol{H}(\omega)=(\boldsymbol{K}-\omega^2\boldsymbol{M})^{-1}$，$\boldsymbol{H}(\omega)$ 称为系统的**复频响应函数矩阵**。此时，系统的稳态响应可表示为

$$\boldsymbol{x}_s(t)=\boldsymbol{H}(\omega)\boldsymbol{f}_0\sin\omega t \tag{2-112}$$

对于 $\boldsymbol{H}(\omega)$ 矩阵可进行如下推导。

$$\begin{aligned}\boldsymbol{H}(\omega)&=(\boldsymbol{K}-\omega^2\boldsymbol{M})^{-1}=\boldsymbol{\Phi}_N\boldsymbol{\Phi}_N^{-1}(\boldsymbol{K}-\omega^2\boldsymbol{M})^{-1}(\boldsymbol{\Phi}_N^{\mathrm{T}})^{-1}\boldsymbol{\Phi}_N^{\mathrm{T}}\\&=\boldsymbol{\Phi}_N[\boldsymbol{\Phi}_N^{\mathrm{T}}(\boldsymbol{K}-\omega^2\boldsymbol{M})\boldsymbol{\Phi}_N]^{-1}\boldsymbol{\Phi}_N^{\mathrm{T}}\\&=\boldsymbol{\Phi}_N[\boldsymbol{\Lambda}-\omega^2\boldsymbol{I}]^{-1}\boldsymbol{\Phi}_N^{\mathrm{T}}\\&=\sum_{i=1}^{n}\frac{\boldsymbol{\varphi}_{N,i}\boldsymbol{\varphi}_{N,i}^{\mathrm{T}}}{\omega_i^2-\omega^2}\end{aligned} \tag{2-113}$$

将其代入方程(2-112)，可得

$$\boldsymbol{x}_s(t)=\sum_{i=1}^{n}\frac{\boldsymbol{\varphi}_{N,i}\boldsymbol{\varphi}_{N,i}^{\mathrm{T}}\boldsymbol{f}_0\sin\omega t}{\omega_i^2-\omega^2} \tag{2-114}$$

显然，该结果与利用振型叠加法推导的结果相同。

例 2-18　假定例 2-14 所示的三自由度系统上作用有正弦激励力 $f_1(t)=\bar{f}_1\sin\omega t$，如图 2-37 所示，激励频率设定为 $\omega=1.7\sqrt{k/m}$，试求解系统的稳态响应。

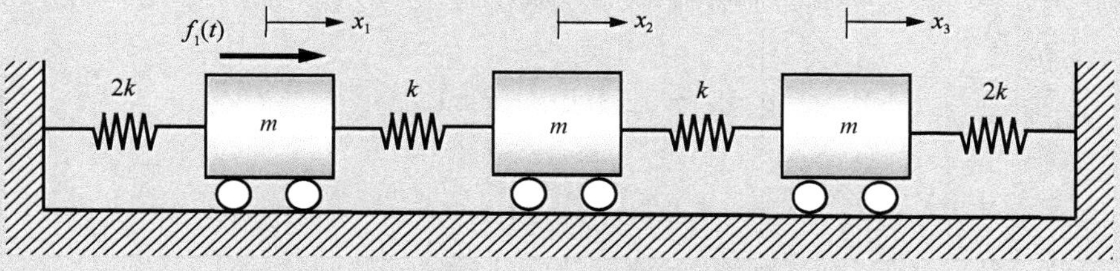

图 2-37　受正弦激励作用的三自由度质量-弹簧系统

解　根据系统的激励条件，可得

$$\boldsymbol{f}_0=\begin{bmatrix}\bar{f}_1\\0\\0\end{bmatrix} \tag{a}$$

由例 2-16 的计算结果，系统的正则模态矩阵为

$$\boldsymbol{\Phi}_N=\begin{bmatrix}\boldsymbol{\varphi}_{N,1} & \boldsymbol{\varphi}_{N,2} & \boldsymbol{\varphi}_{N,3}\end{bmatrix}=\frac{1}{\sqrt{6m}}\begin{bmatrix}1 & -\sqrt{3} & \sqrt{2}\\2 & 0 & -\sqrt{2}\\1 & \sqrt{3} & \sqrt{2}\end{bmatrix} \tag{b}$$

将方程(a)、方程(b)代入方程(2-107)中，可计算得到各阶正则模态坐标的稳态响应为

$$\begin{cases}\eta_{N,1}(t)=-0.216\dfrac{\sqrt{m}}{k}\bar{f}_1\sin\omega t\\ \eta_{N,2}(t)=-6.43\dfrac{\sqrt{m}}{k}\bar{f}_1\sin\omega t\\ \eta_{N,3}(t)=0.52\dfrac{\sqrt{m}}{k}\bar{f}_1\sin\omega t\end{cases} \tag{c}$$

依据方程(2-108)和方程(c)，可计算得到系统的稳态响应为

$$\begin{aligned}\boldsymbol{x}_s(t)&=\begin{bmatrix}x_{s,1}(t)\\x_{s,2}(t)\\x_{s,3}(t)\end{bmatrix}\\&=-0.088\begin{bmatrix}1\\2\\1\end{bmatrix}\frac{\bar{f}_1}{k}\sin\omega t-2.63\begin{bmatrix}-\sqrt{3}\\0\\\sqrt{3}\end{bmatrix}\frac{\bar{f}_1}{k}\sin\omega t+0.21\begin{bmatrix}\sqrt{2}\\-\sqrt{2}\\\sqrt{2}\end{bmatrix}\frac{\bar{f}_1}{k}\sin\omega t\end{aligned} \tag{d}$$

可以看到，由于激励频率接近系统的第二阶固有频率，在稳态响应中，系统的第二阶主振型占据了绝对的主导成分。

2. 系统受任意激励时的响应

利用振型叠加法，系统的动力学微分方程可转化为

$$\boldsymbol{I}\ddot{\boldsymbol{\eta}}_N + \boldsymbol{\Lambda}\boldsymbol{\eta}_N = \boldsymbol{\Phi}_N^{\mathrm{T}}\boldsymbol{f}(t) \tag{2-115}$$

展开为

$$\ddot{\eta}_{N,i} + \omega_i^2\eta_{N,i} = f_{N,i}(t), \qquad i = 1,2,\cdots,n \tag{2-116}$$

其中

$$f_{N,i}(t) = \boldsymbol{\varphi}_{N,i}^{\mathrm{T}}\boldsymbol{f}(t) \tag{2-117}$$

$$\boldsymbol{\eta}_N(0) = \boldsymbol{\Phi}_N^{-1}\boldsymbol{x}_0 = \boldsymbol{\Phi}_N^{\mathrm{T}}\boldsymbol{M}\boldsymbol{x}_0 \tag{2-118}$$

$$\dot{\boldsymbol{\eta}}_N(0) = \boldsymbol{\Phi}_N^{-1}\dot{\boldsymbol{x}}_0 = \boldsymbol{\Phi}_N^{\mathrm{T}}\boldsymbol{M}\dot{\boldsymbol{x}}_0 \tag{2-119}$$

假定系统的初始条件为 $\boldsymbol{x}(0) = \boldsymbol{x}_0, \dot{\boldsymbol{x}}(0) = \dot{\boldsymbol{x}}_0$，由方程(2-98)可知 $\boldsymbol{\eta}_N(0) = \boldsymbol{\Phi}_N^{\mathrm{T}}\boldsymbol{M}\boldsymbol{x}_0$，$\dot{\boldsymbol{\eta}}_N(0) = \boldsymbol{\Phi}_N^{\mathrm{T}}\boldsymbol{M}\dot{\boldsymbol{x}}_0$。利用杜哈梅积分，方程(2-116)所示的非齐次二阶常微分方程的解可表示为

$$\begin{aligned}\eta_{N,i}(t) &= \eta_{N,i}(0)\cos\omega_i t + \frac{\dot{\eta}_{N,i}(0)}{\omega_i}\sin\omega_i t \\ &\quad + \frac{1}{\omega_i}\int_0^t f_{N,i}(\tau)\sin\omega_i(t-\tau)\,\mathrm{d}\tau, \qquad i = 1,2,\cdots,n\end{aligned} \tag{2-120}$$

将其代入方程(2-95)，可推得多自由度系统在任意激励下的动力学响应为

$$\boldsymbol{x}(t) = \sum_{i=1}^{n}\boldsymbol{\varphi}_{N,i}[\eta_{N,i}(0)\cos\omega_i t + \frac{\dot{\eta}_{N,i}(0)}{\omega_i}\sin\omega_i t + \frac{1}{\omega_i}\int_0^t f_{N,i}(\tau)\sin\omega_i(t-\tau)\,\mathrm{d}\tau] \tag{2-121}$$

例 2-19　假定在图 2-38 所示的四自由度系统的第一个和第四个质量上作用有阶跃激励力 $f_0(t) = f_0$，$t \geqslant 0$，系统的初始条件为 0，试利用振型叠加法求解系统的动力学响应。

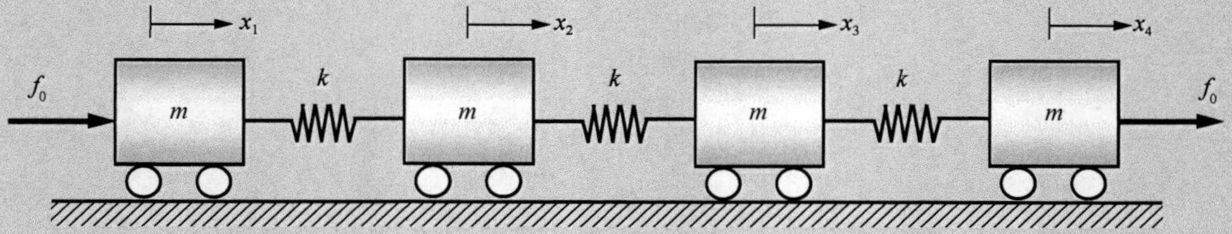

图 2-38　受阶跃激励的四自由度系统

解　利用影响系数法，可建立系统的动力学微分方程为

$$\begin{bmatrix} m & 0 & 0 & 0 \\ 0 & m & 0 & 0 \\ 0 & 0 & m & 0 \\ 0 & 0 & 0 & m \end{bmatrix}\begin{bmatrix} \ddot{x}_1(t) \\ \ddot{x}_2(t) \\ \ddot{x}_3(t) \\ \ddot{x}_4(t) \end{bmatrix} + \begin{bmatrix} k & -k & 0 & 0 \\ -k & 2k & -k & 0 \\ 0 & -k & 2k & -k \\ 0 & 0 & -k & k \end{bmatrix}\begin{bmatrix} x_1(t) \\ x_2(t) \\ x_3(t) \\ x_4(t) \end{bmatrix} = \begin{bmatrix} f_0 \\ 0 \\ 0 \\ f_0 \end{bmatrix} \tag{a}$$

依据系统的质量阵、刚度阵，可求得系统的固有频率和正则振型矩阵为

$$\omega_1 = 0, \quad \omega_2 = \sqrt{(2-\sqrt{2})\frac{k}{m}}, \quad \omega_3 = \sqrt{\frac{2k}{m}}, \quad \omega_4 = \sqrt{(2+\sqrt{2})\frac{k}{m}} \tag{b}$$

$$\boldsymbol{\Phi}_N=\frac{1}{2\sqrt{m}}\begin{bmatrix}1 & -c_1 & 1 & -c_2\\ 1 & (1-\sqrt{2})c_1 & -1 & (1+\sqrt{2})c_2\\ 1 & -(1-\sqrt{2})c_1 & -1 & -(1+\sqrt{2})c_2\\ 1 & c_1 & 1 & c_2\end{bmatrix}\tag{c}$$

其中，$c_1=\dfrac{1}{\sqrt{2-\sqrt{2}}}$；$c_1=\dfrac{1}{\sqrt{2+\sqrt{2}}}$。

利用方程(2-117)，可计算得

$$\begin{bmatrix}f_{N,1}\\ f_{N,2}\\ f_{N,3}\\ f_{N,4}\end{bmatrix}=\frac{f_0}{\sqrt{m}}\begin{bmatrix}1\\0\\1\\0\end{bmatrix}\tag{d}$$

利用模态叠加法，可得到系统关于正则模态坐标的动力学微分方程为

$$\ddot{\eta}_{N,i}+\omega_i^2\eta_{N,i}=f_{N,i}(t),\qquad i=1,2,3,4\tag{e}$$

由于系统的初始条件为 0，可得 $\boldsymbol{\eta}_N(0)=\mathbf{0}$，$\dot{\boldsymbol{\eta}}_N(0)=\mathbf{0}$。对方程(e)进行常微分方程的求解运算，可得

$$\begin{cases}\eta_{N,1}(t)=\dfrac{f_0}{2\sqrt{m}}t^2\\ \eta_{N,2}(t)=\eta_{N,4}(t)=0\\ \eta_{N,3}(t)=\dfrac{1}{\omega_3}\displaystyle\int_0^t\frac{f_0}{\sqrt{m}}\sin\omega_3(t-\tau)\,\mathrm{d}\tau=\frac{f_0}{\sqrt{m}}\frac{m(1-\cos\omega_3 t)}{2k}\end{cases}\tag{f}$$

将其代入方程(2-95)，可计算得到系统的动力学响应为

$$\boldsymbol{x}(t)=\boldsymbol{\Phi}_N\boldsymbol{\eta}_N(t)=\frac{f_0}{4m}\begin{bmatrix}t^2+(1-\cos\omega_3 t)m/k\\ t^2-(1-\cos\omega_3 t)m/k\\ t^2-(1-\cos\omega_3 t)m/k\\ t^2+(1-\cos\omega_3 t)m/k\end{bmatrix}\tag{g}$$

2.2.5　多自由度系统的阻尼振动

前面的章节中没有考虑多自由系统中阻尼的影响，但是对于一个机械系统而言，阻尼的存在往往是不可避免的。阻尼实际上是一个非常复杂的概念，其对应的模型也有很多，一般来说，阻尼是指振动过程中的能量耗散[5]。在建立阻尼的数学模型时，为了简化考虑，通常采用**黏性阻尼**模型，即认为阻尼力的大小与速度成正比，方向与运动方向相反。考虑黏性阻尼的作用，多自由度系统的动力学微分方程可表示为

$$\boldsymbol{M}\ddot{\boldsymbol{x}}+\boldsymbol{C}\dot{\boldsymbol{x}}+\boldsymbol{K}\boldsymbol{x}=\boldsymbol{f}(t)\tag{2-122}$$

其中，$\boldsymbol{C}$ 为系统的阻尼阵，它同样是一个 n 阶的方阵。

类似的，采用振型叠加法，方程(2-122)可转换到正则模态空间，具体如下。

$$\boldsymbol{I}\ddot{\boldsymbol{\eta}}_N+\boldsymbol{C}_N\dot{\boldsymbol{\eta}}_N+\boldsymbol{\Lambda}\boldsymbol{\eta}_N=\boldsymbol{\Phi}_N^{\mathrm{T}}\boldsymbol{f}(t)\tag{2-123}$$

其中，$\boldsymbol{C}_N=\boldsymbol{\Phi}_N^{\mathrm{T}}\boldsymbol{C}\boldsymbol{\Phi}_N$ 表示系统的正则模态阻尼阵。

由方程(2-123)可以看到，由于正则模态阻尼阵可能为非对角阵，关于各个正则模态坐标的方程会重新出现耦合，这种情况下为了求解系统的动力学响应，需要引入复模态的概念，这使得求解的过程较为复杂。一般情况下，如果正则模态阻尼阵是一个对角占优矩阵的话，可以将非对角元素忽略，使得方程重新简化为一组解耦的动力学方程组。在振动理论中，常常采用一种比例阻尼模型(瑞利阻尼)，其表达式为

$$\boldsymbol{C}=\alpha\boldsymbol{M}+\beta\boldsymbol{K} \tag{2-124}$$

其中，α 和 β 为比例阻尼系数。

利用方程(2-124)，可推得系统的正则模态阻尼阵为

$$\boldsymbol{C}_N=\boldsymbol{\Phi}_N^{\mathrm{T}}(\alpha\boldsymbol{M}+\beta\boldsymbol{K})\boldsymbol{\Phi}_N=\alpha\boldsymbol{I}+\beta\boldsymbol{\Lambda} \tag{2-125}$$

显然，此时正则模态阻尼阵也为一对角阵。

令 $\zeta_i=\dfrac{C_N(i,i)}{2\omega_i M_N(i,i)}=\dfrac{\alpha+\beta\omega_i^2}{2\omega_i}$，其中，$\zeta_i$ 为模态阻尼比。方程(2-123)可展开为

$$\ddot{\eta}_{N,i}+2\zeta_i\omega_i\dot{\eta}_{N,i}+\omega_i^2\eta_{N,i}=f_{N,i}(t),\qquad i=1,2,\cdots,n \tag{2-126}$$

其解同样可表示为通解加特解的形式。方程的通解为

$$\eta_{N,i}^0(t)=\mathrm{e}^{-\zeta_i\omega_i t}\left[\eta_{N,i}(0)\cos\omega_{di}t+\frac{\dot{\eta}_{N,i}(0)+\zeta_i\omega_i\eta_{N,i}(0)}{\omega_{di}}\sin\omega_{di}t\right],\qquad i=1,2,\cdots,n \tag{2-127}$$

其中，$\omega_{di}=\omega_i\sqrt{1-\zeta_i^2}$ 为系统的第 i 阶阻尼固有频率。

利用杜哈梅积分，方程(2-126)的特解可表示为

$$\eta_{N,i}^1(t)=\frac{1}{\omega_{di}}\int_0^t f_{N,i}(\tau)\mathrm{e}^{-\zeta_i\omega_i(t-\tau)}\sin\omega_{di}(t-\tau)\,\mathrm{d}\tau,\qquad i=1,2,\cdots,n \tag{2-128}$$

根据方程(2-127)、方程(2-128)可得

$$\begin{aligned}\eta_{N,i}(t)&=\eta_{N,i}^0(t)+\eta_{N,i}^1(t)\\&=\mathrm{e}^{-\zeta_i\omega_i t}\left[\eta_{N,i}(0)\cos\omega_{di}t+\frac{\dot{\eta}_{N,i}(0)+\zeta_i\omega_i\eta_{N,i}(0)}{\omega_{di}}\sin\omega_{di}t\right]\\&\quad+\frac{1}{\omega_{di}}\int_0^t f_{N,i}(\tau)\mathrm{e}^{-\zeta_i\omega_i(t-\tau)}\sin\omega_{di}(t-\tau)\,\mathrm{d}\tau,\qquad i=1,2,\cdots,n\end{aligned} \tag{2-129}$$

将方程(2-129)代入方程 $\boldsymbol{x}(t)=\boldsymbol{\Phi}_N\boldsymbol{\eta}_N(t)=\sum_{i=1}^{n}\eta_{N,i}\boldsymbol{\varphi}_{N,i}$，即可以得到多自由度系统在任意激励下的有阻尼振动响应。

2.2.6　动力吸振器

动力吸振器是多自由度系统振动在工程中一个十分重要的应用实例。从本质上来说，动力吸振器就是一个二自由度的受迫振动系统，如图 2-39 所示。其中，m_1 为主质量，动力吸振器由附加质量 m_2、附加刚度 k_2 与阻尼器 c 组成。主质量上受到简谐激励力 $f_0\sin\omega t$ 的作用。动力吸振器的目的是减小主质量 m_1 的振动。对于图 2-39 所示的系统，可建立如下动力学微分方程。

$$\begin{bmatrix} m_1 & 0 \\ 0 & m_2 \end{bmatrix}\begin{bmatrix} \ddot{x}_1(t) \\ \ddot{x}_2(t) \end{bmatrix}+\begin{bmatrix} c & -c \\ -c & c \end{bmatrix}\begin{bmatrix} \dot{x}_1(t) \\ \dot{x}_2(t) \end{bmatrix}+\begin{bmatrix} k_1+k_2 & -k_2 \\ -k_2 & k_2 \end{bmatrix}\begin{bmatrix} x_1(t) \\ x_2(t) \end{bmatrix}=\begin{bmatrix} f_0 \sin \omega t \\ 0 \end{bmatrix} \tag{2-130}$$

可求解得系统主质量的稳态响应为

$$x_{s,1}(t) = A_1 \sin(\omega t - \alpha_1) \tag{2-131}$$

其中

$$A_1 = \frac{f_0\sqrt{(k_2 - m_2\omega^2)^2 + \omega^2 c^2}}{\sqrt{[(k_1 - m_1\omega^2)(k_2 - m_2\omega^2) - \omega^2 m_2 k_2]^2 + [\omega c(k_1 - \omega^2 m_1 - \omega^2 m_2)]^2}} \tag{2-132}$$

为了方便考虑，将方程(2-132)进行无量纲化处理，设：

$\delta_{st} = \dfrac{f_0}{k_1}$，表示主质量的静变形；

$\omega_0 = \sqrt{\dfrac{k_1}{m_1}}$，表示单独主质量的局部固有频率；

$\omega_a = \sqrt{\dfrac{k_2}{m_2}}$，表示单独吸振器的局部固有频率；

$\mu = \dfrac{m_2}{m_1}$，表示吸振器与主质量的质量比；

$\alpha = \dfrac{\omega_a}{\omega_0}$，表示吸振器与主质量的局部频率之比；

$s = \dfrac{\omega}{\omega_0}$，表示激励频率与主质量的局部频率之比；

$\zeta = \dfrac{c}{2m_2\omega_a}$，表示系统的阻尼比。

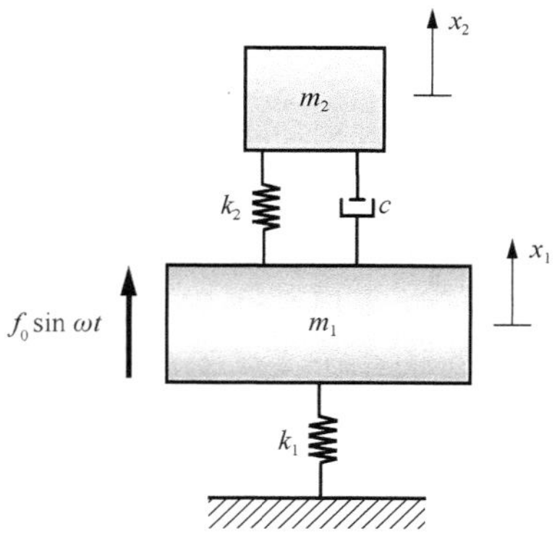

图 2-39　动力吸振器示意图

方程(2-132)可改写为

$$\frac{A_1}{\delta_{st}} = \frac{\sqrt{(s^2 - \alpha^2)^2 + (2\zeta s\alpha)^2}}{\sqrt{[\mu s^2\alpha^2 - (s^2 - 1)(s^2 - \alpha^2)]^2 + (2\zeta s\alpha)^2(s^2 - 1 + \mu s^2)^2}} \tag{2-133}$$

其中，A_1 / δ_{st} 为主质量振动幅度的大小。

首先，考虑无阻尼的情况，令 $\zeta = c / (2m_2\omega_a) = 0$，方程(2-133)转化为

$$\frac{A_1}{\delta_{st}} = \frac{s^2 - \alpha^2}{\mu s^2\alpha^2 - (s^2 - 1)(s^2 - \alpha^2)} \tag{2-134}$$

可以看到，当 $s = \alpha$ 即 $\omega_a = \omega$ 时，主质量的振动为 0，吸振器的工作效率最高。图 2-40 展示的是无阻尼情况下，当质量比 $\mu = 0.3$ 时，A_1 / δ_{st} 随频率比 s 的变化情况。可以看到，当频率比 s=1 时，$A_1 / \delta_{st} = 0$，此时系统主质量的振动为 0，这种现象称为**反共振**，称该点为反共振点。同时还可以看到，在反共振点的附近存在两个共振点 $s_1 = 0.762, s_2 = 1.311$，共振点上主质量的振动幅度很大。这一现象表明，无阻尼吸振器的工作频带很窄，吸振器只在反共振点附近较小的频域内对主质量的振动起抑制作用，这显然是不利的。为了克服这一缺陷，有必要考虑有阻尼的动力吸振器。

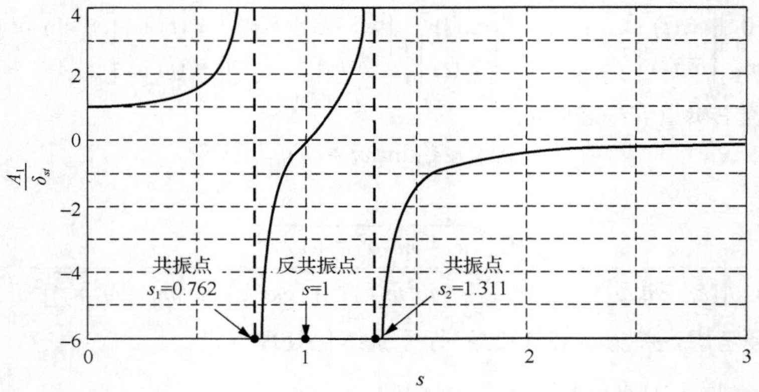

图 2-40 无阻尼情况下，当质量比 $\mu=0.3$ 时，A_1/δ_{st} 随频率比 s 的变化情况

基于方程(2-133)，可计算得到在 $\mu=0.05, \alpha=1$ 时，不同阻尼比下 A_1/δ_{st} 随频率比 s 的变化情况，如图 2-41 所示。可以看到，通过选取合适的阻尼，动力吸振器可以在较大的频带内抑制主质量的振动。另外，还可以发现一个有趣的现象，不论阻尼比为何值，所有的曲线都通过 S 点和 T 点。在设计动力吸振器时，一般会通过选择合适的 m_2、k_2 的值使得曲线在 S 点和 T 点具有相同的幅值，同时通过选择适当的阻尼使得曲线在 S 点和 T 点具有水平的切线，这就可以保障动力吸振器在较宽的频带内起吸振作用，并且不会引起较大的共振峰。

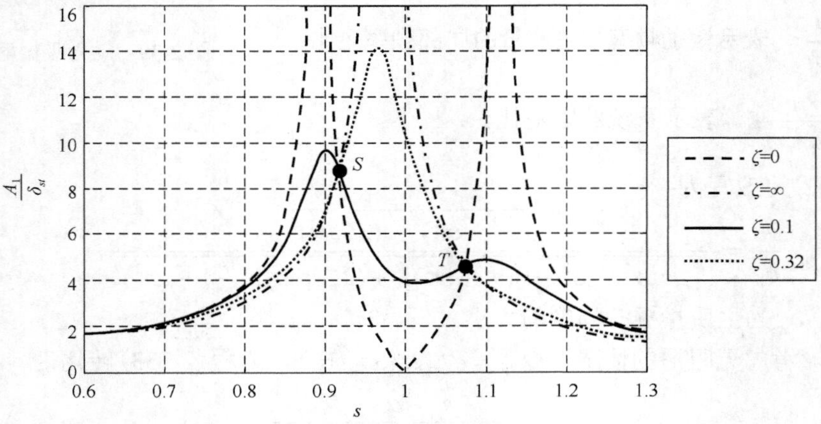

图 2-41 在 $\mu=0.05, \alpha=1$ 时不同阻尼比下 A_1/δ_{st} 随频率比 s 的变化情况

2.3 连续体系统的振动

前面讨论的振动系统均为有限自由度系统，是由有限个无弹性的质量块以及无质量的弹簧和阻尼所构成，为离散动力学系统。描述这类系统的动力学方程为常微分方程。实际的工程结构是由分布的质量及分布的弹性和阻尼物体所构成，如杆、梁、板、壳等，这类具有连续分布的质量和弹性的系统称为连续系统或分布参数系统，它具有无穷多个

自由度。描述这类系统的动力学方程为偏微分方程，而且只有一些简单情形能够得出系统的解析解[6]。虽然离散系统和连续系统不同，但是所反映的振动物理现象是相同的，因此，这两类系统的振动基本概念和分析方法都非常类似。

本节以弹性杆和弹性梁为对象，阐述连续系统的振动分析方法，内容包括动力学方程的建立、固有频率和振型函数、振型函数正交性和基于振型叠加法求解系统动力学响应。

2.3.1　弹性杆的轴向振动

本小节介绍弹性杆的轴向振动。首先建立弹性杆的振动方程，然后根据边界条件求解固有频率和振型函数，进而介绍振型函数的正交性，最后采用振型叠加法求解系统的动力学响应。

1. 动力学方程

如图 2-42 所示的弹性杆，长度为 l，横截面积为 S，材料密度和弹性模量分别为 ρ 和 E，$p(x,t)$ 为杆上单位长度上的分布外力。假定在杆的振动过程中各横截面仍保持为平面，且忽略因轴向振动而引起的横向变形。

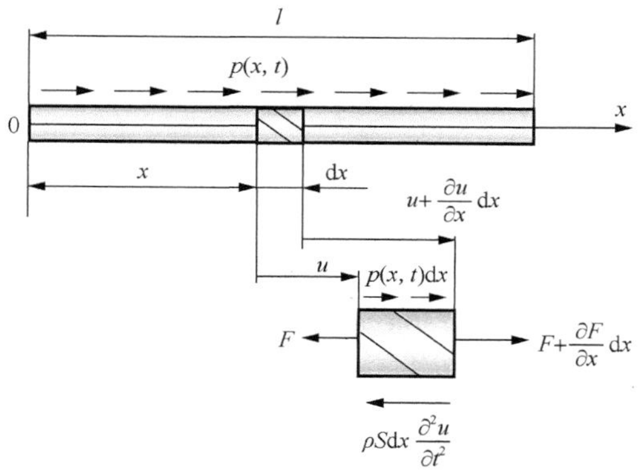

图 2-42　弹性杆受力分析示意图

设 $u(x,t)$ 为柔性杆距离原点 x 位置的截面在 t 时刻的轴向振动位移。取微段 $\mathrm{d}x$ 进行受力分析，如图 2-42 所示。为了表达简便，下面略去自变量 t 和 x。由材料力学知，微段左端面的轴向应变和轴向力分别为

$$\varepsilon = \frac{\left(u + \dfrac{\partial u}{\partial x}\mathrm{d}x\right) - u}{\mathrm{d}x} = \frac{\partial u}{\partial x}, \qquad F = ES\varepsilon = ES\frac{\partial u}{\partial x} \tag{2-135}$$

根据牛顿第二定律，有

$$\rho S \mathrm{d}x \frac{\partial^2 u}{\partial t^2} = \left(F + \frac{\partial F}{\partial x}\mathrm{d}x\right) - F + p(x,t)\mathrm{d}x \tag{2-136}$$

将方程(2-135)代入并整理，可得

$$\rho S \frac{\partial^2 u}{\partial t^2} = \frac{\partial}{\partial x}\left(ES\frac{\partial u}{\partial x}\right) + p(x,t) \tag{2-137}$$

方程(2-137)即为弹性杆轴向强迫振动的动力学微分方程。令分布外力为零，则可得到系统的自由振动方程。若杆为等截面直杆，ES 为常数，方程(2-137)可简写为

$$\frac{\partial^2 u}{\partial t^2}=a_0^2\frac{\partial^2 u}{\partial x^2}+\frac{1}{\rho S}p(x,t) \tag{2-138}$$

其中，$a_0=\sqrt{E/\rho}$，为杆内弹性纵波沿杆轴向的传播速度。

下面以等截面直杆为例求解弹性杆轴向振动的固有频率和振型函数。方程(2-138)为偏微分方程，求解这种方程可以采用**分离变量法**，即将时间变量 t 和空间变量 x 分离。系统的响应表达为

$$u(x,t)=\varphi(x)\eta(t) \tag{2-139}$$

考虑弹性杆的自由振动，即方程(2-138)中分布外力 p=0。将方程(2-139)代入方程(2-138)，并令 p=0，可以得到

$$\frac{\ddot{\eta}(t)}{\eta(t)}=a_0^2\frac{\varphi''(x)}{\varphi(x)} \tag{2-140}$$

其中，撇号代表对 x 求偏导数。式左端为时间 t 的函数，右端为 x 的函数，且 x 和 t 彼此独立，故两端必同时等于一个常数。可以证明，该常数不会为正数，记其为 $-\omega^2\leqslant 0$。由方程(2-140)可以得到

$$\begin{cases}\ddot{\eta}(t)+\omega^2\eta(t)=0\\ \varphi''(x)+\left(\dfrac{\omega}{a_0}\right)^2\varphi(x)=0\end{cases} \tag{2-141}$$

解得

$$\begin{cases}\eta(t)=a\sin(\omega t+\theta)\\ \varphi(x)=c_1\sin\dfrac{\omega x}{a_0}+c_2\cos\dfrac{\omega x}{a_0}\end{cases} \tag{2-142}$$

其中，常数 a 和 θ 由杆的运动初始条件所决定，c_1、c_2 和 ω 由杆的边界条件所决定，ω 为杆的固有频率。将方程(2-142)的第一式代入方程(2-139)，将 a 并入 $\varphi(x)$ 中，可得

$$u(x,t)=\varphi(x)\sin(\omega t+\theta) \tag{2-143}$$

方程(2-139)中，$\varphi(x)$ 称为振型函数，$\eta(t)$ 称为模态坐标。与多自由度系统的振型所不同的是，连续系统的振型是 x 的连续函数。由于振型函数表示的是杆上各个质点的位移或振幅的相对比值，因此它可以包含一个任意常数。振型函数是由弹性杆的边界条件所决定的。值得说明的是，在采用分离变量法对弹性杆的振动进行分析时，如果弹性杆为自由振动，可以将系统响应写成方程(2-143)的形式；但当弹性杆为强迫振动时，需要使用方程(2-139)的形式。

杆的边界条件是杆两端对变形和轴向力的约束条件，又称为**几何边界条件**和**动力边界条件**。如果杆的端部固定或自由，则称其为**简单边界条件**，由边界条件可以求得系统的固有频率和振型函数。下面对简单边界情形进行求解。

(1) 两端固定

边界条件为

$$u(0,t)=\varphi(0)\eta(t)=0,\qquad u(l,t)=\varphi(l)\eta(t)=0 \tag{2-144}$$

因 $\eta(t)$ 不能为零，因此边界条件简化为

$$\varphi(0)=0\,,\qquad \varphi(l)=0 \tag{2-145}$$

将方程(2-142)的第二式代入方程(2-145)，由于 $\varphi(x)$ 不能恒为零，可导出 $c_2=0$，以及

$$\sin\frac{\omega l}{a_0}=0 \tag{2-146}$$

此即杆轴向振动的**频率方程**，确定的固有频率有无穷多个，具体表达式为

$$\omega_i=\frac{i\pi a_0}{l},\qquad i=1,2,\cdots \tag{2-147}$$

将方程(2-147)代入方程(2-142)的第二式，并令常数 $c_1=1$，导出与 ω_i 所对应的第 i 阶振型函数为

$$\varphi_i(x)=c_i\sin\frac{i\pi x}{l},\qquad i=1,2,\cdots \tag{2-148}$$

(2) 两端自由

边界条件为

$$ES\frac{\partial u(0,t)}{\partial x}=0\,,\qquad ES\frac{\partial u(l,t)}{\partial x}=0 \tag{2-149}$$

可化作

$$\varphi'(0)=0\,,\qquad \varphi'(l)=0 \tag{2-150}$$

将方程(2-142)的第二式代入方程(2-150)，可导出 $c_1=0$。频率方程和固有频率分别与方程(2-146)和方程(2-147)相同。令 $c_2=1$，可推得振型函数为

$$\varphi_i(x)=c_i\cos\frac{i\pi x}{l},\qquad i=1,2,\cdots \tag{2-151}$$

其中，零固有频率对应的常值振型为杆的轴向刚性位移。

(3) 一端固定、一端自由

边界条件为

$$\varphi(0)=0\,,\qquad \varphi'(l)=0 \tag{2-152}$$

可导出 $c_2=0$ 及频率方程为

$$\cos\frac{\omega l}{a_0}=0 \tag{2-153}$$

求得固有频率和响应的振型函数分别为

$$\omega_i=\frac{i\pi a_0}{2l},\qquad i=1,3,5,\cdots \tag{2-154}$$

$$\varphi_i(x)=c_i\sin\frac{i\pi x}{2l},\qquad i=1,3,5,\cdots \tag{2-155}$$

例 2-20　设弹性杆的一端固定，另一端自由且附有集中质量 m_0，如图 2-43 所示。试求该弹性杆轴向振动的固有频率和振型函数。

解　杆的自由端附有集中质量时，轴向力应等于集中质量做轴向振动时所产生的惯性力。因此，系统边界条件可以写为

$$u(0,t)=0\text{，}\quad ES\frac{\partial u}{\partial x}(l,t)=-m_0\frac{\partial^2 u}{\partial t^2}(l,t) \tag{a}$$

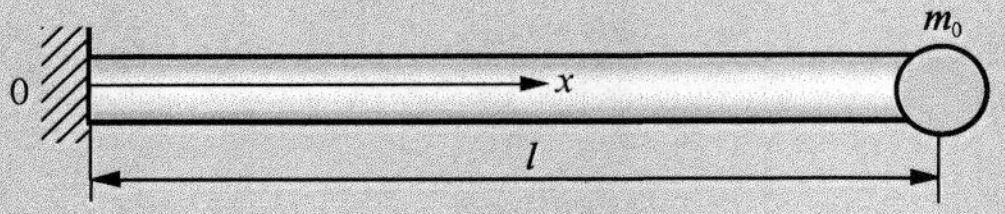

图 2-43　附有集中质量的弹性杆

其中，第一式为几何边界条件，第二式为动力边界条件。利用方程(2-143)，边界条件可以化作

$$\varphi(0)=0\text{，}\qquad ES\varphi'(l)=m_0\omega^2\varphi(l) \tag{b}$$

可导出 $c_2=0$ 及频率方程为

$$\frac{ES}{a_0}\cos\frac{\omega l}{a_0}=m_0\omega\sin\frac{\omega l}{a_0} \tag{c}$$

利用数值方法解此方程可以得到固有频率 ω_i $(i=1,2,\cdots)$。相应的振型函数为

$$\varphi_i(x)=\sin\frac{\omega_i x}{a_0},\qquad i=1,2,\cdots \tag{d}$$

2. 振型正交性

类似于多自由度振动系统，弹性杆的振动也存在振型正交性。本节只对具有简单边界条件的杆讨论振型的正交性。杆可以是变截面或匀截面的，密度及截面积都可以是 x 的函数。与多自由度振动系统相同，讨论振型正交性时，忽略外部激励项，杆的自由振动方程为

$$\rho S\frac{\partial^2 u}{\partial t^2}=\frac{\partial}{\partial x}\left(ES\frac{\partial u}{\partial x}\right) \tag{2-156}$$

杆将具有方程(2-143)所示的主振动。将方程(2-143)代入方程(2-156)，得到杆振动的特征根问题为

$$(ES\varphi')'=-\omega^2\rho S\varphi \tag{2-157}$$

杆的第 i 阶固有频率和第 i 阶振型相对应，因此第 i 阶模态和第 j 阶模态特征根问题可以分别写为

$$(ES\varphi_i')'=-\omega_i^2\rho S\varphi_i \tag{2-158}$$

$$(ES\varphi_j')'=-\omega_j^2\rho S\varphi_j \tag{2-159}$$

方程(2-158)乘上第 j 阶振型函数 $\varphi_j(x)$ 并沿杆长积分，有

$$\int_0^l\varphi_j(ES\varphi_i')'\mathrm{d}x=-\omega_i^2\int_0^l\rho S\varphi_i\varphi_j\mathrm{d}x \tag{2-160}$$

利用分部积分法，可得

$$\int_0^l\varphi_j(ES\varphi_i')'\mathrm{d}x=\varphi_j(ES\varphi_i')\Big|_0^l-\int_0^l ES\varphi_i'\varphi_j'\mathrm{d}x \tag{2-161}$$

对于杆的简单边界，总有轴向力或位移为零，因此等号右边第一项总为零。根据方程(2-160)和方程(2-161)，可得

$$\int_0^l ES\varphi_i'\varphi_j'\mathrm{d}x = \omega_i^2\int_0^l \rho S\varphi_i\varphi_j\mathrm{d}x \tag{2-162}$$

同理，将方程(2-159)乘上第 i 阶振型函数 $\varphi_i(x)$ 并沿杆长积分，可得

$$\int_0^l ES\varphi_i'\varphi_j'\mathrm{d}x = \omega_j^2\int_0^l \rho S\varphi_i\varphi_j\mathrm{d}x \tag{2-163}$$

方程(2-162)和方程(2-163)相减，可得

$$(\omega_i^2-\omega_j^2)\int_0^l \rho S\varphi_i\varphi_j\mathrm{d}x = 0 \tag{2-164}$$

一般地，当 $i\neq j$ 时，杆的第 i 阶固有频率和第 j 阶固有频率不相等，因此可得

$$\int_0^l \rho S\varphi_i\varphi_j\mathrm{d}x = 0, \qquad i\neq j \tag{2-165}$$

此即**杆的振型函数关于质量的正交性**。由方程(2-160)和方程(2-162)可得

$$\int_0^l ES\varphi_i'\varphi_j'\mathrm{d}x = -\int_0^l \varphi_j(ES\varphi_i')'\mathrm{d}x = 0, \qquad i\neq j \tag{2-166}$$

此即**杆的振型函数关于刚度的正交性**。

当 i=j 时，方程(2-164)恒成立，令

$$\int_0^l \rho S\varphi_i^2\mathrm{d}x = m_{pi} \tag{2-167}$$

为**第 i 阶模态主质量**，同样地，令

$$\int_0^l ES(\varphi_i')^2\mathrm{d}x = -\int_0^l \varphi_i(ES\varphi_i')'\mathrm{d}x = k_{pi} \tag{2-168}$$

为**第 i 阶模态主刚度**，则第 i 阶固有频率为

$$\omega_i^2 = k_{pi}/m_{pi} \tag{2-169}$$

利用 Kronecker 符号，可以将正交性合并，写为

$$\begin{cases}\displaystyle\int_0^l \rho S\varphi_i\varphi_j\mathrm{d}x = m_{pi}\delta_{ij}\\ \displaystyle\int_0^l ES\varphi_i'\varphi_j'\mathrm{d}x = -\int_0^l \varphi_j(ES\varphi_i')'\mathrm{d}x = k_{pi}\delta_{ij}\end{cases} \tag{2-170}$$

其中，δ_{ij} 为 Kronecker 符号，定义为 i=j 时，δ_{ij}=1；$i\neq j$ 时，δ_{ij}=0。

与多自由度振动系统相同，连续系统振型函数的正交性表示各个主振型之间没有能量传递，第 i 个主振型振动时的惯性力不会激发起第 j 个主振型的振动。同样地，弹性变形之间也不会引起耦合。

3. 振型叠加法求解杆的响应

弹性杆的强迫振动公式如方程(2-137)所示。假定杆的固有频率 ω_i 和振型函数 $\varphi_i(x)$ 已经通过边界条件求得，$i=1,2,\cdots$。假设杆具有的初始条件为

$$u(x,0)=f_1(x)\,, \qquad \left.\frac{\partial u}{\partial t}\right|_{t=0} = f_2(x) \tag{2-171}$$

其中，$f_1(x)$ 和 $f_2(x)$ 为已知函数。

杆具有无穷多自由度，其响应是无穷多模态主振动的叠加，即

$$u(x,t)=\sum_{i=1}^{\infty}\varphi_i(x)\eta_i(t) \tag{2-172}$$

其中，$\eta_i(t)$ 为第 i 阶模态坐标。

将方程(2-172)代入方程(2-137)中，得

$$\rho S\sum_{i=1}^{\infty}\varphi_i\ddot{\eta}_i=\sum_{i=1}^{\infty}(ES\varphi_i')'\eta_i+p(x,t) \tag{2-173}$$

两边乘第 j 阶正则振型函数 $\varphi_j(x)$ 并沿杆长积分，可得

$$\sum_{i=1}^{\infty}\ddot{\eta}_i\int_0^l\rho S\varphi_i\varphi_j\mathrm{d}x=\sum_{i=1}^{\infty}\eta_i\int_0^l\varphi_j(ES\varphi_i')'\mathrm{d}x+\int_0^l p(x,t)\varphi_j\mathrm{d}x \tag{2-174}$$

利用振型函数正交性，可得模态振动方程为

$$\ddot{\eta}_j+\omega_j^2\eta_j=Q_j(t)\,,\qquad j=1,2,\cdots \tag{2-175}$$

其中

$$Q_j(t)=\int_0^l p(x,t)\varphi_j\mathrm{d}x \tag{2-176}$$

为第 j 阶模态广义力。

利用方程(2-172)，方程(2-171)所示的初始条件可以改写为

$$u(x,0)=f_1(x)=\sum_{i=1}^{\infty}\varphi_i(x)\eta_i(0)\,,\qquad \left.\frac{\partial u}{\partial t}\right|_{t=0}=f_2(x)=\sum_{i=1}^{\infty}\varphi_i(x)\dot{\eta}_i(0) \tag{2-177}$$

两式两边乘第 j 阶振型函数 $\varphi_j(x)$ 并沿杆长积分，利用振型函数正交性，可以得到模态初始条件为

$$\eta_j(0)=\int_0^l\rho Sf_1(x)\varphi_j(x)\mathrm{d}x\,,\qquad \dot{\eta}_j(0)=\int_0^l\rho Sf_2(x)\varphi_j(x)\mathrm{d}x \tag{2-178}$$

这样，可得方程(2-175)的解为

$$\eta_j(t)=\eta_j(0)\cos\omega_jt+\frac{\dot{\eta}_j(0)}{\omega_j}\sin\omega_jt+\frac{1}{\omega_j}\int_0^t Q_j(\tau)\sin\omega_j(t-\tau)\mathrm{d}\tau \tag{2-179}$$

在得到模态解后，利用方程(2-172)即可得物理空间的解。

当杆上作用的是集中形式的外部作用力时，可以将集中力写成分布力的形式，即

$$p(x,t)=P(t)\delta(x-l_0) \tag{2-180}$$

其中，l_0 为集中力在杆上的位置，δ 表示 Dirac 函数。将方程(2-178)代入方程(2-174)，并利用 Dirac 函数的性质，可以得到模态广义力为

$$Q_j(t)=\int_0^l P(t)\delta(x-l_0)\varphi_j(x)\mathrm{d}x=P(t)\varphi_j(l_0) \tag{2-181}$$

例 2-21 假设如图 2-44 所示的直杆，自由端作用有简谐激励 $P(t)=P_0\sin\omega t$，试求杆的轴向稳态响应。

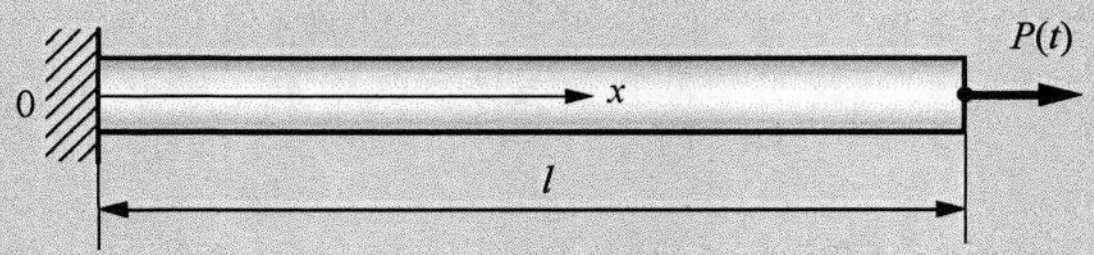

图 2-44 自由端作用有简谐激励的弹性杆

解 杆一端固定、一端自由，可以据此求得固有频率和振型函数，表达式见方程(2-154)和方程(2-155)。采用正则振型函数，使用 $\int_0^l\rho S\varphi_i^2\mathrm{d}x=1$ 进行归一化处理，可

求得振型函数系数为

$$c_i = \sqrt{\frac{2}{\rho S l}} \tag{a}$$

模态广义力可求得为

$$Q_i(t) = c_i P_0 \sin\frac{i\pi}{2}\sin\omega t, \qquad i = 1,3,5,\cdots \tag{b}$$

因此，可以得到正则模态方程为

$$\ddot{\eta}_i(t) + \omega_i^2 \eta_i(t) = c_i P_0 \sin\frac{i\pi}{2}\sin\omega t \tag{c}$$

求解可得

$$\eta_i(t) = \frac{1}{\omega_i^2 - \omega^2} c_i P_0 \sin\frac{i\pi}{2}\sin\omega t \tag{d}$$

因此，杆的响应为

$$u(x,t) = \sum_{i=1,3,5,\cdots}^{\infty} \varphi_i(x)\eta_i(t) = \frac{2P_0 \sin\omega t}{\rho s l} \sum_{i=1,3,5,\cdots}^{\infty} \frac{1}{\omega_i^2 - \omega^2} \sin\frac{i\pi}{2}\sin\frac{i\pi x}{2l} \tag{e}$$

2.3.2　弹性梁的弯曲振动

以弯曲为主要变形的杆件称为梁，它是工程实际中广泛采用的一种基本构件。在一定条件下，飞机机翼、直升机旋翼、发动机叶片、火箭箭体等均可以简化为梁模型进行研究。大到悬索桥，小到原子力显微镜、硅微传感器等，都要涉及弹性梁的振动问题。

如果梁各截面的中心主轴在同一平面内，外载荷也作用在该平面内，则梁的主要变形是弯曲变形，梁在该平面内的横向振动称为弯曲振动。梁的弯曲振动频率通常低于它作为杆的轴向振动或作为轴的扭转振动的频率，也更容易被激发[7]。因而，梁的弯曲振动在工程上具有重要意义。对于细长梁的低频振动，可以忽略梁的剪切变形以及截面绕中性轴转动惯量的影响，这种梁模型称为 Euler-Bernoulli 梁，而涉及这两种因素的梁称为 Timoshenko 梁。本节介绍 Euler-Bernoulli 梁的弯曲振动。首先建立梁的振动方程，然后根据边界条件求解固有频率和振型函数，进而介绍振型函数的正交性，最后采用振型叠加法求解梁的响应。

1. 动力学方程

如图 2-45(a)所示的弹性直梁，长度为 l，横截面积为 S，材料密度和弹性模量分别为 ρ 和 E，$p(x,t)$ 和 $m(x,t)$ 分别为单位长度梁上分布的横向外力和外力矩，I 为截面关于中性轴的惯性矩。用 $w(x,t)$ 表示坐标为 x 的截面中性轴在时刻 t 的横向位移。取长为 $\mathrm{d}x$ 的微段进行分析，其受力如图 2-45(b)所示。其中，F_s 和 M 分别为截面上的剪力和弯矩，$\rho S\mathrm{d}x\frac{\partial^2 w(x,t)}{\partial t^2}$ 为梁微段的惯性力。

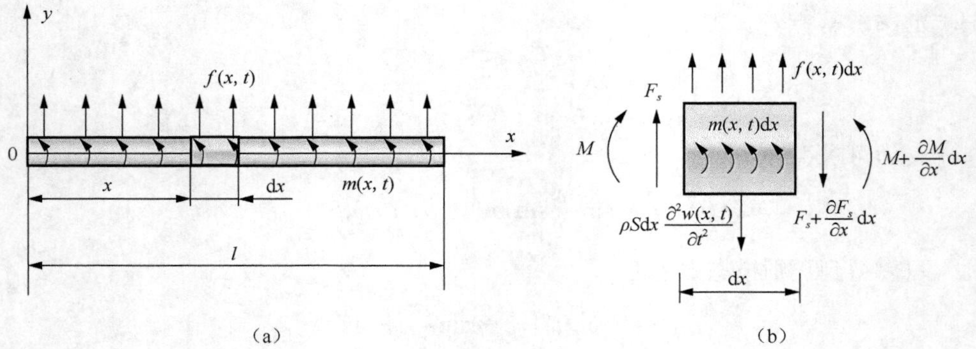

图 2-45　弹性梁弯曲运动

根据达朗贝尔原理，微段 x 方向的力平衡方程为

$$\rho S\mathrm{d}x\frac{\partial^2 w}{\partial t^2}+\left(F_s+\frac{\partial F_s}{\partial x}\mathrm{d}x\right)-F_s-p(x,t)\mathrm{d}x=0 \tag{2-182}$$

整理后得

$$\frac{\partial F_s}{\partial x}=p(x,t)-\rho S\frac{\partial^2 w}{\partial t^2} \tag{2-183}$$

列写微段力矩平衡条件时，忽略截面转动产生的惯性力矩项，以右截面上任意点为矩心，可得

$$\left(M+\frac{\partial M}{\partial x}\mathrm{d}x\right)-M-F_s\mathrm{d}x-p(x,t)\mathrm{d}x\frac{\mathrm{d}x}{2}+\rho S\mathrm{d}x\frac{\partial^2 w}{\partial t^2}\frac{\mathrm{d}x}{2}+m(x,t)\mathrm{d}x=0 \tag{2-184}$$

整理并略去 $\mathrm{d}x$ 的高阶项，得

$$F_s=\frac{\partial M}{\partial x}+m(x,t) \tag{2-185}$$

由材料力学知，$M(x,t)=EI\dfrac{\partial^2 w(x,t)}{\partial x^2}$，将之代入方程(2-185)，然后将方程(2-185)代入方程(2-183)，可以得到梁的强迫振动方程为

$$\frac{\partial^2}{\partial x^2}\left[EI\frac{\partial^2 w(x,t)}{\partial x^2}\right]+\rho S\frac{\partial^2 w(x,t)}{\partial t^2}=p(x,t)-\frac{\partial}{\partial x}m(x,t) \tag{2-186}$$

若梁为等截面，方程(2-186)简化为

$$EI\frac{\partial^4 w}{\partial x^4}+\rho S\frac{\partial^2 w}{\partial t^2}=p(x,t)-\frac{\partial}{\partial x}m(x,t) \tag{2-187}$$

下面求解弹性梁的固有频率和振型函数。考虑梁的自由振动，即方程(2-187)中 $p(x,t)=0$ 和 $m(x,t)=0$。与杆的轴向振动类似，梁的主振动可以假设为

$$w(x,t)=\varphi(x)\sin(\omega t+\theta) \tag{2-188}$$

代入梁的自由振动方程，可得

$$(EI\varphi'')''-\omega^2\rho S\varphi=0 \tag{2-189}$$

对于等截面梁，有

$$\varphi''''(x)-\beta^4\varphi(x)=0 \tag{2-190}$$

其中

$$\beta^4 = \frac{\omega^2}{a_0^2}, \qquad a_0^2 = \frac{EI}{\rho S} \tag{2-191}$$

方程(2-190)的通解为

$$\varphi(x) = C_1 \cos\beta x + C_2 \sin\beta x + C_3 \cosh\beta x + C_4 \sinh\beta x \tag{2-192}$$

其中，$C_i(i=1\sim 4)$ 和 β 应满足的频率方程由梁的边界条件确定。cosh 和 sinh 分别为双曲余弦符号和双曲正弦符号，表达式分别为 $\cosh = (\mathrm{e}^x + \mathrm{e}^{-x})/2$，$\sinh = (\mathrm{e}^x - \mathrm{e}^{-x})/2$。

第 i 阶固有频率 ω_i 和第 i 阶振型函数 $\varphi_i(x)$ 一一对应，则梁的第 i 阶模态主振动为

$$w_i(x,t) = a_i\varphi_i(x)\sin(\omega_i t + \theta_i) \tag{2-193}$$

其中，a_i 和 θ_i 由梁的初始条件决定。

系统的自由振动是无穷多个主振动的叠加，可表示为

$$w(x,t) = \sum_{i=1}^{\infty} a_i\varphi_i(x)\sin(\omega_i t + \theta_i) \tag{2-194}$$

常见的梁的简单约束状况有固定端、简支端和自由端三种。与弹性杆的分析相同，梁的固有频率和振型函数也是由其边界条件所决定的，阐述如下。

(1) 固定端

固定端处梁的挠度 w 和截面 $\partial w/\partial x$ 转角均为零，和弹性杆的分析相同，由 $u(x,t) = \varphi(x)\eta(t)$ 可得

$$\varphi(x) = 0, \qquad \varphi'(x) = 0, \qquad x = 0 \text{ 或 } l \tag{2-195}$$

(2) 简支端

固定端处梁的挠度 w 和弯矩 M 均为零，有

$$\varphi(x) = 0, \qquad \varphi''(x) = 0, \qquad x = 0 \text{ 或 } l \tag{2-196}$$

(3) 自由端

自由端处梁的剪力 F_s 和弯矩 M 均为零，有

$$\varphi''(x) = 0, \qquad \varphi'''(x) = 0, \qquad x = 0 \text{ 或 } l \tag{2-197}$$

以下讨论中，若不加指明，均假设梁为等截面。

例 2-22　试求图 2-46 所示悬臂梁的固有频率和振型函数。

解　梁左端固定端和右端自由端的边界条件为

$$\text{左端：}\varphi(0) = 0,\ \varphi'(0) = 0; \qquad \text{右端：}\varphi''(l) = 0,\ \varphi'''(l) = 0 \tag{a}$$

分别代入方程(2-192)，可得

$$C_1 = -C_3, \qquad C_2 = -C_4 \tag{b}$$

以及

$$\begin{cases} C_1(\cos\beta l + \cosh\beta l) + C_2(\sin\beta l + \sinh\beta l) = 0 \\ -C_1(\sin\beta l - \sinh\beta l) + C_2(\cos\beta l + \cosh\beta l) = 0 \end{cases} \tag{c}$$

C_1 和 C_2 有非零解的条件为系数行列式等于零，即

$$\begin{vmatrix} \cos\beta l + \cosh\beta l & \sin\beta l + \sinh\beta l \\ -\sin\beta l + \sinh\beta l & \cos\beta l + \cosh\beta l \end{vmatrix} = 0 \tag{d}$$

化简后，可得频率方程为

$$\cos\beta l\cosh\beta l+1=0 \tag{e}$$

可以解得

$$\begin{cases}\beta_1 l=1.875,\quad \beta_2 l=4.694,\quad \beta_3 l=7.855\\ \beta_i l\approx\dfrac{2i-1}{2}\pi,\qquad i=3,4,\cdots\end{cases} \tag{f}$$

对应的各阶固有频率为

$$\omega_i=(\beta_i l)^2\sqrt{\frac{EI}{\rho S l^4}},\qquad i=1,2,\cdots \tag{g}$$

各阶振型函数为

$$\varphi_i(x)=\cos\beta_i x-\cosh\beta_i x+\xi_i(\sin\beta_i x-\sinh\beta_i x),\qquad i=1,2,\cdots \tag{h}$$

其中，参数 ξ_i 的定义为

$$\xi_i=-\frac{\cos\beta_i l+\cosh\beta_i l}{\sin\beta_i l+\sinh\beta_i l},\qquad i=1,2,\cdots \tag{i}$$

梁的前三阶振型函数形状如图 2-46 所示。可以看出，第一阶振型没有节点，第二阶振型有一个节点，第三阶振型有两个节点。实际布置传感器测量梁的响应时，传感器位置应当避开节点。

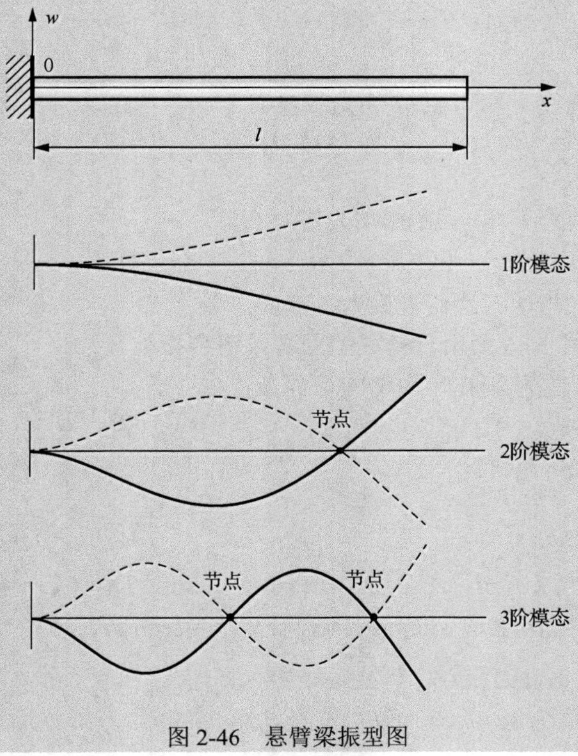

图 2-46　悬臂梁振型图

例 2-23　试求图 2-47 所示简支梁的固有频率和振型函数。

解　梁两端的边界条件为

$$\text{左端：} \varphi(0)=0, \quad \varphi''(0)=0; \qquad \text{右端：} \varphi(l)=0, \quad \varphi''(l)=0 \tag{a}$$

分别代入方程(2-192)，可得

$$C_1=0, \qquad C_3=0 \tag{b}$$

以及

$$\begin{cases} C_2 \sin\beta l + C_4 \sinh\beta l = 0 \\ -C_2 \sin\beta l + C_4 \sinh\beta l = 0 \end{cases} \tag{c}$$

两式相加可得 $C_4=0$，因此频率方程为

$$\sin\beta l = 0 \tag{d}$$

解得

$$\beta_i l = i\pi, \qquad i=1,2,\cdots \tag{e}$$

对应的各阶固有频率为

$$\omega_i = \left(\frac{i\pi}{l}\right)^2 \sqrt{\frac{EI}{\rho S}}, \qquad i=1,2,\cdots \tag{f}$$

各阶振型函数为

$$\varphi_i(x) = \sin\frac{i\pi}{l}x, \qquad i=1,2,\cdots \tag{g}$$

梁的前三阶振型函数形状如图 2-47 所示。

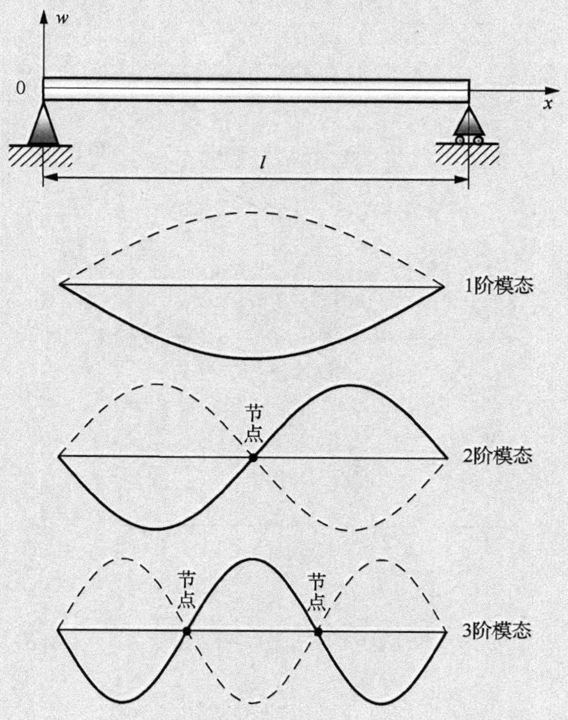

图 2-47　简支梁振型图

例 2-24　试求图 2-48 所示自由梁的固有频率和振型函数。

解　梁两端的边界条件为

$$\text{左端：}\varphi''(0)=0\text{，}\varphi'''(0)=0\text{；}\quad \text{右端：}\varphi''(l)=0\text{，}\varphi'''(l)=0 \tag{a}$$

频率方程为

$$\cos\beta l\cosh\beta l=1 \tag{b}$$

解得

$$\begin{cases}\beta_0 l=0\\ \beta_1 l=4.730,\quad \beta_2 l=7.853,\quad \beta_3 l=10.996\\ \beta_i l\approx\left(i+\dfrac{1}{2}\right)\pi,\qquad i=3,4,\cdots\end{cases} \tag{c}$$

其中，$\beta_0 l=0$ 对应刚体运动。各阶振型函数为

$$\varphi_i(x)=\cos\beta_i x+\cosh\beta_i x+\xi_i(\sin\beta_i x+\sinh\beta_i x),\qquad i=1,2,\cdots \tag{d}$$

其中

$$\xi_i=-\frac{\cos\beta_i l-\cosh\beta_i l}{\sin\beta_i l-\sinh\beta_i l},\qquad i=1,2,\cdots \tag{e}$$

梁除刚体振型外的前三阶振型函数形状如图 2-48 所示。

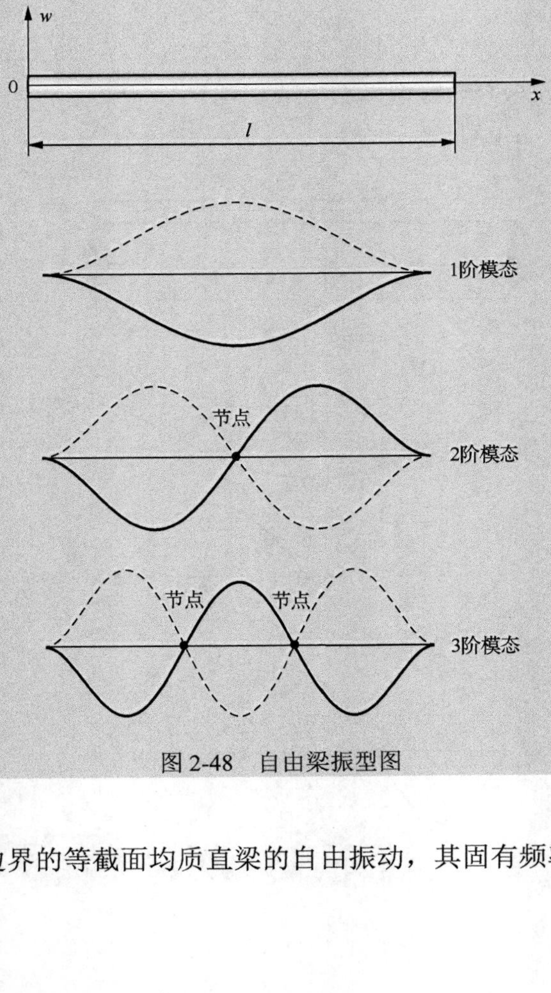

图 2-48　自由梁振型图

2. 振型正交性

考察具有简单边界的等截面均质直梁的自由振动，其固有频率为 ω_i，振型函数为

$\varphi_i(x)$。将方程(2-193)所示的主振动代入梁的自由振动方程，可以得到梁的第 i 阶模态和第 j 阶模态特征根问题为

$$(EI\varphi_i'')'' = \omega_i^2 \rho S \varphi_i \tag{2-198}$$

$$(EI\varphi_j'')'' = \omega_j^2 \rho S \varphi_j \tag{2-199}$$

方程(2-198)乘上第 j 阶振型函数 $\varphi_j(x)$ 并沿杆长积分，有

$$\int_0^l \varphi_j (EI\varphi_i'')'' \mathrm{d}x = \omega_i^2 \int_0^l \rho S \varphi_i \varphi_j \mathrm{d}x \tag{2-200}$$

利用分部积分法，等式左端可以写为

$$\int_0^l \varphi_j (EI\varphi_i'')'' \mathrm{d}x = \varphi_j (EI\varphi_i'')' \Big|_0^l - \varphi_j' (EI\varphi_i'') \Big|_0^l + \int_0^l EI\varphi_i''\varphi_j'' \mathrm{d}x \tag{2-201}$$

在梁的简单边界上，总有挠度或剪力中的一个与转角或弯矩中的一个同时为零，因此方程(2-201)右边第一项和第二项总为零，可得

$$\int_0^l \varphi_j (EI\varphi_i'')'' \mathrm{d}x = \int_0^l EI\varphi_i''\varphi_j'' \mathrm{d}x \tag{2-202}$$

由方程(2-200)和方程(2-202)可得

$$\int_0^l EI\varphi_i''\varphi_j'' \mathrm{d}x = \omega_i^2 \int_0^l \rho S \varphi_i \varphi_j \mathrm{d}x \tag{2-203}$$

同理，将方程(2-199)乘上第 i 阶振型函数 $\varphi_i(x)$ 并沿杆长积分，可得

$$\int_0^l EI\varphi_i''\varphi_j'' \mathrm{d}x = \omega_j^2 \int_0^l \rho S \varphi_i \varphi_j \mathrm{d}x \tag{2-204}$$

将方程(2-203)和方程(2-204)相减，可得

$$(\omega_i^2 - \omega_j^2) \int_0^l \rho S \varphi_i \varphi_j \mathrm{d}x = 0 \tag{2-205}$$

一般地，当 $i \neq j$ 时，梁的第 i 阶固有频率和第 j 阶固有频率不相等，因此可得

$$\int_0^l \rho S \varphi_i \varphi_j \mathrm{d}x = 0, \qquad i \neq j \tag{2-206}$$

此即**梁的振型函数关于质量的正交性**。由方程(2-202)和方程(2-204)可得

$$\int_0^l \varphi_j (EI\varphi_i'')'' \mathrm{d}x = \int_0^l EI\varphi_i''\varphi_j'' \mathrm{d}x = 0, \qquad i \neq j \tag{2-207}$$

此即**梁的振型函数关于刚度的正交性**。

当 $i=j$ 时，方程(2-205)恒成立，令

$$\int_0^l \rho S \varphi_i^2 \mathrm{d}x = m_{pi} \tag{2-208}$$

为**第 i 阶模态主质量**，同样地，令

$$\int_0^l \varphi_j (EI\varphi_j'')'' \mathrm{d}x = \int_0^l EI(\varphi_j'')^2 \mathrm{d}x = k_{pj} \tag{2-209}$$

为**第 i 阶模态主刚度**，则第 i 阶固有频率为

$$\omega_i^2 = k_{pi} / m_{pi} \tag{2-210}$$

利用 Kronecker 符号，可以将正交性合并写为

$$\begin{cases} \int_0^l \rho S \varphi_i \varphi_j \mathrm{d}x = m_{pi} \delta_{ij} \\ \int_0^l \varphi_j (EI\varphi_i'')'' \mathrm{d}x = \int_0^l EI\varphi_i''\varphi_j'' \mathrm{d}x = k_{pi} \delta_{ij} \end{cases} \tag{2-211}$$

其中，δ_{ij} 为 Kronecker 符号，定义为i=j时，δ_{ij}=1；$i \neq j$ 时，δ_{ij}=0。

对于弹性杆系统，除了以上主振型函数外还可以采用正则振型函数。若采用正则振型函数，则主质量 m_{pi}=1，主刚度 $k_{pi}=\omega_i^2$，正则振型函数中的系数将唯一。

3. 振型叠加法求解梁的响应

弹性梁的强迫振动公式如方程(2-186)所示。假定梁的固有频率 ω_i 和振型函数 $\varphi_i(x)$ 已经通过边界条件求得，i=1,2,⋯。梁的响应是无穷多模态主振动的叠加，即

$$w(x,t)=\sum_{i=1}^{\infty}\varphi_i(x)\eta_i(t) \tag{2-212}$$

其中，$\eta_i(t)$ 为第 i 阶模态坐标。将方程(2-212)代入方程(2-186)中，得

$$\sum_{i=1}^{\infty}(EI\varphi_i'')''\eta_i+\rho S\sum_{i=1}^{\infty}\varphi_i\ddot{\eta}_i=p(x,t)-\frac{\partial}{\partial x}m(x,t) \tag{2-213}$$

两边乘第 j 阶正则振型函数 $\varphi_j(x)$ 并沿杆长积分，可得

$$\sum_{i=1}^{\infty}\eta_i\int_0^l\varphi_j(EI\varphi_i'')''\mathrm{d}x+\sum_{i=1}^{\infty}\ddot{\eta}_i\int_0^l\rho S\varphi_i\varphi_j\mathrm{d}x=\int_0^l\left[p(x,t)-\frac{\partial}{\partial x}m(x,t)\right]\varphi_j\mathrm{d}x \tag{2-214}$$

利用振型函数的正交性，可得模态振动方程为

$$\ddot{\eta}_j+\omega_j^2\eta_j=Q_j(t)\,,\qquad j=1,2,\cdots \tag{2-215}$$

其中

$$Q_j(t)=\int_0^l\left[p(x,t)-\frac{\partial}{\partial x}m(x,t)\right]\varphi_j(x)\mathrm{d}x \tag{2-216}$$

为第 j 阶模态广义力。

假设梁的初始条件为

$$w(x,0)=f_1(x)\,,\qquad \left.\frac{\partial w}{\partial t}\right|_{t=0}=f_2(x) \tag{2-217}$$

其中，$f_1(x)$ 和 $f_2(x)$ 为已知函数。利用方程(2-212)，初始条件可以写为

$$w(x,0)=f_1(x)=\sum_{i=1}^{\infty}\varphi_i(x)\eta_i(0)\,,\qquad \left.\frac{\partial w}{\partial t}\right|_{t=0}=f_2(x)=\sum_{i=1}^{\infty}\varphi_i(x)\dot{\eta}_i(0) \tag{2-218}$$

等式两边乘第 j 阶振型函数 $\varphi_j(x)$ 并沿杆长积分，然后利用振型函数的正交性，可以得到模态初始条件为

$$\eta_j(0)=\int_0^l\rho Sf_1(x)\varphi_j(x)\mathrm{d}x\,,\qquad \dot{\eta}_j(0)=\int_0^l\rho Sf_2(x)\varphi_j(x)\mathrm{d}x \tag{2-219}$$

这样，可得方程(2-215)的解为

$$\eta_j(t)=\eta_j(0)\cos\omega_jt+\frac{\dot{\eta}_j(0)}{\omega_j}\sin\omega_jt+\frac{1}{\omega_j}\int_0^lQ_j(\tau)\sin\omega_j(t-\tau)\mathrm{d}\tau \tag{2-220}$$

在得到模态解后，利用方程(2-212)即可得物理空间的解。

与杆的振动分析相同，当梁上作用的是集中外部力时，可以将集中力写成分布力的形式，然后利用 δ 函数的性质得出模态广义力，表达式在此省略。

例 2-25　如图 2-49 所示的简支梁，中点受常力 P 作用产生静变形。求当 P 突然移除时梁的响应。

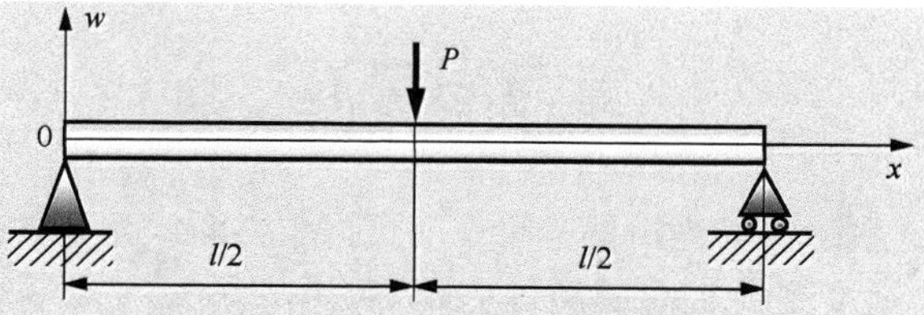

图 2-49　简支梁示意图

解　由材料力学可得初始条件为

$$\begin{cases} y(x,0)=f_1(x)=\begin{cases} y_{st}\left[3\left(\dfrac{x}{l}\right)-4\left(\dfrac{x}{l}\right)^3\right], & 0\leqslant x\leqslant \dfrac{l}{2} \\ y_{st}\left[3\left(\dfrac{l-x}{x}\right)-4\left(\dfrac{l-x}{l}\right)^3\right], & \dfrac{l}{2}< x\leqslant l \end{cases} \\ \left.\dfrac{\partial y}{\partial t}\right|_{t=0}=f_2(x)=0 \end{cases} \tag{a}$$

其中，$y_{st}=-\dfrac{Pl^3}{48EI}$，为梁中点的静挠度。

梁的固有频率和正则振型函数为

$$\omega_i=i^2\pi^2\sqrt{\frac{EI}{\rho Sl^4}},\qquad \varphi_i=C_i\sin\frac{i\pi x}{l},\qquad i=1,2,3,\cdots \tag{b}$$

其中，利用模态质量归一化条件 $\int_0^l \rho S\left(C_i\sin\dfrac{i\pi x}{l}\right)^2\mathrm{d}x=1$ 可以求得 $C_i=\sqrt{\dfrac{2}{\rho Al}}$。

由模态坐标初始条件可以得出

$$\begin{cases} \eta_i(0)=\int_0^{\frac{l}{2}}\rho Sy_{st}\left[3\left(\dfrac{x}{l}\right)^3-4\left(\dfrac{x}{l}\right)^3\right]C_i\sin\dfrac{i\pi x}{l}\mathrm{d}x \\ \qquad +\int_{\frac{l}{2}}^{l}\rho Sy_{st}\left[3\left(\dfrac{l-x}{l}\right)-4\left(\dfrac{l-x}{l}\right)^3\right]C_i\sin\dfrac{i\pi x}{l}\mathrm{d}x, \qquad i=1,3,5,\cdots \\ \qquad =-\dfrac{Pl^4\rho S}{i^4\pi^4EI} \\ \dot{\eta}_i(0)=0 \end{cases} \tag{c}$$

故此，可得模态空间的解为

$$\eta_i(t)=\eta_i(0)\cos\omega_i t \tag{d}$$

物理空间的解为

$$w(x,t)=\sum_{i=1}^{\infty}\varphi_i(x)\eta_i(t)=-\frac{2Pl^3}{\pi^4EI}\sum_{i=1,3,5,\cdots}^{\infty}\frac{(-1)^{\frac{i-1}{2}}}{i^4}\sin\frac{i\pi x}{l}\cos\omega_i t \tag{e}$$

复习思考题

2-1　一弹簧质量系统从一光滑的斜面上往下滑，斜面倾角 $\alpha = 30^\circ$，如图 2-50 所示。求质量块从下落开始至滑到最底端所经过的距离。

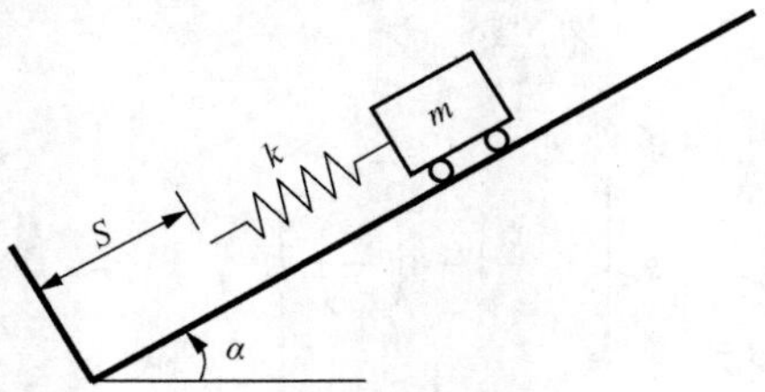

图 2-50　位于光滑斜面上的弹簧质量系统

2-2　如图 2-51 所示的单自由度系统，内径为 R_1、外径为 R_2 的鼓轮按照顺时针方向做微幅转动。已知系统中各参数如下：物块质量为 m_1、m_2，鼓轮绕中心轴的转动惯量为 J，弹簧的刚度分别为 k_1、k_2、k_3、k_4。半径为 r，质量为 m_3 的均质圆盘在水平面上做纯滚动，圆盘绕质心的转动惯量为 $J_c = m_3 r^2 / 2$。假定在运动过程中所有绳索维持张拉状态。以鼓轮的转角为广义坐标，求系统的固有频率。

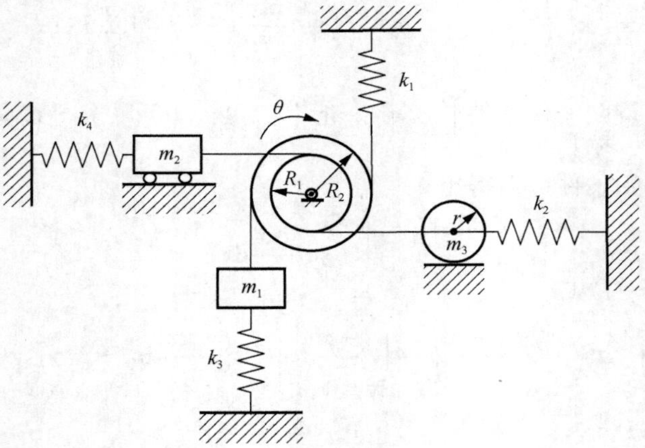

图 2-51　带有鼓轮的单自由度系统

2-3　如图 2-52 所示，刚性杆 AB 的质量忽略不计，B 端作用有激振力 $F_0 \sin \omega t$。(1) 写出系统的动力学微分方程，并求系统发生共振时质量 m 做上下振动的振幅值；(2) 求此时系统的临界黏性阻尼系数的表达式。

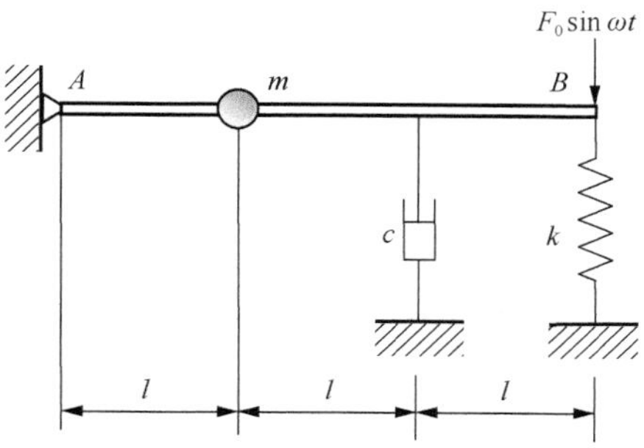

图 2-52　带有刚性杆的单自由度系统

2-4　如图 2-53 所示的一带有刚性折杆的单自由度质量-弹簧-阻尼系统，折杆质量不计，基础施加有外部激励 $x_s = a\sin\omega t$ 。假定系统振动为微小振动。试推导此振动系统的无阻尼固有频率、阻尼比和稳态振动的振幅。

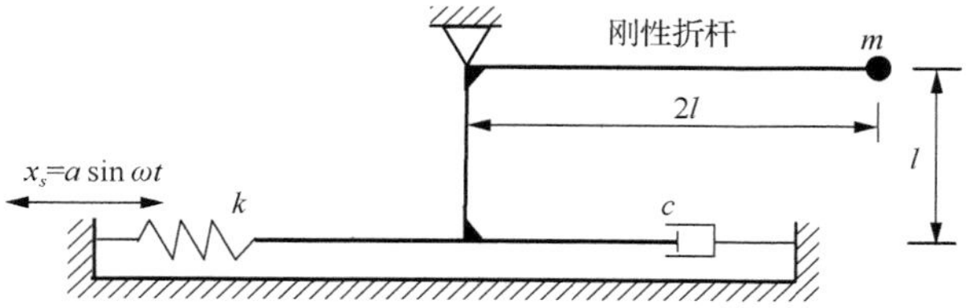

图 2-53　刚性折杆单自由度系统

2-5　在图 2-54 所示系统中，刚度系数分别为 k_1 和 k_2 的弹簧上悬挂有质量为 m 的质量块，初始时物块静止。假设物块的位移为 x，弹簧 1 的变形为 x_1，弹簧 2 的变形为 x_2。求系统在简谐激励 $F_0\sin\omega t$ 作用下物块稳态响应的幅值。

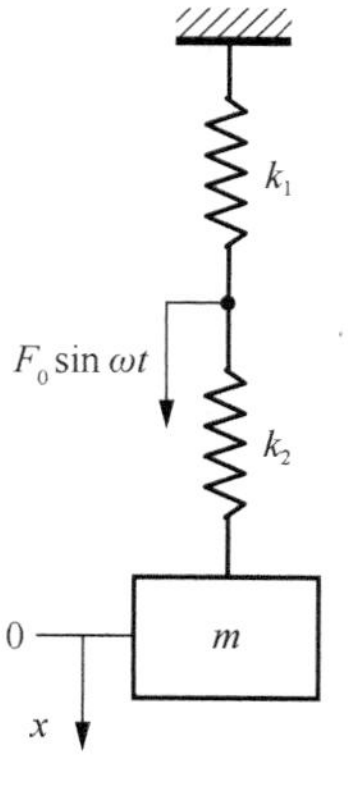

图 2-54　单自由度弹簧质量系统

2-6　如图 2-55 所示，顶杆通过弹簧 k 与单自由度振子相连接。顶杆在凸轮的作用下进行周期的锯齿波形运动。已知凸轮的升程为 a，转速为 ω ，振子质量为 m，两弹簧的弹性系数均为 k，阻尼为 c。求振动系统的稳态响应。

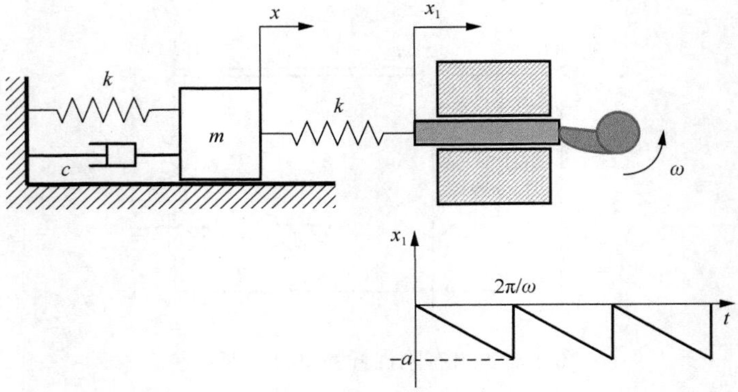

图 2-55　受凸轮顶杆作用的单自由度系统

2-7　无阻尼单自由度系统在零初始条件下受到如图 2-56 所示的激励函数的作用，试利用杜哈梅积分写出系统稳态响应的表达式。

2-8　考虑如图 2-57 所示的二自由度系统，假定系统左端无质量基础做简谐振动 $x_0 = a\sin\omega t$，$k_1 = k_3 = 2k$，$k_2 = k$，$m_1 = m_2 = m$。(1) 建立系统的动力学方程；(2) 求解两个质量块的振幅；(3) 讨论系统的反共振现象。

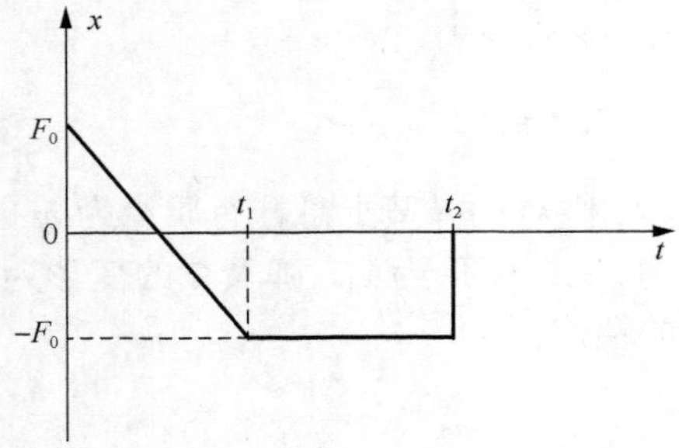

图 2-56　激励函数曲线图

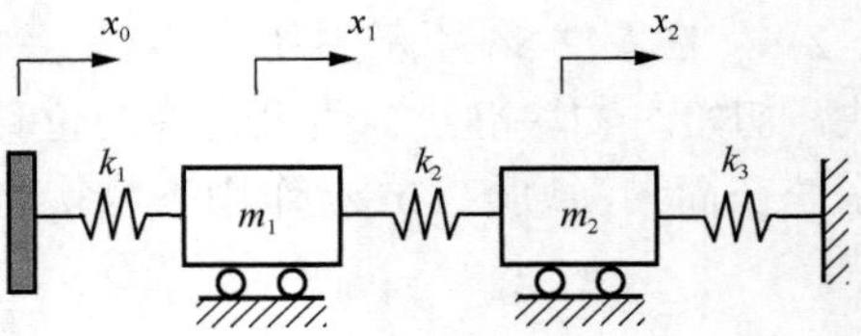

图 2-57　二自由度弹簧质量系统

2-9　考虑如图 2-58 所示的一个二自由度系统，质量为 m_1、m_2 的物体上分别附有刚度为 k_1、k_2 的弹簧。系统中的连杆长度均为 l。质量 m_1 上承受水平方向正弦激励 $F_0\sin\omega t$ 的作用。采用图示中质量 m_1 和 m_2 的微小水平位移 x_1 和 x_2 为广义坐标。(1) 试用影响系数法建立系统的自由振动微分方程；(2) 令 $m_1 = m_2 = m$，$k_1 = mg/l$，$k_2 = 3mg/l$，求系统的固有频率和振型，并确定系统在 $F_0\sin\omega t$ 作用下的稳态响应。

2-10　图 2-59 所示的是一均质悬臂梁结构，EI 为梁的抗弯刚度，ρ 为线密度。悬臂梁受到如图所示的分布载荷，已知 $\int_0^{l/2} x\varphi_i(x)\mathrm{d}x = \varPhi_i$，$\int_{l/2}^{l} \varphi_i(x)\mathrm{d}x = \varGamma_i$，其中，$\varphi_i$ 为悬臂梁的第 i 阶振型函数。求：(1) 梁两端的边界条件；(2) 推导梁弯曲振动的正交性条件；(3) 梁的响应。

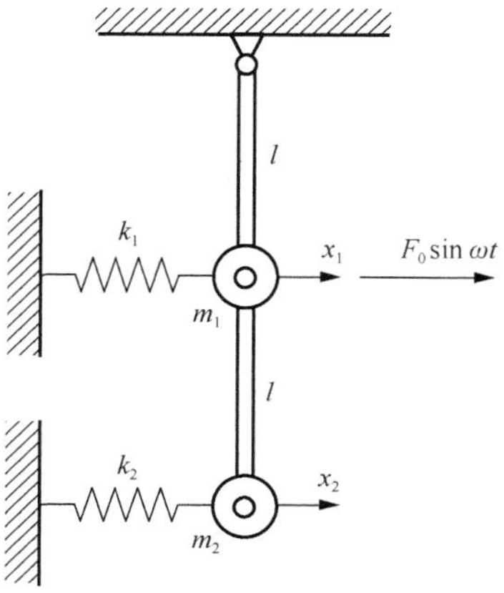

图 2-58　刚性杆连接的二自由度系统

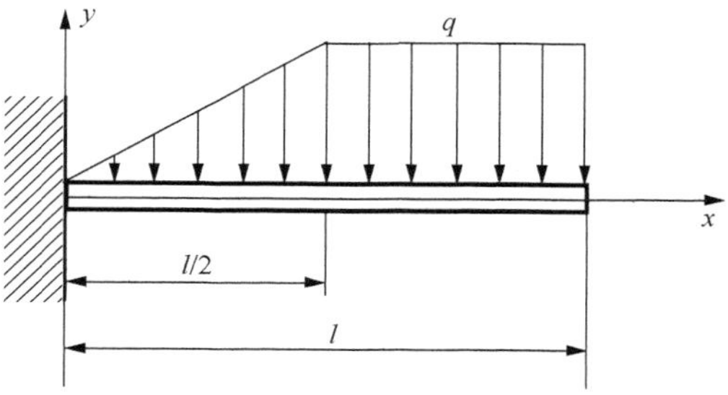

图 2-59　均质悬臂梁结构

2-11　如图 2-60 所示，简支梁在 $x=c$ 处作用有一个正弦集中力 $P\sin\theta t$，假设梁的各阶固有频率为 ω_i；各阶模态为 $Y_i(x)=\sin\dfrac{i\pi}{l}x$，系统初始条件为 0。(1) 求梁的动响应；(2) 若正弦激励 $P\sin\theta t$ 以等速 v 从梁的最左端向最右端移动，即 $c=vt$，求梁的动响应。

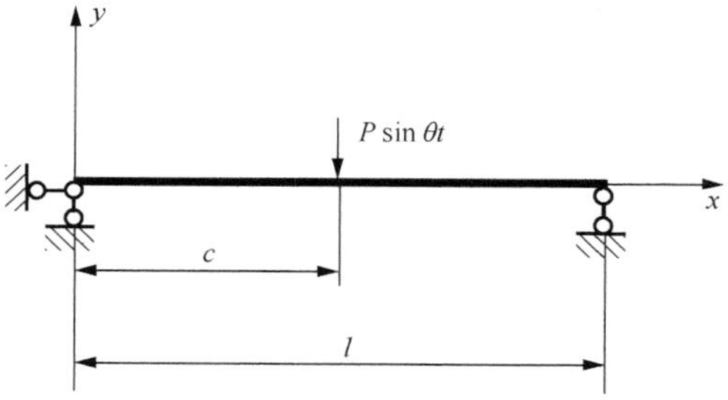

图 2-60　简支梁结构

参 考 文 献

[1] 邹经湘，于开平. 结构动力学[M]. 2 版. 哈尔滨：哈尔滨工业大学出版社, 2009.
[2] 倪振华. 振动力学[M]. 西安：西安交通大学出版社, 1989.
[3] 谢官模. 振动力学[M]. 2 版. 北京：国防工业出版社, 2011.
[4] 陈怀海，贺旭东. 振动及其控制[M]. 北京：国防工业出版社, 2015.
[5] FULLER C R, ELLIOTT S J, NELSON P A. Active Control of Vibration[M]. Pittsburgh: Academic Press, 1997.
[6] 徐铭陶，肖明葵. 工程动力学：振动与控制[M]. 北京：机械工业出版社, 2004.
[7] 刘延柱. 趣味振动力学[M]. 北京：高等教育出版社, 2012.

第3章　结构振动的最优控制

学习要点

- 结构振动控制系统的稳定性、可控性和可观性
- 二次型性能指标的物理含义
- 最优控制律的设计

随着科技的发展，现代工程结构朝大型化和复杂化方向发展，一方面是轻质和柔性构件在结构中的大量使用，另一方面是对系统性能和定位精度的要求越来越高。柔性结构一般具有较小的模态阻尼，一旦受到某种外部激励，其振动将会持续较长时间，而长时间的振动不但会影响系统的正常工作和系统性能，而且有可能引起构件的疲劳破坏，影响其使用寿命。因此，对柔性结构振动控制的研究具有重要的理论意义和实际应用价值。

最早人们是采用被动控制方法对柔性结构的振动进行控制。被动控制方法无须外部能量输入，它是利用结构中的阻尼元件对振动能量进行耗散，以达到结构振动控制的目的。被动控制有较长的研究历史和广泛的工程应用，具有结构简单、易于实现、经济性好、可靠性高等优点，但也有控制效果和适应性差的缺点，阻尼的增加也很有限。另外，被动控制的效果制约于外部激励的特性，一般对高频振动有效，对低频振动的控制效果不佳。随着现代控制理论的飞速发展和日臻成熟，振动主动控制呈现出日益强大的生命力。主动控制需要外部能量输入，它是利用系统的状态进行实时反馈，以达到对结构响应进行实时调节和控制的目的。由于主动控制方法具有控制效果不依赖于外部激励的特性，而且控制效果明显优于被动控制方法，因此柔性结构的振动主动控制近几十年来得到了众多学者的普遍关注。另外，随着材料科学的发展和进步，以压电陶瓷、电(磁)流变液和形状记忆合金为代表的智能材料在振动工程中的应用日益广泛，并且呈现出广阔的工程应用前景。智能材料具有传感功能和作动功能，它是通过粘贴和填满等方式与构件结为一体，因此非常适合于柔性结构/机构的振动控制。

控制理论可以分为经典控制理论和现代控制理论。经典控制理论发展较早，理论较为成熟。它是在频域内对系统进行分析，采用的传递函数模型一般只能处理单输入、单输出线性定常系统。现代控制理论则是在时域内进行分析，采用的是状态空间模型，不但能够处理线性定常系统，而且能够处理多变量、非线性和时变的复杂系统，因此应用范围更广。另外，现代控制理论可以借助计算机对系统进行分析和设计，所以有其独特的优越性。在现代控制理论体系中，人们提出了许多控制设计方法，例如最优控制、PID 控制、变结构控制、鲁棒控制等，其中最优控制是理论体系最为完备的控

制方法。

本章讲述结构振动的最优控制方法，主要内容包括控制系统的稳定性、可控性、可观性和最优控制律的设计。

3.1　状态方程的建立

如第 2 章所述，振动系统多采用二阶常微分方程进行描述，即使是连续系统也常是先将偏微分动力学方程离散化，再用常微分方程来近似逼近原动力学系统。如前言中所述，现代控制理论是在时域空间进行控制设计的，它所采用的方程是一阶状态方程。下面给出二阶微分动力学方程向一阶状态方程的转换方式。

多自由度线性系统的强迫振动动力学方程表达为

$$\boldsymbol{M}\ddot{\boldsymbol{x}}+\boldsymbol{C}\dot{\boldsymbol{x}}+\boldsymbol{K}\boldsymbol{x}=\boldsymbol{p}(t)+\boldsymbol{D}\boldsymbol{u}(t) \tag{3-1}$$

其中，$\boldsymbol{x}\in\Re^{n\times1}$为系统广义坐标列阵；$\boldsymbol{M}$、$\boldsymbol{C}$、$\boldsymbol{K}$分别为系统的质量、阻尼和刚度矩阵；$\boldsymbol{p}(t)\in\Re^{n\times1}$为外部激励列阵；$\boldsymbol{u}(t)\in\Re^{r\times1}$为控制力列阵，假定在振动系统中使用了$r$个作动器用于对振动进行主动控制；$\boldsymbol{D}\in\Re^{n\times r}$为作动器的位置指示矩阵。

定义系统状态变量为

$$\boldsymbol{y}=\begin{bmatrix}\boldsymbol{x}\\ \dot{\boldsymbol{x}}\end{bmatrix}\in\Re^{2n\times1} \tag{3-2}$$

则方程(3-1)可以改写为

$$\dot{\boldsymbol{y}}=\boldsymbol{A}\boldsymbol{y}+\overline{\boldsymbol{p}}(t)+\boldsymbol{B}\boldsymbol{u}(t) \tag{3-3}$$

其中

$$\boldsymbol{A}=\begin{bmatrix}\boldsymbol{0} & \boldsymbol{I}\\ -\boldsymbol{M}^{-1}\boldsymbol{K} & -\boldsymbol{M}^{-1}\boldsymbol{C}\end{bmatrix},\quad \overline{\boldsymbol{p}}(t)=\begin{bmatrix}\boldsymbol{0}\\ \boldsymbol{M}^{-1}\boldsymbol{p}(t)\end{bmatrix},\quad \boldsymbol{B}=\begin{bmatrix}\boldsymbol{0}\\ \boldsymbol{M}^{-1}\boldsymbol{D}\end{bmatrix}$$

可以看出，转到状态空间后系统的维数扩大了一倍。

例 3-1　图 3-1 为二自由度振动系统，假定在第一个质量上作用有外部激励$p_0\sin\omega t$，在第二个质量上作用有控制力$u(t)$，试写出系统的动力学方程和状态方程。

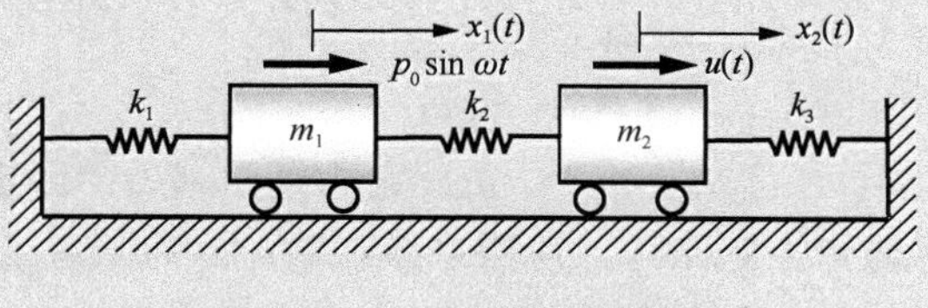

图 3-1　二自由度系统

解　利用影响系数法，图 3-1 所示系统的动力学方程可写为

$$\begin{bmatrix}m_1 & 0\\ 0 & m_2\end{bmatrix}\begin{bmatrix}\ddot{x}_1\\ \ddot{x}_2\end{bmatrix}+\begin{bmatrix}k_1+k_2 & -k_2\\ -k_2 & k_2+k_3\end{bmatrix}\begin{bmatrix}x_1\\ x_2\end{bmatrix}=\begin{bmatrix}p_0\sin\omega t\\ 0\end{bmatrix}+\begin{bmatrix}0\\ 1\end{bmatrix}u(t) \tag{a}$$

可推得系统的状态方程为

$$\begin{bmatrix} \dot{x}_1 \\ \dot{x}_2 \\ \ddot{x}_1 \\ \ddot{x}_2 \end{bmatrix} = \begin{bmatrix} 0 & 0 & 1 & 0 \\ 0 & 0 & 0 & 1 \\ -\dfrac{(k_1+k_2)}{m_1} & \dfrac{k_2}{m_1} & 0 & 0 \\ \dfrac{k_2}{m_2} & -\dfrac{k_2+k_3}{m_2} & 0 & 0 \end{bmatrix} \begin{bmatrix} x_1 \\ x_2 \\ \dot{x}_1 \\ \dot{x}_2 \end{bmatrix} + \begin{bmatrix} 0 \\ 0 \\ \dfrac{1}{m_1} p_0 \sin \omega t \\ 0 \end{bmatrix} + \begin{bmatrix} 0 \\ 0 \\ 0 \\ \dfrac{1}{m_2} \end{bmatrix} u(t) \tag{b}$$

以下将针对方程(3-3)所示的状态方程讨论系统的稳定性、可控性、可观性，以及最优控制设计。

3.2　结构振动控制系统的特性

3.2.1　系统稳定性

对于方程(3-1)所示的振动系统，忽略外部激励项和控制项，将 $\boldsymbol{x} = \boldsymbol{\varphi} \mathrm{e}^{st}$ 代入方程(3-1)可以得到系统的特征根问题为 $(\boldsymbol{M}s^2 + \boldsymbol{C}s + \boldsymbol{K})\boldsymbol{\varphi} = \boldsymbol{0}$。因为 $\boldsymbol{M}$、$\boldsymbol{C}$、$\boldsymbol{K}$ 都是实矩阵，所以特征根和特征向量若为复数则必定以共轭形式出现。当特征根都具有非正的实部时，可判定系统**稳定**；当所有特征都具有负实部时，则系统**渐近稳定**。状态方程(3-3)只是方程(3-1)的转换，因此，若方程(3-3)是渐近稳定的，也要求系数矩阵 $\boldsymbol{A}$ 的所有特征值皆具有负实部。动力学方程和状态方程的稳定性判据具有等价性。

对于例 3-1 所示的二自由度系统，设定 $m_1 = m_2 = 1\text{kg}$，$k_1 = k_2 = k_3 = 1\text{N/m}$，可解得动力学方程的特征根分别为 $s_{1,2} = \pm \mathrm{i}$ 和 $s_{3,4} = \pm\sqrt{3}\mathrm{i}$，利用状态方程求得的特征根亦为 $s_{1,2} = \pm \mathrm{i}$ 和 $s_{3,4} = \pm\sqrt{3}\mathrm{i}$。可以看到，特征根都具有非正的实部，因此可判定系统是稳定的。

3.2.2　系统可控性

所谓**可控性**，是系统的一种内在性质，表示系统在输入作用下其内部状态转移的能力。对于一个主动控制系统，这种能力当然越大越好。下面以单输入振动控制系统为例进行阐述，所得结论很容易推广到多输入的情况。

单输入振动控制系统的状态方程可以写为

$$\dot{\boldsymbol{y}} = \boldsymbol{A}\boldsymbol{y} + \boldsymbol{b}u(t) \tag{3-4}$$

其中，$\boldsymbol{y} \in \Re^{2n\times1}$；$\boldsymbol{A} \in \Re^{2n\times2n}$；$\boldsymbol{b} \in \Re^{2n\times1}$；$u(t)$ 为标量控制力。假定系统初始状态为零状态，即 $\boldsymbol{y}(0) = \boldsymbol{0}$，能否选择控制 $u(t)$，使得系统在时刻 t_1 的状态 $\boldsymbol{y}(t_1)$ 取任意指定的值，其中，t_1 为某一确定的时刻。解答如下。

方程(3-4)的解为

$$\boldsymbol{y}(t_1) = \int_0^{t_1} \mathrm{e}^{\boldsymbol{A}(t_1-\tau)} \boldsymbol{b} u(\tau) \mathrm{d}\tau \tag{3-5}$$

由凯莱-哈密顿定理[1,2]，有

$$\mathrm{e}^{\boldsymbol{A}t} = a_0(t)\boldsymbol{I} + a_1(t)\boldsymbol{A} + a_2(t)\boldsymbol{A}^2 + \cdots + a_{2n-1}(t)\boldsymbol{A}^{2n-1} \tag{3-6}$$

其中，$a_i(t)$ 是已知函数，且可证明，它们是线性独立的。将方程(3-6)代入方程(3-5)，并考虑到 $\boldsymbol{A}$ 和 $\boldsymbol{b}$ 都是常数矩阵和向量，可以提到积分号外面，因而可得

$$\begin{aligned}\boldsymbol{y}(t_1)=&\boldsymbol{b}\int_0^{t_1}a_0(t_1-\tau)u(\tau)\mathrm{d}\tau+\boldsymbol{Ab}\int_0^{t_1}a_1(t_1-\tau)u(\tau)\mathrm{d}\tau\\&+\boldsymbol{A}^2\boldsymbol{b}\int_0^{t_1}a_2(t_1-\tau)u(\tau)\mathrm{d}\tau+\cdots+\boldsymbol{A}^{2n-1}\boldsymbol{b}\int_0^{t_1}a_{2n-1}(t_1-\tau)u(\tau)\mathrm{d}\tau\end{aligned}\tag{3-7}$$

其中，每一个积分都可以转化为一个标量，将它们相应地记为 $f_0(t_1)$、$f_1(t_1)$、$f_2(t_1)$、…、$f_{2n-1}(t_1)$，有

$$\begin{aligned}\boldsymbol{y}(t_1)&=\boldsymbol{b}f_0(t_1)+\boldsymbol{Ab}f_1(t_1)+\boldsymbol{A}^2\boldsymbol{b}f_2(t_1)+\cdots+\boldsymbol{A}^{2n-1}\boldsymbol{b}f_{2n-1}(t_1)\\&=[\boldsymbol{b},\boldsymbol{Ab},\boldsymbol{A}^2\boldsymbol{b},\cdots,\boldsymbol{A}^{2n-1}\boldsymbol{b}]\begin{bmatrix}f_0(t_1)\\f_1(t_1)\\f_2(t_1)\\\vdots\\f_{2n-1}(t_1)\end{bmatrix}=\boldsymbol{Pf}(t_1)\end{aligned}\tag{3-8}$$

由此可见

$$\boldsymbol{P}=[\boldsymbol{b},\boldsymbol{Ab},\boldsymbol{A}^2\boldsymbol{b},\cdots,\boldsymbol{A}^{2n-1}\boldsymbol{b}]\tag{3-9}$$

的秩等于 $2n$ 是方程有解的充要条件。假设系统在 t_1 时刻的状态为 $\boldsymbol{y}(t_1)$，若 $\boldsymbol{P}$ 矩阵的秩为 $2n$，则由方程(3-8)可以解得

$$\boldsymbol{f}(t_1)=\boldsymbol{P}^{-1}\boldsymbol{y}(t_1)\tag{3-10}$$

即系统的状态可以通过输入的控制作用而转移到任意所需的状态。

由以上分析可以得出如下定理。

定理 3-1[1,2]　对于线性定常系统

$$\dot{\boldsymbol{y}}=\boldsymbol{Ay}+\boldsymbol{Bu}(t)\tag{3-11}$$

其中，$\boldsymbol{y}\in\Re^{2n\times1}$；$\boldsymbol{A}\in\Re^{2n\times2n}$；$\boldsymbol{B}\in\Re^{2n\times r}$；$\boldsymbol{u}(t)\in\Re^{r\times1}$。系统能控的充要条件是它的能控性矩阵的秩为 $2n$，即

$$\mathrm{rank}[\boldsymbol{B},\boldsymbol{AB},\boldsymbol{A}^2\boldsymbol{B},\cdots,\boldsymbol{A}^{2n-1}\boldsymbol{B}]=2n\tag{3-12}$$

例 3-2　考虑如图 3-2 所示的三自由度质量-弹簧系统，设定 $m_1=m_2=m_3=m=1\mathrm{kg}$，$k=1\mathrm{N/m}$，试判定控制力分别作用在 m_1、m_2 和 m_3 时系统的能控性。

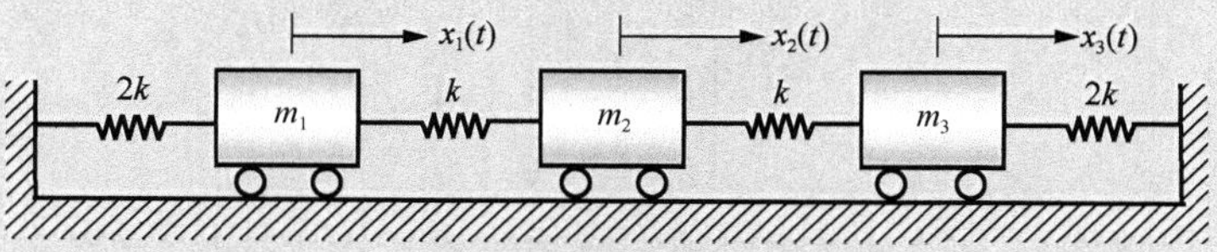

图 3-2　三自由度质量-弹簧系统

解　系统的动力学方程为

$$\boldsymbol{M}\ddot{\boldsymbol{x}}+\boldsymbol{Kx}=\boldsymbol{d}u(t)\tag{a}$$

其中

$$\boldsymbol{x}=\begin{bmatrix}x_1(t)\\x_2(t)\\x_3(t)\end{bmatrix},\quad\boldsymbol{M}=\begin{bmatrix}m&0&0\\0&m&0\\0&0&m\end{bmatrix},\quad\boldsymbol{K}=\begin{bmatrix}3k&-k&0\\-k&2k&-k\\0&-k&3k\end{bmatrix}$$

$\boldsymbol{d}$ 为控制力位置矩阵；$u(t)$表示控制力。当控制力分别作用在m_1、m_2和m_3时，有$\boldsymbol{d}$等于$[1,0,0]^{\mathrm{T}}$、$[0,1,0]^{\mathrm{T}}$和$[0,0,1]^{\mathrm{T}}$。

系统的状态方程为

$$\dot{\boldsymbol{y}} = \boldsymbol{A}\boldsymbol{y} + \boldsymbol{b}u \tag{b}$$

其中，$\boldsymbol{y}=\begin{bmatrix}\boldsymbol{x}\\ \dot{\boldsymbol{x}}\end{bmatrix}$；$\boldsymbol{A}=\begin{bmatrix}\boldsymbol{0} & \boldsymbol{I}\\ -\boldsymbol{M}^{-1}\boldsymbol{K} & \boldsymbol{0}\end{bmatrix}$；$\boldsymbol{b}=\begin{bmatrix}\boldsymbol{0}\\ \boldsymbol{M}^{-1}\boldsymbol{d}\end{bmatrix}$。

考虑控制力作用在m_1上的情况，此时的系统能控性判别矩阵为

$$\boldsymbol{P}=[\boldsymbol{b},\boldsymbol{A}\boldsymbol{b},\cdots,\boldsymbol{A}^5\boldsymbol{b}]=\begin{bmatrix}0&1&0&-3&0&10\\0&0&0&1&0&-5\\0&0&0&0&0&1\\1&0&-3&0&10&0\\0&0&1&0&-5&0\\0&0&0&0&1&0\end{bmatrix} \tag{c}$$

计算可得$\mathrm{rank}[\boldsymbol{P}]=6$，即$\boldsymbol{P}$矩阵满秩，故系统是可控的。

当控制力作用在m_2上时，有

$$\boldsymbol{P}=[\boldsymbol{b},\boldsymbol{A}\boldsymbol{b},\cdots,\boldsymbol{A}^5\boldsymbol{b}]=\begin{bmatrix}0&0&0&1&0&-5\\0&1&0&-2&0&6\\0&0&0&1&0&-5\\0&0&1&0&-5&0\\1&0&-2&0&6&0\\0&0&1&0&-5&0\end{bmatrix} \tag{d}$$

此时$\mathrm{rank}[\boldsymbol{P}]=4$，不满秩，故可判断系统是不可控的。

类似地，当控制力作用在m_3上时，有

$$\boldsymbol{P}=[\boldsymbol{b},\boldsymbol{A}\boldsymbol{b},\cdots,\boldsymbol{A}^5\boldsymbol{b}]=\begin{bmatrix}0&0&0&0&0&1\\0&0&0&1&0&-5\\0&1&0&-3&0&10\\0&0&0&0&1&0\\0&0&1&0&-5&0\\1&0&-3&0&10&0\end{bmatrix} \tag{e}$$

此时$\mathrm{rank}[\boldsymbol{P}]=6$，即系统是可控的。

从上面的分析可以看到，系统的可控性与控制力位置的选取密切相关。为了能够清楚地解释上述结果，将动力学方程转换到模态空间，系统的模态矩阵为

$$\boldsymbol{\Phi}=\begin{bmatrix}1&-1&1\\2&0&-1\\1&1&1\end{bmatrix} \tag{f}$$

结构的振型图如图 3-3 所示。

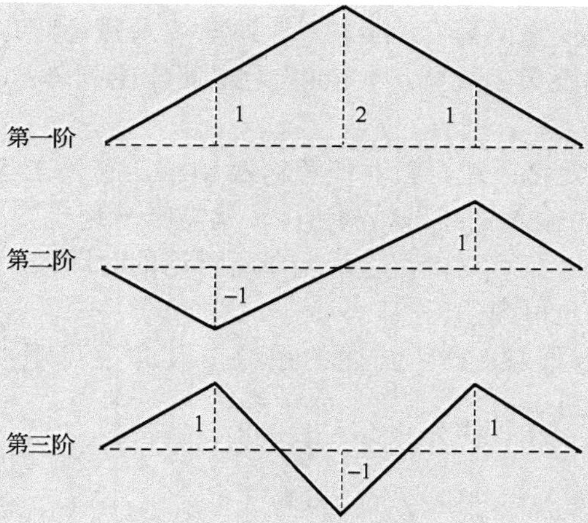

图 3-3　三自由系统振型图

利用模态矩阵，将系统动力学方程转到模态空间，有

$$\boldsymbol{M}_p\ddot{\boldsymbol{\eta}}+\boldsymbol{K}_p\boldsymbol{\eta}=\boldsymbol{d}_p u(t) \tag{g}$$

其中，$\boldsymbol{\eta}=[\eta_1,\eta_2,\eta_3]^{\mathrm{T}}$ 为模态坐标列阵；$\boldsymbol{M}_p=\boldsymbol{\Phi}^{\mathrm{T}}\boldsymbol{M}\boldsymbol{\Phi}=\mathrm{diag}[6m,2m,3m]$；$\boldsymbol{K}_p=\boldsymbol{\Phi}^{\mathrm{T}}\boldsymbol{K}\boldsymbol{\Phi}=\mathrm{diag}[6k,6k,12k]$；$\boldsymbol{d}_p=\boldsymbol{\Phi}^{\mathrm{T}}\boldsymbol{d}$。

当控制力位于 m_2 上时，由振型图可以看出，此时控制力作用在第二阶振型的节点上，计算可得此时 $\boldsymbol{d}_p=[2,0,-1]^{\mathrm{T}}$，因此控制力将无法对系统的第二阶模态进行控制，这就是系统在当前情况下不可控的原因。当控制力分别位于 m_1 和 m_3 时，可以计算得到此时的 $\boldsymbol{d}_p$ 矩阵分别为 $[1,-1,1]^{\mathrm{T}}$ 和 $[1,1,1]^{\mathrm{T}}$，故这两种情况下系统是可控的。

当采用两个控制力对系统振动进行控制时，例如 m_1 和 m_2、m_2 和 m_3、m_1 和 m_3，都有 $\mathrm{rank}[\boldsymbol{P}]=6$，因此系统都是能控的。

由以上计算得出结论，系统的能控性与结构的振型节点位置密切相关，控制力位置应该尽可能地避开节点位置。

3.2.3　系统可观性

在实践中常会遇到这样的问题：系统的状态变量不能直接测量，能否根据系统的输出把这些状态变量确定下来？这就是系统的可观性问题。在现代控制理论中，这个问题很重要。如果能通过输出变量把状态变量确定出来，那么尽管这些状态变量不能直接获得，但仍可能用它们来进行反馈，从而实现最优控制。否则只能用输出变量来进行反馈，这样就难以获得最优的控制效果。

考虑如下线性定常连续时间控制系统：

$$\begin{cases}\dot{y}=\boldsymbol{A}y+\boldsymbol{B}u(t)\\ z=\boldsymbol{E}y\end{cases} \tag{3-13}$$

其中，$\boldsymbol{y}\in\Re^{2n\times1}$ 为状态变量列阵；$\boldsymbol{A}\in\Re^{2n\times2n}$ 为系统系数矩阵；$\boldsymbol{u}(t)\in\Re^{r\times1}$ 为控制力列阵；$\boldsymbol{B}\in\Re^{2n\times r}$ 为控制位置指示矩阵；$\boldsymbol{z}\in\Re^{l\times1}$ 为观测输出列阵；$\boldsymbol{E}\in\Re^{l\times2n}$ 为观测输出系数矩阵。

对上述描述的线性定常系统，若对任意输入 $\boldsymbol{u}(t)$，总存在有限的时间 $t_1\geqslant t_0$，使得根据区间 $t_0\leqslant t\leqslant t_1$ 上的输入 $\boldsymbol{u}(t)$ 和观测 $\boldsymbol{z}(t)$，就能唯一地确定出系统在时刻 t_0 的状态 $\boldsymbol{y}(t_0)$，那么就称系统在 t_0 是可观的。若系统在所讨论的时间区间上，每一个时刻都是可观的，那就说系统是完全可观的。

定理 3-2[1,2]　由方程(3-13)所描述的系统，其完全可观的充分必要条件是如下 $2ln\times2n$ 矩阵 $\boldsymbol{P}$ 的秩为 $2n$。

$$\boldsymbol{P}=\begin{bmatrix}\boldsymbol{E}\\ \boldsymbol{EA}\\ \vdots\\ \boldsymbol{EA}^{2n-1}\end{bmatrix} \tag{3-14}$$

其中，$\boldsymbol{P}$ 为可观性矩阵。当上面的条件得到满足时，称矩阵偶 $[\boldsymbol{A}\quad\boldsymbol{E}]$ 是可观的。当系统的输出为标量时，即当矩阵 $\boldsymbol{E}$ 为 $1\times2n$ 的行向量时，可观性矩阵 $\boldsymbol{P}$ 是一个 $2n\times2n$ 方阵。在此情况下，系统完全可观的充要条件是方阵 $\boldsymbol{P}$ 非奇异。

证明：状态方程的解可以写为

$$\boldsymbol{y}(t)=\mathrm{e}^{\boldsymbol{A}(t-t_0)}\boldsymbol{y}(t_0)+\int_{t_0}^{t}\mathrm{e}^{\boldsymbol{A}(t-\tau)}\boldsymbol{Bu}(\tau)\mathrm{d}\tau \tag{3-15}$$

由输出方程可得

$$\boldsymbol{z}(t)=\boldsymbol{Ey}(t)=\boldsymbol{E}\mathrm{e}^{\boldsymbol{A}(t-t_0)}\boldsymbol{y}(t_0)+\boldsymbol{E}\int_{t_0}^{t}\mathrm{e}^{\boldsymbol{A}(t-\tau)}\boldsymbol{Bu}(\tau)\mathrm{d}\tau \tag{3-16}$$

由于 $\boldsymbol{u}(t)$ 是给定函数，方程(3-16)中的积分项是与 $\boldsymbol{z}(t)$ 维数相同的已知函数。所以根据 $\boldsymbol{z}(t)$ 来求解 $\boldsymbol{y}(t_0)$ 与根据 $\boldsymbol{z}(t)-\boldsymbol{E}\int_{t_0}^{t}\mathrm{e}^{\boldsymbol{A}(t-\tau)}\boldsymbol{Bu}(\tau)\mathrm{d}\tau$ 来求解 $\boldsymbol{y}(t_0)$ 是完全等价的。由于所讨论的系统是线性定常的，不失一般性，可以假定 $t_0=0$。这样，所研究的问题就变成由方程(3-17)来确定 $\boldsymbol{y}(0)$。

$$\boldsymbol{z}(t)=\boldsymbol{E}\mathrm{e}^{\boldsymbol{A}t}\boldsymbol{y}(0) \tag{3-17}$$

利用凯莱-哈密顿定理，可知

$$\mathrm{e}^{\boldsymbol{A}t}=\sum_{i=0}^{2n-1}a_i(t)\boldsymbol{A}^i \tag{3-18}$$

将其代入方程(3-17)，可得

$$\boldsymbol{z}(t)=\sum_{i=0}^{2n-1}a_i(t)\boldsymbol{EA}^i\boldsymbol{y}(0) \tag{3-19}$$

或写成

$$\boldsymbol{z}(t)=a_0(t)\boldsymbol{Ey}(0)+a_1(t)\boldsymbol{EAy}(0)+\cdots+a_{2n-1}(t)\boldsymbol{EA}^{2n-1}\boldsymbol{y}(0) \tag{3-20}$$

方程(3-20)表明，根据在时间区间 $0\leqslant t\leqslant t_1$ 内的观测 $\boldsymbol{z}(t)$，能把状态 $\boldsymbol{y}(0)$ 唯一地确定出来的充要条件是如下 $2ln\times2n$ 矩阵 $\boldsymbol{P}$ 的秩为 $2n$。

$$P=\begin{bmatrix} E \\ EA \\ \vdots \\ EA^{2n-1} \end{bmatrix} \tag{3-21}$$

就是说，系统完全可观的充要条件是它的可观性矩阵 $\boldsymbol{P}$ 的秩为 $2n$，即 $\text{rank}[\boldsymbol{P}]=2n$。

例 3-3　考虑如图 3-2 所示的三自由度质量-弹簧系统，设 $m_1=m_2=m_3=m=1\text{kg}$，$k=1\text{N/m}$，试分别判定观测量分别为 m_1、m_2 和 m_3 的位移时系统的能观性。

解　若选取 m_1 的位移为系统的观测量，观测矩阵为 $\boldsymbol{e}=[1,0,0,0,0,0]$，计算得到系统的可观性判别矩阵为

$$\boldsymbol{P}=\begin{bmatrix} \boldsymbol{e} \\ \boldsymbol{eA} \\ \vdots \\ \boldsymbol{eA}^5 \end{bmatrix}=\begin{bmatrix} 1 & 0 & 0 & 0 & 0 & 0 \\ 0 & 0 & 0 & 1 & 0 & 0 \\ -3 & 1 & 0 & 0 & 0 & 0 \\ 0 & 0 & 0 & -3 & 1 & 0 \\ 10 & -5 & 1 & 0 & 0 & 0 \\ 0 & 0 & 0 & 10 & -5 & 1 \end{bmatrix}$$

矩阵 $\boldsymbol{P}$ 的秩为 6，满秩，故系统是可观测的。

若选取 m_2 的位移为观测量，$\boldsymbol{e}=[0,1,0,0,0,0]$，可以计算得 $\text{rank}[\boldsymbol{P}]=4$，不满秩，故系统是不可观测的，其原因与例 3-2 中的解释类似。若选取 m_3 的位移为观测量，$\boldsymbol{e}=[0,0,1,0,0,0]$，$\text{rank}[\boldsymbol{P}]=6$，故系统是可观测的。另外还可以验证，当采用两个位移量作为观测量时，例如 m_1 和 m_2、m_2 和 m_3、m_1 和 m_3，都有 $\text{rank}[\boldsymbol{P}]=6$，此时系统都是可观测的。

当采用速度作为观测量时，仿真结果显示，除了不单独采用 m_2 的速度作为唯一观测量外，系统都是可观测的。

由以上计算得出结论，系统的可观性与观测点位置的选取密切相关，传感器的位置应该尽可能地避开结构振型的节点位置，尤其不能选择节点处的位移或速度作为唯一观测量。

3.3　最优控制设计

考虑如下线性定常连续时间控制系统：

$$\dot{\boldsymbol{y}}=\boldsymbol{Ay}+\boldsymbol{Bu}(t) \tag{3-22}$$

其中，$\boldsymbol{y}\in\Re^{2n\times1}$ 为状态变量列阵；$\boldsymbol{A}\in\Re^{2n\times2n}$ 为系统系数矩阵；$\boldsymbol{u}(t)\in\Re^{r\times1}$ 为控制力列阵；$\boldsymbol{B}\in\Re^{2n\times r}$ 为控制位置指示矩阵。

常见的主动控制问题，视其对控制对象的要求可以分为两类。

1) **调节器问题**。当控制对象不处于平衡状态或有偏离平衡状态的趋势时，对它加以控制使它回到平衡状态，此即调节器问题。

2) **伺服机问题**。对控制对象施加控制，使它的输出按某种规律而变化的问题，称为

伺服机问题。比如，让系统的响应按照某种预设的规律进行运动。

本节将分别对这两种控制问题进行阐述。

3.3.1　性能指标

在线性最优控制理论中，最优控制的设计应使得某一性能指标取极小值。对于线性定常控制系统，常采用如下形式的二次型性能指标。

$$J = \frac{1}{2}\boldsymbol{y}^{\mathrm{T}}(t_1)\boldsymbol{S}\boldsymbol{y}(t_1) + \frac{1}{2}\int_{t_0}^{t_1}[\boldsymbol{y}^{\mathrm{T}}(t)\boldsymbol{Q}\boldsymbol{y}(t) + \boldsymbol{u}^{\mathrm{T}}(t)\boldsymbol{R}\boldsymbol{u}(t)]\mathrm{d}t \tag{3-23}$$

其中，矩阵 $\boldsymbol{S} \in \Re^{2n\times 2n}$ 和 $\boldsymbol{Q} \in \Re^{2n\times 2n}$ 是半正定对称常值矩阵；$\boldsymbol{R} \in \Re^{r\times r}$ 是正定对称常值矩阵。之所以如此要求，下面加以说明。

对于一个振动控制系统的调节问题，目的是要使系统从非零状态转移到零状态，即平衡位置，这种转移从理论上讲当然越快越好。但是，要使它越快，控制 $\boldsymbol{u}$ 就得越强，即控制代价大。实际上，任何控制总是受物理因素的限制，不能是任意大。另一方面，加控制就意味着消耗能量，这里还有一个节省能量的问题。因此，希望控制 $\boldsymbol{u}$ 有界，而且能够小些。要达到此目的，可以采用下述对 $\boldsymbol{u}$ 施加限制的指标。

$$\int_{t_0}^{t_1}\boldsymbol{u}^{\mathrm{T}}(t)\boldsymbol{u}(t)\mathrm{d}t , \qquad \int_{t_0}^{t_1}[\boldsymbol{u}^{\mathrm{T}}(t)\boldsymbol{u}(t)]^{\frac{1}{2}}\mathrm{d}t , \qquad \max_{t\in(t_0,t_1)}\|\boldsymbol{u}(t)\| \tag{3-24}$$

但是，控制 $\boldsymbol{u}$ 的各个分量 u_i 往往并非同等重要，这就需对各个分量进行加权处理，因此常取如下指标以衡量控制代价。

$$\int_{t_0}^{t_1}\boldsymbol{u}^{\mathrm{T}}(t)\boldsymbol{R}\boldsymbol{u}(t)\mathrm{d}t \tag{3-25}$$

不失一般性，且为了简化计算，可设加权矩阵 $\boldsymbol{R}$ 为对称阵。不但如此，$\boldsymbol{R}$ 还是正定矩阵。任何对称矩阵 $\boldsymbol{R}$ 必然与某个对角矩阵 $\boldsymbol{\lambda}$ 相似，设 $\boldsymbol{\lambda}$ 为

$$\boldsymbol{\lambda} = \begin{bmatrix} \lambda_1 & & & 0 \\ & \lambda_2 & & \\ & & \ddots & \\ 0 & & & \lambda_r \end{bmatrix} \tag{3-26}$$

若矩阵 $\boldsymbol{R}$ 正定，则矩阵 $\boldsymbol{\lambda}$ 的主对角线上的各个元素满足

$$\lambda_i > 0 , \qquad i = 1,2,\cdots,r \tag{3-27}$$

若矩阵 $\boldsymbol{R}$ 不正定，则上式不成立，有些 λ_i 就会等于零甚至小于零。取这样的矩阵作加权矩阵就会出现“控制任意变大乃至越大越省能量”的矛盾。再者，在以下计算中需要用到矩阵 $\boldsymbol{R}$ 的逆，若只要求 $\boldsymbol{R}$ 半正定，其逆则不存在。

单对控制 $\boldsymbol{u}$ 提出要求还不够，对系统的状态也有要求。我们当然希望 $\boldsymbol{y}(t)$ 能够尽快地从非零状态转移到零状态，即如下指标越小越好。

$$\int_{t_0}^{t_1}[\boldsymbol{y}^{\mathrm{T}}(t)\boldsymbol{y}(t)]^{\alpha}\mathrm{d}t \tag{3-28}$$

其中，α 是任何正数。考虑到加权，并便于计算，常常取为

$$\int_{t_0}^{t_1}\boldsymbol{y}^{\mathrm{T}}(t)\boldsymbol{Q}\boldsymbol{y}(t)\mathrm{d}t \tag{3-29}$$

其中，加权矩阵 $\boldsymbol{Q}$ 与 $\boldsymbol{R}$ 不同，只需半正定即可，因为状态的某些变量 $y_i(t)$ 可能无关紧要，不必加以限制。

在某些情况下，状态在终点时刻 t_1 的值很重要，比如炮弹的落点，为此可以加一项单独衡量状态终点值的指标：

$$\boldsymbol{y}^{\mathrm{T}}(t_1)\boldsymbol{S}\boldsymbol{y}(t_1) \tag{3-30}$$

其中，$\boldsymbol{S}$ 是半正定常数阵。

以上所述即为引进性能指标方程(3-23)的理由，其中常数因子 1/2 完全是为了简化计算，不加也可以。

3.3.2 控制律设计

以下分别讨论：有限时间的调节器问题、无限时间的调节器问题、伺服机问题。

1. 有限时间的调节器问题

给定 $2n$ 阶结构振动系统的状态方程为

$$\dot{\boldsymbol{y}} = \boldsymbol{A}\boldsymbol{y} + \boldsymbol{B}\boldsymbol{u}(t)\,, \qquad \boldsymbol{y}(t_0) = \boldsymbol{y}_0 \tag{3-31}$$

其中，$\boldsymbol{y}_0$ 为初始状态。需要确定使性能指标

$$J = \frac{1}{2}\int_{t_0}^{t_1}(\boldsymbol{y}^{\mathrm{T}}\boldsymbol{Q}\boldsymbol{y} + \boldsymbol{u}^{\mathrm{T}}\boldsymbol{R}\boldsymbol{u})\mathrm{d}t \tag{3-32}$$

取极小值的最优控制 $\boldsymbol{u}^*(t)$。其中，t_1 是固定的；终态 $\boldsymbol{y}(t_1)$ 是自由的。

解决这个问题可以用最大值原理、变分法或 Hamilton-Jacobi 方程。

最大值原理[1,2]：对于终点时刻 t_1 固定和终态 $\boldsymbol{y}(t_1)$ 自由的 n 阶系统：

$$\dot{y}_i = f_i(y_1,\cdots,y_n,u_1,\cdots,u_r,t) = f_i(\boldsymbol{y},\boldsymbol{u},t)\,, \quad y_i(t_0) = y_{i0}\,, \quad i = 1,2,\cdots,n \tag{3-33}$$

评价系统品质的性能指标为

$$J = \int_{t_0}^{t_1} F(\boldsymbol{y},\boldsymbol{u},t)\mathrm{d}t \tag{3-34}$$

定义 Hamilton 函数为

$$H(\boldsymbol{y},\boldsymbol{P},\boldsymbol{u},t) = -F(\boldsymbol{y},\boldsymbol{u},t) + \boldsymbol{P}^{\mathrm{T}}\boldsymbol{f}(\boldsymbol{y},\boldsymbol{u},t) \tag{3-35}$$

其中，$\boldsymbol{P}(t) = [p_1(t), p_2(t),\cdots, p_n(t)]^{\mathrm{T}}$ 为 Lagrange 乘子列向量。最优控制 $\boldsymbol{u}^*(t)$ 必然使 Hamilton 函数 H 取最大值，变量 $\boldsymbol{y}$ 与 $\boldsymbol{P}$ 满足

$$\begin{cases} \dot{y}_i = \dfrac{\partial H}{\partial p_i}, & i = 1,2,\cdots,n \\[2mm] \dot{p} = -\dfrac{\partial H}{\partial y_i}, & i = 1,2,\cdots,n \end{cases} \tag{3-36}$$

终点条件为 $\boldsymbol{P}(t_1) = \boldsymbol{0}$。

方程(3-31)和方程(3-32)所描述的控制问题是积分型的最优控制问题，Hamilton 函数可表示为

$$H(\boldsymbol{y}, \boldsymbol{P}, \boldsymbol{u}, t) = -\frac{1}{2}(\boldsymbol{y}^{\mathrm{T}}\boldsymbol{Q}\boldsymbol{y} + \boldsymbol{u}^{\mathrm{T}}\boldsymbol{R}\boldsymbol{u}) + \sum_{i=1}^{n} p_i f_i(\boldsymbol{y},\boldsymbol{u},t) \tag{3-37}$$

采用矩阵形式表示有

$$H = -\frac{1}{2}(\boldsymbol{y}^{\mathrm{T}}\boldsymbol{Q}\boldsymbol{y} + \boldsymbol{u}^{\mathrm{T}}\boldsymbol{R}\boldsymbol{u}) + \boldsymbol{P}^{\mathrm{T}}(\boldsymbol{A}\boldsymbol{y} + \boldsymbol{B}\boldsymbol{u}) \tag{3-38}$$

根据最大值原理有

$$-\frac{\partial H}{\partial \boldsymbol{y}} = \dot{\boldsymbol{P}} = \boldsymbol{Q}\boldsymbol{y} - \boldsymbol{A}^{\mathrm{T}}\boldsymbol{P} \tag{3-39}$$

其终点条件为

$$\boldsymbol{P}(t_1) = \boldsymbol{0} \tag{3-40}$$

由于控制 $\boldsymbol{u}$ 没有约束条件，运用最大值原理可得

$$\frac{\partial H}{\partial \boldsymbol{u}} = \boldsymbol{0} = -\boldsymbol{R}\boldsymbol{u} + \boldsymbol{B}^{\mathrm{T}}\boldsymbol{P} \tag{3-41}$$

由此可以解出

$$\boldsymbol{u} = \boldsymbol{R}^{-1}\boldsymbol{B}^{\mathrm{T}}\boldsymbol{P} \tag{3-42}$$

将方程(3-42)代入系统方程(3-31)，并结合方程(3-39)和条件(3-40)，原问题就变成下列两点边值问题。

$$\dot{\boldsymbol{y}} = \boldsymbol{A}\boldsymbol{y} + \boldsymbol{B}\boldsymbol{R}^{-1}\boldsymbol{B}^{\mathrm{T}}\boldsymbol{P}, \qquad \boldsymbol{y}(t_0) = \boldsymbol{y}_0 \tag{3-43}$$

$$\dot{\boldsymbol{P}} = -\boldsymbol{A}^{\mathrm{T}}\boldsymbol{P} + \boldsymbol{Q}\boldsymbol{y}, \qquad \boldsymbol{P}(t_1) = \boldsymbol{0} \tag{3-44}$$

方程(3-43)、方程(3-44)是一组齐次方程。假设伴随方程存在形式为

$$\boldsymbol{P}(t) = -\boldsymbol{Y}\boldsymbol{y}(t) \tag{3-45}$$

的解，其中，$\boldsymbol{Y} \in \Re^{2n\times 2n}$ 是待定的常值矩阵。将其代入方程(3-43)，得到

$$\dot{\boldsymbol{y}} = \boldsymbol{A}\boldsymbol{y} - \boldsymbol{B}\boldsymbol{R}^{-1}\boldsymbol{B}^{\mathrm{T}}\boldsymbol{Y}\boldsymbol{y} \tag{3-46}$$

另一方面，对方程(3-45)两边求导，并代入方程(3-44)，有

$$\dot{\boldsymbol{P}} = -\boldsymbol{Y}\dot{\boldsymbol{y}} = -\boldsymbol{A}^{\mathrm{T}}\boldsymbol{P} + \boldsymbol{Q}\boldsymbol{y} \tag{3-47}$$

利用方程(3-45)和方程(3-46)，移项后，由方程(3-47)可得

$$(\boldsymbol{Y}\boldsymbol{A} + \boldsymbol{A}^{\mathrm{T}}\boldsymbol{Y} - \boldsymbol{Y}\boldsymbol{B}\boldsymbol{R}^{-1}\boldsymbol{B}^{\mathrm{T}}\boldsymbol{Y} + \boldsymbol{Q})\boldsymbol{y} = \boldsymbol{0} \tag{3-48}$$

因为其对所有非零的 $\boldsymbol{y}(t)$ 都成立，这就要求

$$\boldsymbol{Y}\boldsymbol{A} + \boldsymbol{A}^{\mathrm{T}}\boldsymbol{Y} - \boldsymbol{Y}\boldsymbol{B}\boldsymbol{R}^{-1}\boldsymbol{B}^{\mathrm{T}}\boldsymbol{Y} + \boldsymbol{Q} = \boldsymbol{0} \tag{3-49}$$

方程(3-49)是一个矩阵 Riccati 方程。解出方程(3-49)后，由方程(3-45)和方程(3-42)可以得出最优控制为

$$\boldsymbol{u}^*(t) = -\boldsymbol{R}^{-1}\boldsymbol{B}^{\mathrm{T}}\boldsymbol{Y}\boldsymbol{y}(t) = \bar{\boldsymbol{K}}\boldsymbol{y}(t) \tag{3-50}$$

其中，$\bar{\boldsymbol{K}} = -\boldsymbol{R}^{-1}\boldsymbol{B}^{\mathrm{T}}\boldsymbol{Y}$ 为控制反馈增益。由方程(3-50)可以看到，在此情况下得到的反馈规律是线性的。

值得指出，将方程(3-38)所示的 Hamilton 函数 H 对 $\boldsymbol{u}$ 求二阶导数，有

$$\frac{\partial^2 H}{\partial \boldsymbol{u}^2} = -\boldsymbol{R} \tag{3-51}$$

由此可知，$\boldsymbol{R}$ 为正定的条件保证了函数 H 对 $\boldsymbol{u}$ 存在最大值。

2. 无限时间的调节器问题

给定 $2n$ 阶结构振动系统的状态方程为

$$\dot{\boldsymbol{y}} = \boldsymbol{A}\boldsymbol{y} + \boldsymbol{B}\boldsymbol{u}(t), \qquad \boldsymbol{y}(t_0) = \boldsymbol{y}_0 \tag{3-52}$$

其中，$\boldsymbol{y}_0$ 为初始状态。需要确定使性能指标

$$J = \frac{1}{2}\int_{t_0}^{\infty} (\boldsymbol{y}^{\mathrm{T}}\boldsymbol{Q}\boldsymbol{y} + \boldsymbol{u}^{\mathrm{T}}\boldsymbol{R}\boldsymbol{u})\mathrm{d}t \tag{3-53}$$

取极小值的最优控制 $\boldsymbol{u}^*(t)$。不难看出，除了性能指标 J 的积分上限为无穷大外，都同前述的调节器问题完全相同。但因为积分区间为无穷长，这就产生了性能指标值是否收敛的问题。在此给出结论：若原系统具有完全能控性，则问题一定有解，解的形式与有限时间的调节器问题相同。

例 3-4　考虑图 3-1 所示的二自由度系统，设 $m_1 = m_2 = 1\text{kg}$，$k_1 = k_2 = k_3 = 1\text{N/m}$。假定系统的初始条件为 $x_1(0) = 2\text{cm}$，$x_2(0) = 0$，$\dot{x}_1(0)=\dot{x}_2(0) = 0$。在第二个质量上作用有控制力 $u(t)$。试设计最优控制律对结构的振动进行控制。

解　系统的状态方程可表示为

$$\begin{bmatrix} \dot{x}_1 \\ \dot{x}_2 \\ \ddot{x}_1 \\ \ddot{x}_2 \end{bmatrix} = \begin{bmatrix} 0 & 0 & 1 & 0 \\ 0 & 0 & 0 & 1 \\ -2 & 1 & 0 & 0 \\ 1 & -1 & 0 & 0 \end{bmatrix} \begin{bmatrix} x_1 \\ x_2 \\ \dot{x}_1 \\ \dot{x}_2 \end{bmatrix} + \begin{bmatrix} 0 \\ 0 \\ 0 \\ 0 \end{bmatrix} + \begin{bmatrix} 0 \\ 0 \\ 0 \\ 1 \end{bmatrix} u(t)$$

设置状态变量和控制输入的权重矩阵为

$$\boldsymbol{Q} = 10^4 \times \mathrm{diag}(1,1,1,1), \qquad R = 100$$

根据式(3-49)和式(3-50)，可计算得到最优控制的反馈增益矩阵为

$$\bar{\boldsymbol{K}} = [-11.94 \;\; 15.75 \;\; 8.17 \;\; 11.47]$$

利用控制律对结构进行控制，仿真结果如图 3-4 所示。可以看出，结构响应得到了良好控制。

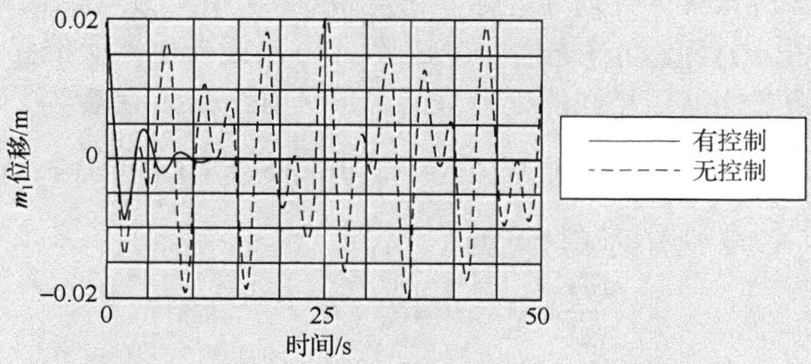

(a) m_1位移

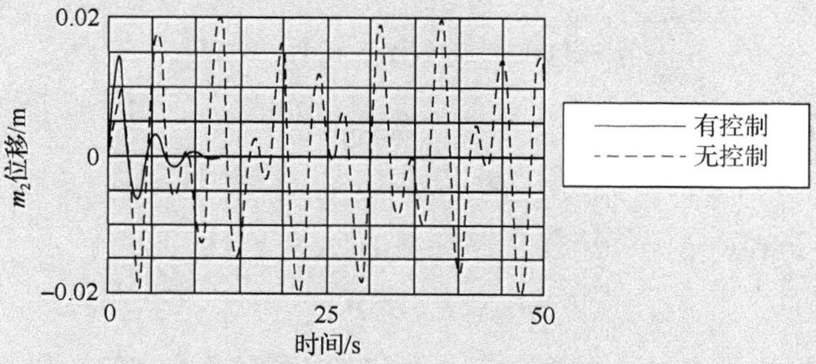

(b) m_2位移

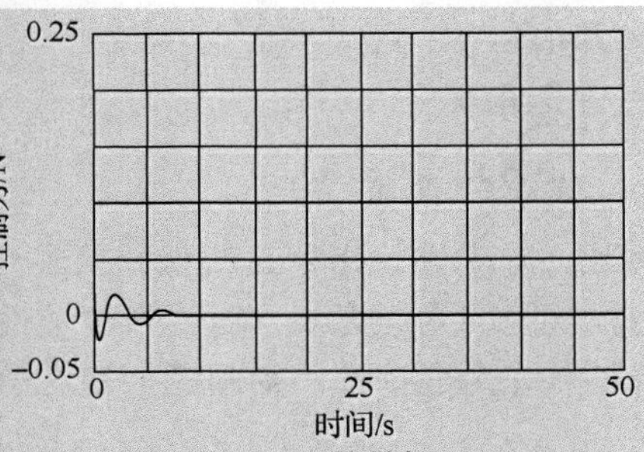

（c）控制力

图 3-4　控制仿真结果

3. 伺服机问题

以上讨论的调节器问题根据实际需要，可以做种种推广。比如让系统的输出跟踪某一指定的状态 $\boldsymbol{y}_d(t)$，这就是所谓伺服机问题。

给定 $2n$ 阶结构振动系统的状态方程和输出方程为

$$\begin{cases}\dot{\boldsymbol{y}} = \boldsymbol{A}\boldsymbol{y} + \boldsymbol{B}\boldsymbol{u}(t), \quad \boldsymbol{y}(t_0) = \boldsymbol{y}_0 \\ \boldsymbol{z} = \boldsymbol{E}\boldsymbol{y}\end{cases} \tag{3-54}$$

其中，$\boldsymbol{y} \in \Re^{2n\times1}$；$\boldsymbol{A} \in \Re^{2n\times2n}$；$\boldsymbol{u}(t) \in \Re^{r\times1}$；$\boldsymbol{B} \in \Re^{2n\times r}$；$\boldsymbol{z} \in \Re^{l\times1}$；$\boldsymbol{E} \in \Re^{l\times2n}$；各个变量物理含义与公式(3-13)中相同。

取性能指标为

$$J = \frac{1}{2}\int_{t_0}^{t_1}\left[(\boldsymbol{z} - \boldsymbol{y}_d)^{\mathrm{T}}\boldsymbol{Q}(\boldsymbol{z} - \boldsymbol{y}_d) + \boldsymbol{u}^{\mathrm{T}}\boldsymbol{R}\boldsymbol{u}\right]\mathrm{d}t \tag{3-55}$$

其中，$\boldsymbol{Q} \in \Re^{2n\times2n}$ 和 $\boldsymbol{R} \in \Re^{r\times r}$ 分别为对称半正定和对称正定。现在的问题是，确定最优控制 $\boldsymbol{u}^*$ 使系统的输出 $\boldsymbol{z}(t)$ 跟踪 l 维连续向量函数 $\boldsymbol{y}_d(t)$，或者使性能指标(3-55)取极小值。

采用和解决调节器问题相同的处理方法，定义 Hamilton 函数为

$$H(\boldsymbol{y},\boldsymbol{P},\boldsymbol{u},t) = -\frac{1}{2}(\boldsymbol{E}\boldsymbol{y} - \boldsymbol{y}_d)^{\mathrm{T}}\boldsymbol{Q}(\boldsymbol{E}\boldsymbol{y} - \boldsymbol{y}_d) - \frac{1}{2}\boldsymbol{u}^{\mathrm{T}}\boldsymbol{R}\boldsymbol{u} + \boldsymbol{P}^{\mathrm{T}}(\boldsymbol{A}\boldsymbol{y} + \boldsymbol{B}\boldsymbol{u}) \tag{3-56}$$

应用最大值原理，因 $\boldsymbol{u}$ 没有约束，可得

$$\frac{\partial H}{\partial \boldsymbol{u}} = \boldsymbol{0} = -\boldsymbol{R}\boldsymbol{u}(t) + \boldsymbol{B}^{\mathrm{T}}\boldsymbol{P} \tag{3-57}$$

及

$$\frac{\partial H}{\partial \boldsymbol{y}} = -\dot{\boldsymbol{P}} = -\boldsymbol{E}^{\mathrm{T}}\boldsymbol{Q}(\boldsymbol{E}\boldsymbol{y} - \boldsymbol{y}_d) + \boldsymbol{A}^{\mathrm{T}}\boldsymbol{P} \tag{3-58}$$

由于终点状态 $\boldsymbol{y}(t_1)$ 是自由的，$\boldsymbol{P}(t)$ 的终点条件为

$$\boldsymbol{P}(t_1) = \boldsymbol{0} \tag{3-59}$$

由方程(3-57)可解出

$$\boldsymbol{u}(t) = \boldsymbol{R}^{-1}\boldsymbol{B}^{\mathrm{T}}\boldsymbol{P} \tag{3-60}$$

将它代入系统状态方程(3-54)，并结合方程(3-58)和条件(3-59)，原问题就变成如下的

两点边值问题。

$$\dot{\boldsymbol{y}} = \boldsymbol{A}\boldsymbol{y} + \boldsymbol{B}\boldsymbol{R}^{-1}\boldsymbol{B}^{\mathrm{T}}\boldsymbol{P}, \quad \boldsymbol{y}(t_0) = \boldsymbol{y}_0 \tag{3-61}$$

$$\dot{\boldsymbol{P}} = -\boldsymbol{A}^{\mathrm{T}}\boldsymbol{P} + \boldsymbol{E}^{\mathrm{T}}\boldsymbol{Q}(\boldsymbol{E}\boldsymbol{y} - \boldsymbol{y}_d), \quad \boldsymbol{P}(t_1) = \boldsymbol{0} \tag{3-62}$$

与调节器问题不一样，方程(3-61)和方程(3-62)中多了向量函数 $\boldsymbol{y}_d$，变成了非齐次方程，设解为

$$\boldsymbol{P}(t) = -\boldsymbol{Y}\boldsymbol{y}(t) + \boldsymbol{\eta}(t) \tag{3-63}$$

将它代入方程(3-61)和方程(3-62)，并加以整理得

$$(-\dot{\boldsymbol{Y}} - \boldsymbol{Y}\boldsymbol{A} - \boldsymbol{A}^{\mathrm{T}}\boldsymbol{Y} + \boldsymbol{Y}\boldsymbol{B}\boldsymbol{R}^{-1}\boldsymbol{B}^{\mathrm{T}}\boldsymbol{Y} - \boldsymbol{E}^{\mathrm{T}}\boldsymbol{Q}\boldsymbol{E})\boldsymbol{y} = -\dot{\boldsymbol{\eta}} - \boldsymbol{A}^{\mathrm{T}}\boldsymbol{\eta} + \boldsymbol{Y}\boldsymbol{B}\boldsymbol{R}^{-1}\boldsymbol{B}^{\mathrm{T}}\boldsymbol{\eta} - \boldsymbol{E}^{\mathrm{T}}\boldsymbol{Q}\boldsymbol{y}_d \tag{3-64}$$

其中，左端为时间函数与状态变量 $\boldsymbol{y}$ 的乘积，而右端单纯是个时间函数，要使其对所有的状态变量 $\boldsymbol{y}$ 成立，只能是

$$-\dot{\boldsymbol{Y}} - \boldsymbol{Y}\boldsymbol{A} - \boldsymbol{A}^{\mathrm{T}}\boldsymbol{Y} + \boldsymbol{Y}\boldsymbol{B}\boldsymbol{R}^{-1}\boldsymbol{B}^{\mathrm{T}}\boldsymbol{Y} - \boldsymbol{E}^{\mathrm{T}}\boldsymbol{Q}\boldsymbol{E} = \boldsymbol{0}$$

$$-\dot{\boldsymbol{\eta}} - \boldsymbol{A}^{\mathrm{T}}\boldsymbol{\eta} + \boldsymbol{Y}\boldsymbol{B}\boldsymbol{R}^{-1}\boldsymbol{B}^{\mathrm{T}}\boldsymbol{\eta} - \boldsymbol{E}^{\mathrm{T}}\boldsymbol{Q}\boldsymbol{y}_d = \boldsymbol{0}$$

即

$$-\dot{\boldsymbol{Y}} = \boldsymbol{Y}\boldsymbol{A} + \boldsymbol{A}^{\mathrm{T}}\boldsymbol{Y} - \boldsymbol{Y}\boldsymbol{B}\boldsymbol{R}^{-1}\boldsymbol{B}^{\mathrm{T}}\boldsymbol{Y} + \boldsymbol{E}^{\mathrm{T}}\boldsymbol{Q}\boldsymbol{E} \tag{3-65}$$

$$-\dot{\boldsymbol{\eta}} = \boldsymbol{A}^{\mathrm{T}}\boldsymbol{\eta} - \boldsymbol{Y}\boldsymbol{B}\boldsymbol{R}^{-1}\boldsymbol{B}^{\mathrm{T}}\boldsymbol{\eta} + \boldsymbol{E}^{\mathrm{T}}\boldsymbol{Q}\boldsymbol{y}_d \tag{3-66}$$

根据方程(3-59)和方程(3-63)，可知 $\boldsymbol{Y}(t)$ 和 $\boldsymbol{\eta}(t)$ 的终点条件分别是

$$\boldsymbol{Y}(t_1) = \boldsymbol{0} \tag{3-67}$$

$$\boldsymbol{\eta}(t_1) = \boldsymbol{0} \tag{3-68}$$

解出方程(3-65)和方程(3-66)满足终点条件(3-67)和条件(3-68)的解，运用方程(3-60)和方程(3-63)，就可以求出最优控制为

$$\boldsymbol{u}^*(t) = -\boldsymbol{R}^{-1}\boldsymbol{B}^{\mathrm{T}}[\boldsymbol{Y}\boldsymbol{y}(t) - \boldsymbol{\eta}(t)] \tag{3-69}$$

由此看出，方程(3-69)实际上包含两项：一项是状态 $\boldsymbol{y}(t)$ 的线性函数，与调节器问题的解(3-40)相同，代表负反馈的调节作用；另一项是 $\boldsymbol{\eta}(t)$ 的线性函数，由方程(3-66)可见，$\boldsymbol{\eta}(t)$ 是取决于 $\boldsymbol{y}_d(t)$ 的，所以它代表由跟踪值 $\boldsymbol{y}_d(t)$ 产生的一种驱动作用。

以上的讨论是对终点时刻 t_1 为有限值而言的。当 t_1 为无穷大时，根据终点条件(3-67)和条件(3-68)可知，方程(3-65)和方程(3-66)右端导数项皆为零，由方程(3-66)求出 $\boldsymbol{\eta}(t)$ 并代入方程(3-69)，整理后可得最优控制为[1,2]

$$\boldsymbol{u}^*(t) = -\boldsymbol{R}^{-1}\boldsymbol{B}^{\mathrm{T}}\boldsymbol{Y}\boldsymbol{y}(t) + \boldsymbol{R}^{-1}\boldsymbol{B}^{\mathrm{T}}[\boldsymbol{Y}\boldsymbol{B}\boldsymbol{R}^{-1}\boldsymbol{B}^{\mathrm{T}} - \boldsymbol{A}^{\mathrm{T}}]^{-1}\boldsymbol{E}^{\mathrm{T}}\boldsymbol{Q}\boldsymbol{y}_d \tag{3-70}$$

其中，$\boldsymbol{Y}$ 满足如下李雅普诺夫方程：

$$\boldsymbol{Y}\boldsymbol{A} + \boldsymbol{A}^{\mathrm{T}}\boldsymbol{Y} - \boldsymbol{Y}\boldsymbol{B}\boldsymbol{R}^{-1}\boldsymbol{B}^{\mathrm{T}}\boldsymbol{Y} + \boldsymbol{E}^{\mathrm{T}}\boldsymbol{Q}\boldsymbol{E} = \boldsymbol{0} \tag{3-71}$$

例 3-5[3,4]　考虑如图 3-5 所示的中心刚体-柔性梁系统，该系统的结构模型在许多工程领域都有应用，如航天器、机械臂、大型涡轮机叶片等。中心刚体绕铰支点做平面大范围旋转运动，柔性梁在随系统大范围旋转运动的同时也会产生自身的弹性振动，这两种运动相互耦合、相互影响，构成了刚柔耦合动力学系统。E 为材料弹性模量，I 为截面对中性轴的惯性矩，ρ 为单位体积梁的质量，A 为横截面积。图 3-5 中，L 为长度，r_A 为中心刚体的半径。试设计最优控制器，以实现点点运动控制和旋转运动控制。点点运

动控制是控制系统由某一位置到达另一位置，旋转运动控制是控制系统按某一指定角速度进行旋转运动。

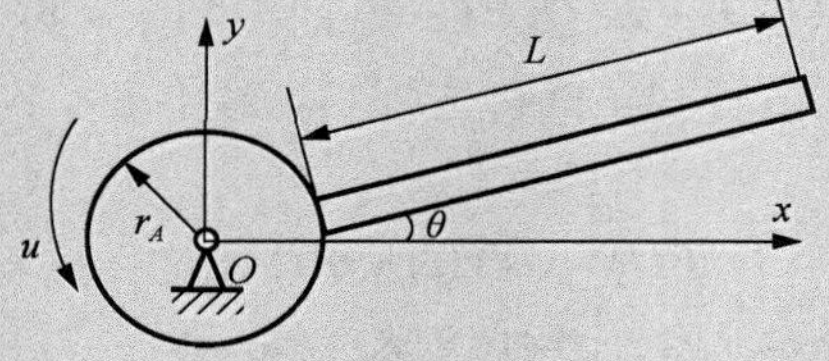

图 3-5　中心刚体-柔性梁系统

解　参考文献[3]、[4]，截取柔性梁的前 n 阶模态并采用 Hamilton 变分原理，可以建立起系统的动力学模型为

$$\begin{bmatrix} J_H+M_{\theta\theta} & \boldsymbol{M}_{\theta\eta} \\ \boldsymbol{M}_{\eta\theta} & \boldsymbol{M}_{\eta\eta} \end{bmatrix}\begin{bmatrix} \ddot{\theta} \\ \ddot{\boldsymbol{\eta}} \end{bmatrix}+\begin{bmatrix} \tilde{C}_{11} & \tilde{\boldsymbol{C}}_{12} \\ \tilde{\boldsymbol{C}}_{12}^{\mathrm{T}} & \tilde{\boldsymbol{C}}_{22} \end{bmatrix}\begin{bmatrix} \dot{\theta} \\ \dot{\boldsymbol{\eta}} \end{bmatrix}+\begin{bmatrix} 0 & \boldsymbol{0} \\ \boldsymbol{0} & \boldsymbol{K}_{\eta\eta} \end{bmatrix}\begin{bmatrix} \theta \\ \boldsymbol{\eta} \end{bmatrix}=\begin{bmatrix} Q_\theta \\ \boldsymbol{0} \end{bmatrix}+\begin{bmatrix} u(t) \\ \boldsymbol{0} \end{bmatrix} \tag{a}$$

其中，$\theta\in\Re^{1\times1}$ 为系统大范围运动角位移；$\boldsymbol{\eta}\in\Re^{n\times1}$ 为柔性梁的横向振动模态坐标列向量；J_H 为中心刚体的转动惯量；$M_{\theta\theta}\in\Re^{1\times1}$ 为柔性梁的转动惯量；$\boldsymbol{M}_{\eta\eta}\in\Re^{n\times n}$ 为柔性梁的横向振动的广义弹性质量阵；$\boldsymbol{M}_{\theta\eta}\in\Re^{1\times n}$ 和 $\boldsymbol{M}_{\eta\theta}\in\Re^{n\times1}$ 为大范围运动和柔性梁弹性变形之间的非线性惯性耦合；$\tilde{C}_{11}$、$\tilde{\boldsymbol{C}}_{12}$、$\tilde{\boldsymbol{C}}_{22}$ 分别为相应的阻尼项，且分别考虑了中心刚体轴承处的黏性阻尼、柔性梁迎风面的黏性阻尼和平方阻尼；$\boldsymbol{K}_{\eta\eta}\in\Re^{n\times n}$ 为刚度阵；$Q_\theta\in\Re^{1\times1}$ 为惯性力项；$u(t)\in\Re^{1\times1}$ 为作用在中心刚体上的控制力矩。动力学方程中的变量分别表达为

$$M_{\theta\theta}=J_1+\boldsymbol{q}^{\mathrm{T}}\boldsymbol{M}\boldsymbol{q}-\boldsymbol{q}^{\mathrm{T}}(r_A\boldsymbol{D}_0+\boldsymbol{D}_1)\boldsymbol{q} \tag{b}$$

$$\boldsymbol{M}_{\theta\eta}=\boldsymbol{M}_{\eta\theta}^{\mathrm{T}}=r_A\boldsymbol{U}_{02}+\boldsymbol{U}_{12} \tag{c}$$

$$\boldsymbol{M}_{\eta\eta}=\boldsymbol{M}=\int_0^L\rho A\boldsymbol{\Phi}^{\mathrm{T}}\boldsymbol{\Phi}\,\mathrm{d}x \tag{d}$$

$$\boldsymbol{K}_{\eta\eta}=\boldsymbol{K}-\dot{\theta}^2\boldsymbol{M}+\dot{\theta}^2(r_A\boldsymbol{D}_0+\boldsymbol{D}_1) \tag{e}$$

$$Q_\theta=-2\dot{\theta}[\boldsymbol{q}^{\mathrm{T}}\boldsymbol{M}\dot{\boldsymbol{q}}-\boldsymbol{q}^{\mathrm{T}}(r_A\boldsymbol{D}_0+\boldsymbol{D}_1)\dot{\boldsymbol{q}}] \tag{f}$$

$$\begin{aligned}\tilde{C}_{11}=C_H+\frac{\beta_1}{\rho A}M_{\theta\theta}+\frac{\beta_2\dot{\theta}\,\mathrm{sign}(\dot{\theta})}{\rho A}[&C_J+\boldsymbol{q}^{\mathrm{T}}(r_A\boldsymbol{M}+\boldsymbol{U}_{13})\boldsymbol{q}\\&-\boldsymbol{q}^{\mathrm{T}}(r_A^2\boldsymbol{D}_0+2r_A\boldsymbol{D}_1+\boldsymbol{D}_2)\boldsymbol{q}]\end{aligned} \tag{g}$$

$$\tilde{\boldsymbol{C}}_{12}=\frac{\beta_1}{\rho A}\boldsymbol{M}_{\theta\eta}+\frac{\beta_2\dot{\theta}\,\mathrm{sign}(\dot{\theta})}{\rho A}\left[r_A^2\boldsymbol{U}_{02}^{\mathrm{T}}+2r_A\boldsymbol{U}_{12}^{\mathrm{T}}+\int_0^L\rho Ax^2\boldsymbol{\Phi}^{\mathrm{T}}\mathrm{d}x\right]^{\mathrm{T}} \tag{h}$$

$$\tilde{\boldsymbol{C}}_{22}=(\alpha+\frac{\beta_1}{\rho A})\boldsymbol{M}+\frac{\beta_2\dot{\theta}\,\mathrm{sign}(\dot{\theta})}{\rho A}\left[r_A\boldsymbol{M}+\int_0^L\rho Ax\boldsymbol{\Phi}^{\mathrm{T}}\boldsymbol{\Phi}\,\mathrm{d}x\right] \tag{i}$$

其中，$\boldsymbol{\Phi}\in\Re^{1\times n}$ 为梁的横向振动的模态函数行向量，取值为定边界悬臂梁的模态函数；C_H 为中心刚体轴承处的黏性阻尼系数；β_1 为空气阻力的黏性阻尼系数；β_2 为空气阻力引起的平方阻尼系数；柔性梁的结构阻尼采用比例阻尼 $\alpha\boldsymbol{M}$ 的形式，α 为比例阻尼系数。以上方程中相关的常值系数和矩阵表达为

$$J_1 = \int_0^L \rho A (r_A + x)^2 \mathrm{d}x \tag{j}$$

$$C_J = \int_0^L \rho A (r_A + x)^3 \mathrm{d}x \tag{k}$$

$$\boldsymbol{K} = \int_0^L EI \boldsymbol{\Phi}''^{\mathrm{T}} \boldsymbol{\Phi}'' \mathrm{d}x \tag{l}$$

$$\boldsymbol{U}_{02} = \int_0^L \rho A \boldsymbol{\Phi} \mathrm{d}x \tag{m}$$

$$\boldsymbol{U}_{12} = \int_0^L \rho A x \boldsymbol{\Phi} \mathrm{d}x \tag{n}$$

$$\boldsymbol{U}_{13} = \int_0^L \rho A x \boldsymbol{\Phi}^{\mathrm{T}} \boldsymbol{\Phi} \mathrm{d}x \tag{o}$$

$$\boldsymbol{D}_0 = \int_0^L \rho A \boldsymbol{S}(x) \mathrm{d}x \tag{p}$$

$$\boldsymbol{D}_1 = \int_0^L \rho A x \boldsymbol{S}(x) \mathrm{d}x \tag{q}$$

$$\boldsymbol{D}_2 = \int_0^L \rho A x^2 \boldsymbol{S}(x) \mathrm{d}x \tag{r}$$

其中，$J_1 \in \Re^{1\times 1}$，$C_J \in \Re^{1\times 1}$，$\boldsymbol{K} \in \Re^{n\times n}$，$\boldsymbol{U}_{02} \in \Re^{1\times n}$，$\boldsymbol{U}_{12} \in \Re^{1\times n}$，$\boldsymbol{U}_{13} \in \Re^{n\times n}$，$\boldsymbol{D}_0 \in \Re^{n\times n}$，$\boldsymbol{D}_1 \in \Re^{n\times n}$，$\boldsymbol{D}_2 \in \Re^{n\times n}$。方程中的$\boldsymbol{S}(x) \in \Re^{n\times n}$矩阵表示为

$$\boldsymbol{S}(x) = \int_0^x \boldsymbol{\Phi}'^{\mathrm{T}}(\zeta) \boldsymbol{\Phi}'(\zeta) \mathrm{d}\xi \tag{s}$$

对系统的非线性方程进行线性化。假定系统大范围运动的角速度较小，忽略其二次项；并假定柔性梁的弹性变形所引起的转动惯量的增加为小量，即忽略其时变项。则线性化模型可描述为[3,4]

$$\begin{bmatrix} J_H + J_1 & \boldsymbol{M}_{\theta\eta} \\ \boldsymbol{M}_{\eta\theta} & \boldsymbol{M}_{\eta\eta} \end{bmatrix} \begin{bmatrix} \ddot{\theta} \\ \ddot{\boldsymbol{\eta}} \end{bmatrix} + \begin{bmatrix} C_H + \dfrac{\beta_1}{\rho A} J_1 & \dfrac{\beta_1}{\rho A} \boldsymbol{M}_{\theta q} \\ \dfrac{\beta_1}{\rho A} \boldsymbol{M}_{q\theta} & \left(\alpha + \dfrac{\beta_1}{\rho A}\right) \boldsymbol{M}_{\eta\eta} \end{bmatrix} \begin{bmatrix} \dot{\theta} \\ \dot{\boldsymbol{\eta}} \end{bmatrix} + \begin{bmatrix} 0 & \boldsymbol{0} \\ \boldsymbol{0} & \boldsymbol{K} \end{bmatrix} \begin{bmatrix} \theta \\ \boldsymbol{\eta} \end{bmatrix} = \begin{bmatrix} u(t) \\ \boldsymbol{0} \end{bmatrix} \tag{t}$$

其中，质量矩阵、阻尼矩阵和刚度矩阵都为常值矩阵。将其写成矩阵形式，有

$$\hat{\boldsymbol{M}} \ddot{\hat{\boldsymbol{Y}}} + \hat{\boldsymbol{C}} \dot{\hat{\boldsymbol{Y}}} + \hat{\boldsymbol{K}} \hat{\boldsymbol{Y}} = \boldsymbol{H} u(t) \tag{u}$$

其中，$\hat{\boldsymbol{Y}} \in \Re^{(n+1)\times 1}$，$\hat{\boldsymbol{M}} \in \Re^{(n+1)\times(n+1)}$，$\hat{\boldsymbol{C}} \in \Re^{(n+1)\times(n+1)}$，$\hat{\boldsymbol{K}} \in \Re^{(n+1)\times(n+1)}$，$\boldsymbol{H} \in \Re^{(n+1)\times 1}$分别表达为

$$\hat{\boldsymbol{Y}} = \begin{bmatrix} \theta \\ \boldsymbol{\eta} \end{bmatrix}, \quad \hat{\boldsymbol{M}} = \begin{bmatrix} J_H + J_1 & \boldsymbol{M}_{\theta\eta} \\ \boldsymbol{M}_{\eta\theta} & \boldsymbol{M}_{\eta\eta} \end{bmatrix}, \quad \hat{\boldsymbol{C}} = \begin{bmatrix} C_H + \dfrac{\beta_1}{\rho A} J_1 & \dfrac{\beta_1}{\rho A} \boldsymbol{M}_{\theta\eta} \\ \dfrac{\beta_1}{\rho A} \boldsymbol{M}_{\eta\theta} & \left(\alpha + \dfrac{\beta_1}{\rho A}\right) \boldsymbol{M}_{\eta\eta} \end{bmatrix}$$

$$\hat{\boldsymbol{K}} = \begin{bmatrix} \boldsymbol{0} & \boldsymbol{0} \\ \boldsymbol{0} & \boldsymbol{K} \end{bmatrix}, \quad \boldsymbol{H} = \begin{bmatrix} 1 \\ \boldsymbol{0} \end{bmatrix}$$

将线性化动力学方程改写为状态方程的形式，有

$$\dot{\boldsymbol{Z}} = \boldsymbol{A}\boldsymbol{Z} + \boldsymbol{B} u(t) \tag{v}$$

其中，$\boldsymbol{Z} \in \Re^{2(n+1)\times 1}$，$\boldsymbol{A} \in \Re^{2(n+1)\times 2(n+1)}$，$\boldsymbol{B} \in \Re^{2(n+1)\times 1}$分别表达为

$$\boldsymbol{Z}=\begin{bmatrix}\hat{\boldsymbol{Y}}\\ \dot{\hat{\boldsymbol{Y}}}\end{bmatrix},\quad \boldsymbol{A}=\begin{bmatrix}\boldsymbol{0} & \boldsymbol{I}_{2(n+1)\times 2(n+1)}\\ -\hat{\boldsymbol{M}}^{-1}\hat{\boldsymbol{K}} & -\hat{\boldsymbol{M}}^{-1}\hat{\boldsymbol{C}}\end{bmatrix},\quad \boldsymbol{B}=\begin{bmatrix}\boldsymbol{0}\\ \hat{\boldsymbol{M}}^{-1}\boldsymbol{H}\end{bmatrix} \tag{w}$$

其中，$\boldsymbol{I}_{2(n+1)\times 2(n+1)}\in\Re^{2(n+1)\times 2(n+1)}$ 为单位矩阵。

仿真中，中心刚体半径取为 $r_A=0.05\text{m}$，转动惯量为 $J_H=0.30\text{kg}\cdot\text{m}^2$。柔性梁参数：长度 $L=1.8\text{m}$，截面积 $A=2.5\times10^{-4}\text{m}^2$，密度 $\rho=2.766\times10^3\text{kg/m}^3$，弹性模量 $E=6.90\times10^{10}\text{N/m}^2$，截面惯性矩 $I=1.3021\times10^{-10}\text{m}^4$。各个阻尼参数取值：$\alpha$=0.011，$\beta_1$=0，$\beta_2$=0.0353，$C_H$=0。

考虑两种运动轨迹跟踪控制：点点运动控制和旋转运动控制。点点运动控制是控制系统在一定时间内到达指定位置，并抑制梁的残余振动，这种模型可以是柔性机械臂的运动、航天器柔性附件到达指定角度等。旋转运动控制是控制系统以一定角速度旋转运动，并抑制梁的附加振动，这种模型可以是带柔性附件的自旋稳定卫星的运动等。系统动力学建模中，截取梁的前两阶模态描述梁的变形，即 $n=2$。控制律设计时考虑对梁的前两阶模态进行控制，权重矩阵 $\boldsymbol{Q}$ 和参数 R 分别取值为 $\boldsymbol{Q}=\text{diag}(1000,100,10,1,1,1)$ 和 $R=1$。

首先考虑点点运动控制问题。假定期望的系统大范围运动轨迹为

$$\theta=\begin{cases}\dfrac{2\theta_0}{t_1^2}t^2, & t\leqslant\dfrac{t_1}{2}\\[2mm] \dfrac{\theta_0}{2}+\dfrac{2\theta_0}{t_1}\left(t-\dfrac{t_1}{2}\right)-\dfrac{2\theta_0}{t_1^2}\left(t-\dfrac{t_1}{2}\right)^2, & \dfrac{t_1}{2}<t\leqslant t_1\\[2mm] \theta_0, & t>t_1\end{cases} \tag{x}$$

即系统由零初始条件开始加速运动，在 $t_1/2$ 时达到最大角速度，然后再减速到角速度为零，完成指定的角位移运动，并且要求到达指定位置时抑制柔性梁的残余振动。假定所期望的角位移为 $\theta_0=\pi/3=60°$，$t_1=2\text{s}$。控制仿真中，将基于线性化动力学模型所设计的最优跟踪控制律加入到原非线性动力学模型中，如此能显示出控制律的真实有效性。图 3-6 所示为柔性梁末端的响应时程和系统的大范围角位移时程，可以看出，系统能够到达指定位置，并且梁的残余振动可以得到抑制。

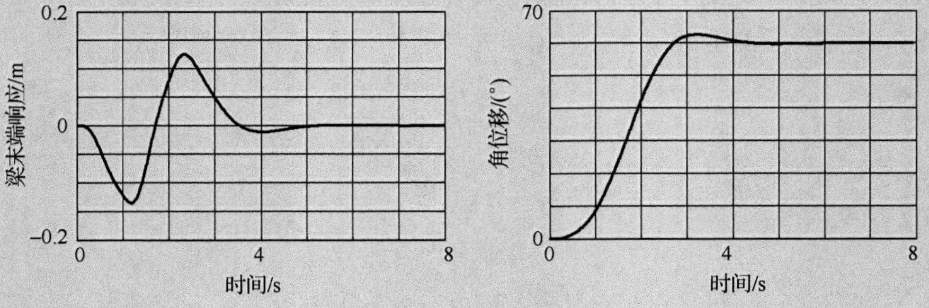

图 3-6　柔性梁的末端响应和大范围运动角位移时程

下面考虑旋转运动控制问题。要求系统从零初始条件开始旋转运动，达到稳态角速度 $\omega_0=1\text{rad/s}$。仿真结果如图 3-7 所示，可以看出，系统达到稳态旋转运动状态，并且

梁的附加振动得到了抑制。

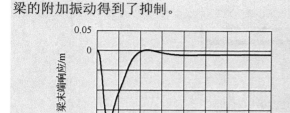

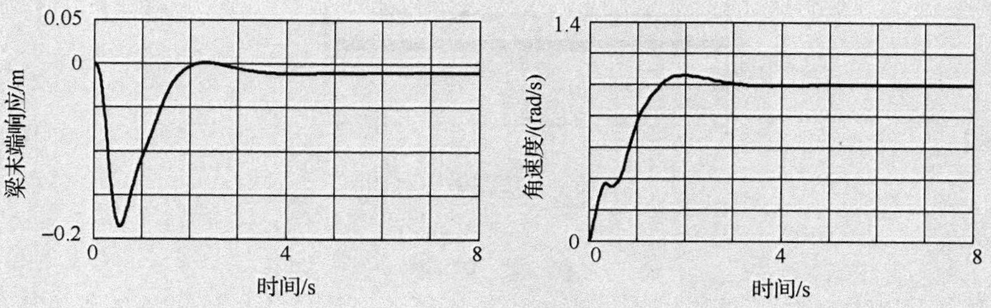

图 3-7　柔性梁的末端响应和大范围运动角速度时程

应当说明几点：①对于点点控制问题，从图 3-6 可看出，线性化控制律并没有使系统在 $t_1 = 2\mathrm{s}$ 时刻到达指定位置 $\theta_0 = 60°$，但是对到达时间要求不是很严格的中心刚体-柔性梁系统的位置控制问题，如空间柔性机械臂的位置控制等，该方法是可行的；②因为在线性化控制律的设计中，假定系统的角速度为小量，因此该控制律只适用于大范围转速不高的情况，对于大范围转速较高的情况，如直升机旋翼、涡轮机叶片等，应当开展非线性控制策略的研究；③算例中，因为系统的大范围运动角速度较低，故此在采用假设模态法描述柔性梁的变形时只取了梁的前两阶模态，控制设计时也只考虑对此两阶模态进行控制。如果系统的角速度较高，在动力学仿真和控制研究中应当增加模态的数目，这在文献[5]中已有阐述。

本节阐述了基于二次型性能指标的最优控制设计问题。需要再次强调，具有二次型性能指标的线性控制系统，无论在实际上还是理论上都是重要的，原因表现在如下几方面：①很多的实际系统可用这种系统来描述；②它的结论既明确又理想，物理含义清晰；③最优控制律是线性的，最优性能指标函数是二次型的，既便于计算又便于实现；④它的理论体系完备，能进行严格的理论分析；⑤它往往是其他控制方法研究的基础。

关于控制律的设计需要强调的是：控制律的设计是一个反复的过程，一般的原则是在合理控制代价的前提下使得控制效果满足要求。具体操作时，可以先选择一个较大的权重矩阵 $\boldsymbol{R}$，这样能够保证控制力较小，然后计算控制效果，进而逐渐减小 $\boldsymbol{R}$ 以使控制力变大，直到在允许的控制代价下使控制效果满足要求。

复习思考题

3-1　如图 3-8 所示柔性悬臂梁。梁长度 $l = 1.8\mathrm{m}$，截面积 $A = 2.5\times10^{-4}\mathrm{m}^2$，材料密度 $\rho = 2.766\times10^3\mathrm{kg/m}^3$，弹性模量 $E = 6.90\times10^{10}\mathrm{N/m}^2$，截面惯性矩 $I = 1.3021\times10^{-10}\mathrm{m}^4$。$F(t)$ 为作用于梁上的集中控制力，$\tilde{x}$ 为作动器在梁上的位置，$\hat{x}$ 为传感器在梁上的位置。(1)试结合振型函数节点位置讨论系统的可控性和可观性；(2)假定梁自由端在外部集中力作用下产生了 2cm 的初始位移，初始速度为零，在梁的自由端施加主动控制力，试采用最优控制方法对梁的振动进行抑制。

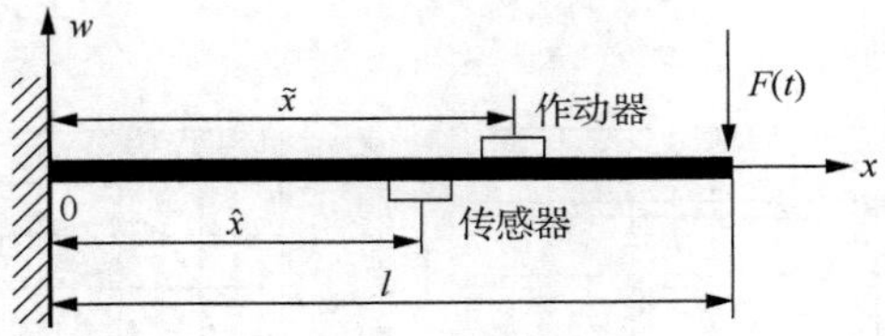

图 3-8　悬臂梁示意图

参 考 文 献

[1] 谢绪恺. 现代控制理论基础[M]. 沈阳: 辽宁人民出版社, 1980.

[2] 胡寿松. 自动控制原理[M]. 3 版. 北京: 国防工业出版社, 1994.

[3] 蔡国平, 李琳, 洪嘉振. 中心刚体-柔性梁系统的最优跟踪控制[J]. 力学学报, 2006, 38(1): 97-105.

[4] 蔡国平, 洪嘉振. 中心刚体-柔性悬臂梁系统的位置主动控制[J]. 宇航学报, 2004, 25(6): 616-620.

[5] 蔡国平, 洪嘉振. 旋转运动柔性梁的假设模态方法研究[J]. 力学学报, 2005, 37(1): 48-56.

第 4 章　结构振动的次最优控制

学习要点

- 全状态反馈最优控制和部分状态反馈次最优控制的联系与区别
- 基于二阶灵敏度的重要状态的选择
- 次最优控制的设计

由第 3 章可知，全部状态反馈的最优控制器具有很好的性质。例如，在一定的条件下，它保证闭环系统是渐近稳定的，并具有令人满意的动态响应性能，而且有现成的方法和相应的程序来计算最优控制律。一般来说，系统的状态不可能直接通过传感器全部测量得到，尤其对于高阶系统更是如此，另外布置传感器需要一定的成本，这里面还有一个节约成本的问题。为了解决该困难，常用的一个方法是先设计状态估计器，根据所能测量的输出量估计出全部状态，然后再进行状态反馈。经典的 LQG 设计方法就是如此。但是这种设计方法也有不足之处：一是控制器的结构比较复杂，它使系统的维数增加了一倍；二是设计状态最优估计器时，随机干扰的模型难以得到，因而随机模型参数(过程干扰协方差和测量噪声协方差)的给定有一定的随意性。另外一个解决困难的方法是直接反馈那些可以测量的状态，构成部分状态反馈的次最优控制，这种形式的控制器具有结构简单和容易实现的优点。次最优控制有两个关键问题需要解决：一个是如何选择并确定用于反馈的部分状态，二是如何计算部分状态反馈的控制规律以实现次最优控制。

对全部状态反馈的最优控制系统做进一步分析发现，某些状态反馈对系统的性能影响较大，而有些影响则较小，甚至将影响较小的状态反馈去掉也不会对系统性能产生很大的改变。因此，为了构成部分状态反馈的次最优控制，首要的问题是如何选定那些对系统影响较大的部分状态。解决这个问题的基本想法是，计算出系统对状态反馈系数的灵敏度，并对其进行分析。那些对系统性能比较灵敏的状态反馈显然是比较重要的，应予保留；而那些相对不灵敏的状态反馈显然是不重要的，可以删除。因此，如何计算性能指标函数对控制器参数的灵敏度是首先要解决的问题。同时，它对于部分状态反馈系数的寻优计算也是十分重要的。在用于反馈的部分状态确定之后，剩下的问题是如何计算这些部分状态反馈的控制规律，以实现次最优控制。部分状态反馈的次最优控制的计算要比全部状态反馈最优控制的计算复杂得多。

本章讲述部分状态反馈的次最优控制的设计问题，重点讨论性能指标函数对控制器参数灵敏度及部分状态反馈控制规律的设计这两个关键问题，最后给出仿真算例。

4.1 用于部分状态反馈的重要状态变量

本节首先给出全状态反馈的最优控制方法，然后给出控制性能指标泛函对反馈增益的一阶灵敏度和二阶灵敏度的推导过程。使用二阶灵敏度可以表示出各状态变量在控制反馈中的重要程度，进而可以选出那些用于部分状态反馈的状态变量。

4.1.1 全状态最优反馈控制方法

考虑 n 自由度线性时不变振动系统：

$$\boldsymbol{M\ddot{x}}+\boldsymbol{C\dot{x}}+\boldsymbol{Kx}=\boldsymbol{Du}(t) \tag{4-1}$$

其中，$\boldsymbol{x}\in\Re^{n\times 1}$ 为系统广义坐标列阵；$\boldsymbol{M}$、$\boldsymbol{C}$、$\boldsymbol{K}$ 分别为系统的质量、阻尼和刚度矩阵；$\boldsymbol{u}(t)\in\Re^{r\times 1}$ 为控制力列阵，r 为作动器的数量；$\boldsymbol{D}\in\Re^{n\times r}$ 为控制矩阵。

定义系统状态变量 $\boldsymbol{y}=[\boldsymbol{x}\ \ \dot{\boldsymbol{x}}]^{\mathrm{T}}\in\Re^{2n\times 1}$，可以得到系统的状态方程为

$$\dot{\boldsymbol{y}}=\boldsymbol{Ay}+\boldsymbol{Bu} \tag{4-2}$$

其中，$\boldsymbol{A}=\begin{bmatrix}\boldsymbol{0} & \boldsymbol{I}\\ -\boldsymbol{M}^{-1}\boldsymbol{K} & -\boldsymbol{M}^{-1}\boldsymbol{C}\end{bmatrix}\in\Re^{2n\times 2n}$，$\boldsymbol{B}=\begin{bmatrix}\boldsymbol{0}\\ \boldsymbol{M}^{-1}\boldsymbol{D}\end{bmatrix}\in\Re^{2n\times r}$。

从上述过程可以看到，将方程从二阶微分方程转到一阶状态方程后，系统的维数扩大了一倍。

状态方程(4-2)关于状态变量 $\boldsymbol{y}$ 和控制输入 $\boldsymbol{u}$ 的性能指标泛函 J 表示为

$$J=\frac{1}{2}\int_0^{\infty}(\boldsymbol{y}^{\mathrm{T}}\boldsymbol{Qy}+\boldsymbol{u}^{\mathrm{T}}\boldsymbol{Ru})\,\mathrm{d}t \tag{4-3}$$

其中，$\boldsymbol{Q}\in\Re^{2n\times 2n}$ 为半正定对称矩阵；$\boldsymbol{R}\in\Re^{r\times r}$ 为正定对称矩阵。

线性系统(4-2)的最优控制问题即为在保证性能指标 J 为极小值的同时，使系统的初始状态 $\boldsymbol{y}_0$ 趋近到平衡状态 $\boldsymbol{y}_e=\boldsymbol{0}$ 的最优调节问题。最优控制律为

$$\boldsymbol{u}(t)=-\tilde{\boldsymbol{L}}\boldsymbol{y}(t)=-\boldsymbol{R}^{-1}\boldsymbol{B}^{\mathrm{T}}\boldsymbol{Py}(t) \tag{4-4}$$

其中，$\tilde{\boldsymbol{L}}=\boldsymbol{R}^{-1}\boldsymbol{B}^{\mathrm{T}}\boldsymbol{P}$ 为最优全状态反馈增益；$\boldsymbol{P}$ 为对称矩阵，是 Riccati 方程(4-5)的解。

$$\boldsymbol{PA}+\boldsymbol{A}^{\mathrm{T}}\boldsymbol{P}+\boldsymbol{Q}-\boldsymbol{PBR}^{-1}\boldsymbol{B}^{\mathrm{T}}\boldsymbol{P}=\boldsymbol{0} \tag{4-5}$$

方程(4-4)中所示的控制律需要利用系统全部状态变量的信息，因此由方程(4-4)所构成的控制器即为基于全状态反馈的最优控制器。然而在状态反馈控制中，各状态变量的重要程度并不一样，确定重要程度的方法将在下文中给出。

4.1.2 控制性能指标函数对反馈增益的灵敏度

1. 一阶灵敏度

反馈增益为 $\boldsymbol{L}$ 的全状态反馈控制器可以表示为

$$\boldsymbol{u}(t)=-\boldsymbol{Ly}(t) \tag{4-6}$$

这里的 $\boldsymbol{L}$ 不一定是最优反馈增益。在控制输入 $\boldsymbol{u}(t)$ 作用下，系统(4-2)的闭环系统状态方

程可以表示为

$$\dot{\boldsymbol{y}}(t) = (\boldsymbol{A} - \boldsymbol{BL})\boldsymbol{y}(t) \tag{4-7}$$

其在 t 时刻的状态向量 $\boldsymbol{y}(t)$ 还可以表示为

$$\boldsymbol{y}(t) = \hat{\boldsymbol{\Phi}}(t)\boldsymbol{y}(0) \tag{4-8}$$

其中，$\boldsymbol{y}(0)$ 为系统(4-2)的初始条件；$\hat{\boldsymbol{\Phi}}(t)$ 为状态转移矩阵[1]，表示为

$$\hat{\boldsymbol{\Phi}}(t) = \mathrm{e}^{(\boldsymbol{A}-\boldsymbol{BL})t} \tag{4-9}$$

将方程(4-6)、方程(4-8)代入方程(4-3)，则性能指标泛函 J 可以表示为

$$J = \frac{1}{2}\boldsymbol{y}^{\mathrm{T}}(0)\left[\int_0^\infty \hat{\boldsymbol{\Phi}}^{\mathrm{T}}(t)(\boldsymbol{Q} + \boldsymbol{L}^{\mathrm{T}}\boldsymbol{RL})\hat{\boldsymbol{\Phi}}(t)\,\mathrm{d}t\right]\boldsymbol{y}(0) \tag{4-10}$$

为了推导一阶灵敏度，下面先给出三个定理以及两个矩阵迹的性质。

定理 4-1[2]　对于如下的线性系统：

$$\dot{\boldsymbol{y}}(t) = \boldsymbol{A}\boldsymbol{y}(t) \tag{4-11}$$

有性能指标泛函 J 为

$$J = \frac{1}{2}\int_0^\infty \boldsymbol{y}^{\mathrm{T}}(t)\boldsymbol{Q}\boldsymbol{y}(t)\,\mathrm{d}t \tag{4-12}$$

其中，矩阵 $\boldsymbol{Q}$ 为选取的半正定对称权重矩阵。当系统(4-11)渐近稳定时，可将性能指标泛函 J 表示为

$$J = \frac{1}{2}\boldsymbol{y}^{\mathrm{T}}(0)\boldsymbol{S}\boldsymbol{y}(0) \tag{4-13}$$

其中，矩阵 $\boldsymbol{S}$ 通过 Lyapunov 方程(4-14)求出。

$$\boldsymbol{A}^{\mathrm{T}}\boldsymbol{S} + \boldsymbol{S}\boldsymbol{A} + \boldsymbol{Q} = \boldsymbol{0} \tag{4-14}$$

证明：利用状态转移矩阵 $\mathrm{e}^{\boldsymbol{A}t}$，可以将方程(4-11)的解表示为

$$\boldsymbol{y}(t) = \mathrm{e}^{\boldsymbol{A}t}\boldsymbol{y}(0) \tag{4-15}$$

将方程(4-15)代入方程(4-12)，有

$$J = \frac{1}{2}\int_0^\infty \boldsymbol{y}^{\mathrm{T}}(0)\mathrm{e}^{\boldsymbol{A}^{\mathrm{T}}t}\boldsymbol{Q}\mathrm{e}^{\boldsymbol{A}t}\boldsymbol{y}(0)\,\mathrm{d}t \tag{4-16}$$

令

$$\boldsymbol{S} = \int_0^\infty \mathrm{e}^{\boldsymbol{A}^{\mathrm{T}}t}\boldsymbol{Q}\mathrm{e}^{\boldsymbol{A}t}\,\mathrm{d}t \tag{4-17}$$

于是，性能指标泛函 J 的计算可以归结为由 $\boldsymbol{S}$ 表示的积分计算问题。当系统(4-11)渐近稳定，即状态矩阵 $\boldsymbol{A}$ 的全部特征值包含负实部时，有

$$\begin{aligned}\boldsymbol{A}^{\mathrm{T}}\boldsymbol{S} + \boldsymbol{S}\boldsymbol{A} &= \boldsymbol{A}^{\mathrm{T}}\int_0^\infty \mathrm{e}^{\boldsymbol{A}^{\mathrm{T}}t}\boldsymbol{Q}\mathrm{e}^{\boldsymbol{A}t}\,\mathrm{d}t + \int_0^\infty \mathrm{e}^{\boldsymbol{A}^{\mathrm{T}}t}\boldsymbol{Q}\mathrm{e}^{\boldsymbol{A}t}\,\mathrm{d}t\boldsymbol{A} \\ &= \int_0^\infty \mathrm{d}(\mathrm{e}^{\boldsymbol{A}^{\mathrm{T}}t})\boldsymbol{Q}\mathrm{e}^{\boldsymbol{A}t} + \int_0^\infty \mathrm{e}^{\boldsymbol{A}^{\mathrm{T}}t}\boldsymbol{Q}\mathrm{d}(\mathrm{e}^{\boldsymbol{A}t}) \\ &= \int_0^\infty \mathrm{d}(\mathrm{e}^{\boldsymbol{A}^{\mathrm{T}}t}\boldsymbol{Q}\mathrm{e}^{\boldsymbol{A}t}) = \mathrm{e}^{\boldsymbol{A}^{\mathrm{T}}t}\boldsymbol{Q}\mathrm{e}^{\boldsymbol{A}t}\Big|_0^\infty = -\boldsymbol{Q}\end{aligned} \tag{4-18}$$

即

$$\boldsymbol{A}^{\mathrm{T}}\boldsymbol{S} + \boldsymbol{S}\boldsymbol{A} + \boldsymbol{Q} = \boldsymbol{0} \tag{4-19}$$

于是，使用 $\boldsymbol{S}$ 表示的积分可以通过求解 Lyapunov 方程(4-19)求得。

定理 4-2[3,4] 如果当 $\varepsilon \to 0$ 时，迹函数 $f(\boldsymbol{X})$ 满足

$$f(\boldsymbol{X}+\varepsilon\Delta\boldsymbol{X})-f(\boldsymbol{X})=\varepsilon\,\mathrm{tr}[\boldsymbol{M}(\boldsymbol{X})\Delta\boldsymbol{X}] \tag{4-20}$$

则有

$$\partial f(\boldsymbol{X})/\partial\boldsymbol{X}=\boldsymbol{M}^{\mathrm{T}}(\boldsymbol{X}) \tag{4-21}$$

式中，$\boldsymbol{X}$ 为 $(\bar{r}\times\bar{n})$ 维矩阵；$\boldsymbol{M}(\boldsymbol{X})$ 为关于 $\boldsymbol{X}$ 的 $(\bar{n}\times\bar{r})$ 维矩阵函数。迹函数 $f(\boldsymbol{X})$ 应满足

$$f(\boldsymbol{X})=\mathrm{tr}[\boldsymbol{F}(\boldsymbol{X})] \tag{4-22}$$

式中，$\boldsymbol{F}(\cdot)$ 为由 $(\bar{r}\times\bar{n})$ 维矩阵空间到 $(\bar{n}\times\bar{n})$ 维空间的连续可导的映射。

证明：令

$$\Delta\boldsymbol{X}_{ij}=\begin{bmatrix} 0\cdots & 0 & \cdots 0 \\ \vdots & \vdots & \vdots \\ 0\cdots & \Delta x_{ij} & \cdots 0 \\ \vdots & \vdots & \vdots \\ 0\cdots & 0 & \cdots 0 \end{bmatrix} \tag{4-23}$$

即 $\Delta\boldsymbol{X}_{ij}$ 除了第 (i,j) 个元素非零外，其余元素均为零。根据方程(4-20)有

$$f(\boldsymbol{X}+\varepsilon\Delta\boldsymbol{X}_{ij})-f(\boldsymbol{X})=\varepsilon\,\mathrm{tr}[\boldsymbol{M}(\boldsymbol{X})\Delta\boldsymbol{X}_{ij}]=\varepsilon m_{ji}\Delta x_{ij} \tag{4-24}$$

式中，m_{ji} 为矩阵 $\boldsymbol{M}(\boldsymbol{X})$ 第 j 行、第 i 列上的元素。根据导数的定义及方程(4-24)有

$$\left[\frac{\partial f(\boldsymbol{X})}{\partial\boldsymbol{X}}\right]_{ij}=\frac{\partial f(\boldsymbol{X})}{\partial x_{ij}}=\lim_{\varepsilon\to 0}\frac{f(\boldsymbol{X}+\varepsilon\Delta\boldsymbol{X}_{ij})-f(\boldsymbol{X})}{\varepsilon\Delta x_{ij}}=m_{ji} \tag{4-25}$$

它对于所有的 i 和 j 均成立，写成矩阵形式，则为

$$\partial f(\boldsymbol{X})/\partial\boldsymbol{X}=\boldsymbol{M}^{\mathrm{T}}(\boldsymbol{X}) \tag{4-26}$$

从而定理得证。

定理 4-3[5] 如果

$$\boldsymbol{G}(\boldsymbol{X})=\mathrm{e}^{(\boldsymbol{A}+\boldsymbol{B}\boldsymbol{X})t} \tag{4-27}$$

那么，舍去关于 ε 的高于二阶的小量，有

$$\boldsymbol{G}(\boldsymbol{X}+\varepsilon\Delta\boldsymbol{X})\approx \mathrm{e}^{(\boldsymbol{A}+\boldsymbol{B}\boldsymbol{X})t}+\varepsilon\int_0^t \mathrm{e}^{(\boldsymbol{A}+\boldsymbol{B}\boldsymbol{X})(t-\sigma)}\boldsymbol{B}\Delta\boldsymbol{X}\mathrm{e}^{(\boldsymbol{A}+\boldsymbol{B}\boldsymbol{X})\sigma}\mathrm{d}\sigma \tag{4-28}$$

最后，矩阵迹的两个重要性质如下[6]。

$$\mathrm{tr}(\boldsymbol{A}_{m\times n}\boldsymbol{B}_{n\times m})=\mathrm{tr}(\boldsymbol{B}_{n\times m}\boldsymbol{A}_{m\times n}) \tag{4-29}$$

$$\mathrm{tr}(\boldsymbol{A}^{\mathrm{T}})=\mathrm{tr}(\boldsymbol{A}) \tag{4-30}$$

下面利用以上定理和性质推导一阶灵敏度的表达式。

考虑方程(4-10)，由于性能指标泛函 J 是一个标量，故有

$$\begin{aligned} J&=\frac{1}{2}\boldsymbol{y}^{\mathrm{T}}(0)\left[\int_0^\infty \hat{\boldsymbol{\Phi}}^{\mathrm{T}}(t)(\boldsymbol{Q}+\boldsymbol{L}^{\mathrm{T}}\boldsymbol{R}\boldsymbol{L})\hat{\boldsymbol{\Phi}}(t)\,\mathrm{d}t\right]\boldsymbol{y}(0) \\ &=\frac{1}{2}\mathrm{tr}\left\{\boldsymbol{y}^{\mathrm{T}}(0)\left[\int_0^\infty \hat{\boldsymbol{\Phi}}^{\mathrm{T}}(t)(\boldsymbol{Q}+\boldsymbol{L}^{\mathrm{T}}\boldsymbol{R}\boldsymbol{L})\hat{\boldsymbol{\Phi}}(t)\,\mathrm{d}t\right]\boldsymbol{y}(0)\right\} \end{aligned} \tag{4-31}$$

由方程(4-29)表示的矩阵迹的性质，可得

$$\begin{aligned} J &= \frac{1}{2}\operatorname{tr}\left\{\boldsymbol{y}^{\mathrm{T}}(0)\left[\int_0^{\infty}\hat{\boldsymbol{\Phi}}^{\mathrm{T}}(t)(\boldsymbol{Q}+\boldsymbol{L}^{\mathrm{T}}\boldsymbol{R}\boldsymbol{L})\hat{\boldsymbol{\Phi}}(t)\,\mathrm{d}t\right]\boldsymbol{y}(0)\right\} \\ &= \frac{1}{2}\operatorname{tr}\left[\boldsymbol{y}(0)\boldsymbol{y}^{\mathrm{T}}(0)\int_0^{\infty}\hat{\boldsymbol{\Phi}}^{\mathrm{T}}(t)(\boldsymbol{Q}+\boldsymbol{L}^{\mathrm{T}}\boldsymbol{R}\boldsymbol{L})\hat{\boldsymbol{\Phi}}(t)\,\mathrm{d}t\right] \end{aligned} \tag{4-32}$$

于是，可以将方程(4-10)中的性能指标泛函 J 表示为

$$\begin{aligned} J(\boldsymbol{L}) &= \frac{1}{2}\operatorname{tr}\left[\boldsymbol{R}_0\int_0^{\infty}\hat{\boldsymbol{\Phi}}^{\mathrm{T}}(t)(\boldsymbol{Q}+\boldsymbol{L}^{\mathrm{T}}\boldsymbol{R}\boldsymbol{L})\hat{\boldsymbol{\Phi}}(t)\,\mathrm{d}t\right] \\ &= \frac{1}{2}\operatorname{tr}\left[\boldsymbol{R}_0\int_0^{\infty}\mathrm{e}^{(\boldsymbol{A}-\boldsymbol{B}\boldsymbol{L})^{\mathrm{T}}t}(\boldsymbol{Q}+\boldsymbol{L}^{\mathrm{T}}\boldsymbol{R}\boldsymbol{L})\mathrm{e}^{(\boldsymbol{A}-\boldsymbol{B}\boldsymbol{L})t}\mathrm{d}t\right] \end{aligned} \tag{4-33}$$

其中，$\boldsymbol{R}_0=\boldsymbol{y}(0)\boldsymbol{y}^{\mathrm{T}}(0)$。当反馈增益 $\boldsymbol{L}$ 产生一个增量 $\varepsilon\Delta\boldsymbol{L}$ 时，有

$$J(\boldsymbol{L}+\varepsilon\Delta\boldsymbol{L})=\frac{1}{2}\operatorname{tr}\left\{\boldsymbol{R}_0\int_0^{\infty}\mathrm{e}^{(\hat{\boldsymbol{H}}-\varepsilon\boldsymbol{B}\Delta\boldsymbol{L})^{\mathrm{T}}t}\left[\boldsymbol{Q}+(\boldsymbol{L}+\varepsilon\Delta\boldsymbol{L})^{\mathrm{T}}\boldsymbol{R}(\boldsymbol{L}+\varepsilon\Delta\boldsymbol{L})\right]\mathrm{e}^{(\hat{\boldsymbol{H}}-\varepsilon\boldsymbol{B}\Delta\boldsymbol{L})t}\mathrm{d}t\right\} \tag{4-34}$$

其中

$$\hat{\boldsymbol{H}}=\boldsymbol{A}-\boldsymbol{B}\boldsymbol{L} \tag{4-35}$$

令

$$\hat{\boldsymbol{G}}(\boldsymbol{L})=\mathrm{e}^{\hat{\boldsymbol{H}}t}=\mathrm{e}^{(\boldsymbol{A}-\boldsymbol{B}\boldsymbol{L})t} \tag{4-36}$$

由定理 4-3，易得

$$\hat{\boldsymbol{G}}(\boldsymbol{L}+\varepsilon\Delta\boldsymbol{L})=\mathrm{e}^{(\hat{\boldsymbol{H}}-\varepsilon\boldsymbol{B}\Delta\boldsymbol{L})t}\approx\mathrm{e}^{\hat{\boldsymbol{H}}t}-\varepsilon\int_0^t\mathrm{e}^{\hat{\boldsymbol{H}}(t-\sigma)}\boldsymbol{B}\Delta\boldsymbol{L}\mathrm{e}^{\hat{\boldsymbol{H}}\sigma}\mathrm{d}\sigma \tag{4-37}$$

将方程(4-37)代入方程(4-34)并展开，舍去式中高于 ε 的二次的项，有

$$\begin{aligned} J(\boldsymbol{L}+\varepsilon\Delta\boldsymbol{L}) \approx \frac{1}{2}\operatorname{tr}\int_0^{\infty}\boldsymbol{R}_0\Big\{&\mathrm{e}^{\hat{\boldsymbol{H}}^{\mathrm{T}}t}(\boldsymbol{Q}+\boldsymbol{L}^{\mathrm{T}}\boldsymbol{R}\boldsymbol{L})\mathrm{e}^{\hat{\boldsymbol{H}}t}+2\varepsilon\mathrm{e}^{\hat{\boldsymbol{H}}^{\mathrm{T}}t}(\boldsymbol{L}^{\mathrm{T}}\boldsymbol{R}\Delta\boldsymbol{L})\mathrm{e}^{\hat{\boldsymbol{H}}t} \\ &-\varepsilon\left[\int_0^t\mathrm{e}^{\hat{\boldsymbol{H}}^{\mathrm{T}}\sigma}\Delta\boldsymbol{L}^{\mathrm{T}}\boldsymbol{B}^{\mathrm{T}}\mathrm{e}^{\hat{\boldsymbol{H}}^{\mathrm{T}}(t-\sigma)}\mathrm{d}\sigma\right](\boldsymbol{Q}+\boldsymbol{L}^{\mathrm{T}}\boldsymbol{R}\boldsymbol{L})\mathrm{e}^{\hat{\boldsymbol{H}}t} \\ &-\varepsilon\mathrm{e}^{\hat{\boldsymbol{H}}^{\mathrm{T}}t}(\boldsymbol{Q}+\boldsymbol{L}^{\mathrm{T}}\boldsymbol{R}\boldsymbol{L})\left[\int_0^t\mathrm{e}^{\hat{\boldsymbol{H}}(t-\sigma)}\boldsymbol{B}\Delta\boldsymbol{L}\mathrm{e}^{\hat{\boldsymbol{H}}\sigma}\mathrm{d}\sigma\right]\Big\}\mathrm{d}t \end{aligned} \tag{4-38}$$

于是由方程(4-33)、方程(4-38)可得

$$\begin{aligned} J(\boldsymbol{L}+\varepsilon\Delta\boldsymbol{L})-J(\boldsymbol{L}) = \frac{1}{2}\operatorname{tr}\int_0^{\infty}\boldsymbol{R}_0\Big\{&2\varepsilon\mathrm{e}^{\hat{\boldsymbol{H}}^{\mathrm{T}}t}(\boldsymbol{L}^{\mathrm{T}}\boldsymbol{R}\Delta\boldsymbol{L})\mathrm{e}^{\hat{\boldsymbol{H}}t} \\ &-\varepsilon\left[\int_0^t\mathrm{e}^{\hat{\boldsymbol{H}}^{\mathrm{T}}\sigma}\Delta\boldsymbol{L}^{\mathrm{T}}\boldsymbol{B}^{\mathrm{T}}\mathrm{e}^{\hat{\boldsymbol{H}}^{\mathrm{T}}(t-\sigma)}\mathrm{d}\sigma\right](\boldsymbol{Q}+\boldsymbol{L}^{\mathrm{T}}\boldsymbol{R}\boldsymbol{L})\mathrm{e}^{\hat{\boldsymbol{H}}t} \\ &-\varepsilon\mathrm{e}^{\hat{\boldsymbol{H}}^{\mathrm{T}}t}(\boldsymbol{Q}+\boldsymbol{L}^{\mathrm{T}}\boldsymbol{R}\boldsymbol{L})\left[\int_0^t\mathrm{e}^{\hat{\boldsymbol{H}}(t-\sigma)}\boldsymbol{B}\Delta\boldsymbol{L}\mathrm{e}^{\hat{\boldsymbol{H}}\sigma}\mathrm{d}\sigma\right]\Big\}\mathrm{d}t \end{aligned} \tag{4-39}$$

考虑方程(4-29)和方程(4-30)矩阵迹的性质，方程(4-39)等号右端的第二项可以变形为

$$\begin{aligned} &\operatorname{tr}\left\{\left[\int_0^t\boldsymbol{R}_0\mathrm{e}^{\hat{\boldsymbol{H}}^{\mathrm{T}}\sigma}\Delta\boldsymbol{L}^{\mathrm{T}}\boldsymbol{B}^{\mathrm{T}}\mathrm{e}^{\hat{\boldsymbol{H}}^{\mathrm{T}}(t-\sigma)}\mathrm{d}\sigma\right](\boldsymbol{Q}+\boldsymbol{L}^{\mathrm{T}}\boldsymbol{R}\boldsymbol{L})\mathrm{e}^{\hat{\boldsymbol{H}}t}\right\} \\ &=\operatorname{tr}\left[\int_0^t\boldsymbol{R}_0\mathrm{e}^{\hat{\boldsymbol{H}}^{\mathrm{T}}t}(\boldsymbol{Q}+\boldsymbol{L}^{\mathrm{T}}\boldsymbol{R}\boldsymbol{L})\mathrm{e}^{\hat{\boldsymbol{H}}(t-\sigma)}\boldsymbol{B}\Delta\boldsymbol{L}\mathrm{e}^{\hat{\boldsymbol{H}}\sigma}\mathrm{d}\sigma\right] \end{aligned} \tag{4-40}$$

将方程(4-40)代入方程(4-39)，可见方程(4-39)等号右端第二项和第三项是相等的。同时考虑方程(4-29)表示的矩阵迹的性质，方程(4-39)可以改写为

$$J(\boldsymbol{L}+\varepsilon\Delta\boldsymbol{L})-J(\boldsymbol{L})=\frac{1}{2}\varepsilon\operatorname{tr}\int_0^\infty\Big\{2\mathrm{e}^{\hat{\boldsymbol{H}}t}\boldsymbol{R}_0\mathrm{e}^{\hat{\boldsymbol{H}}^{\mathrm{T}}t}\boldsymbol{L}^{\mathrm{T}}\boldsymbol{R}\Delta\boldsymbol{L} \\ -2\Big[\int_0^t\mathrm{e}^{\hat{\boldsymbol{H}}\sigma}\boldsymbol{R}_0\mathrm{e}^{\hat{\boldsymbol{H}}^{\mathrm{T}}t}(\boldsymbol{Q}+\boldsymbol{L}^{\mathrm{T}}\boldsymbol{R}\boldsymbol{L})\mathrm{e}^{\hat{\boldsymbol{H}}(t-\sigma)}\boldsymbol{B}\mathrm{d}\sigma\Big]\Delta\boldsymbol{L}\Big\}\mathrm{d}t \tag{4-41}$$

根据定理 4-2，可得控制性能指标泛函 J 对反馈增益 $\boldsymbol{L}$ 的一阶灵敏度为

$$\frac{\partial J}{\partial \boldsymbol{L}}=\int_0^\infty \boldsymbol{R}\boldsymbol{L}\mathrm{e}^{\hat{\boldsymbol{H}}t}\boldsymbol{R}_0\mathrm{e}^{\hat{\boldsymbol{H}}^{\mathrm{T}}t}\,\mathrm{d}t-\int_0^\infty\int_0^t\boldsymbol{B}^{\mathrm{T}}\mathrm{e}^{\hat{\boldsymbol{H}}^{\mathrm{T}}(t-\sigma)}(\boldsymbol{Q}+\boldsymbol{L}^{\mathrm{T}}\boldsymbol{R}\boldsymbol{L})\mathrm{e}^{\hat{\boldsymbol{H}}t}\boldsymbol{R}_0\mathrm{e}^{\hat{\boldsymbol{H}}^{\mathrm{T}}\sigma}\mathrm{d}\sigma\,\mathrm{d}t \tag{4-42}$$

方程(4-42)所示的一阶灵敏度表达式不便于计算，下面对该表达式进行进一步化简。令方程(4-42)等号右端第二项为

$$\boldsymbol{\chi}=\int_0^\infty\int_0^t\boldsymbol{B}^{\mathrm{T}}\mathrm{e}^{\hat{\boldsymbol{H}}^{\mathrm{T}}(t-\sigma)}(\boldsymbol{Q}+\boldsymbol{L}^{\mathrm{T}}\boldsymbol{R}\boldsymbol{L})\mathrm{e}^{\hat{\boldsymbol{H}}t}\boldsymbol{R}_0\mathrm{e}^{\hat{\boldsymbol{H}}^{\mathrm{T}}\sigma}\mathrm{d}\sigma\,\mathrm{d}t \tag{4-43}$$

交换方程(4-43)中的积分顺序，有

$$\boldsymbol{\chi}=\int_0^\infty\int_\sigma^\infty\boldsymbol{B}^{\mathrm{T}}\mathrm{e}^{\hat{\boldsymbol{H}}^{\mathrm{T}}(t-\sigma)}(\boldsymbol{Q}+\boldsymbol{L}^{\mathrm{T}}\boldsymbol{R}\boldsymbol{L})\mathrm{e}^{\hat{\boldsymbol{H}}t}\boldsymbol{R}_0\mathrm{e}^{\hat{\boldsymbol{H}}^{\mathrm{T}}\sigma}\mathrm{d}t\,\mathrm{d}\sigma \tag{4-44}$$

进行变量替换，将 $s=t-\sigma$ 代入方程(4-44)，有

$$\begin{aligned}\boldsymbol{\chi}&=\int_0^\infty\int_0^\infty\boldsymbol{B}^{\mathrm{T}}\mathrm{e}^{\hat{\boldsymbol{H}}^{\mathrm{T}}s}(\boldsymbol{Q}+\boldsymbol{L}^{\mathrm{T}}\boldsymbol{R}\boldsymbol{L})\mathrm{e}^{\hat{\boldsymbol{H}}(s+\sigma)}\boldsymbol{R}_0\mathrm{e}^{\hat{\boldsymbol{H}}^{\mathrm{T}}\sigma}\mathrm{d}s\,\mathrm{d}\sigma\\&=\boldsymbol{B}^{\mathrm{T}}\int_0^\infty\mathrm{e}^{\hat{\boldsymbol{H}}^{\mathrm{T}}s}(\boldsymbol{Q}+\boldsymbol{L}^{\mathrm{T}}\boldsymbol{R}\boldsymbol{L})\mathrm{e}^{\hat{\boldsymbol{H}}s}\mathrm{d}s\cdot\int_0^\infty\mathrm{e}^{\hat{\boldsymbol{H}}\sigma}\boldsymbol{R}_0\mathrm{e}^{\hat{\boldsymbol{H}}^{\mathrm{T}}\sigma}\mathrm{d}\sigma\end{aligned} \tag{4-45}$$

令

$$\hat{\boldsymbol{S}}=\int_0^\infty\mathrm{e}^{\hat{\boldsymbol{H}}^{\mathrm{T}}s}(\boldsymbol{Q}+\boldsymbol{L}^{\mathrm{T}}\boldsymbol{R}\boldsymbol{L})\mathrm{e}^{\hat{\boldsymbol{H}}s}\mathrm{d}s \tag{4-46}$$

$$\hat{\boldsymbol{R}}=\int_0^\infty\mathrm{e}^{\hat{\boldsymbol{H}}\sigma}\boldsymbol{R}_0\mathrm{e}^{\hat{\boldsymbol{H}}^{\mathrm{T}}\sigma}\,\mathrm{d}\sigma \tag{4-47}$$

则方程(4-45)可以写为

$$\boldsymbol{\chi}=\boldsymbol{B}^{\mathrm{T}}\hat{\boldsymbol{S}}\hat{\boldsymbol{R}} \tag{4-48}$$

对于方程(4-46)，当 $(\boldsymbol{A},\boldsymbol{B})$ 可控时，总存在反馈增益 $\boldsymbol{L}$ 使 $\hat{\boldsymbol{H}}$ 的全部特征根包含负实部。于是，由定理 4-1 可知，$\hat{\boldsymbol{S}}$ 可由 Lyapunov 方程(4-49)求出。

$$\hat{\boldsymbol{H}}^{\mathrm{T}}\hat{\boldsymbol{S}}+\hat{\boldsymbol{S}}\hat{\boldsymbol{H}}+\hat{\boldsymbol{Q}}=\boldsymbol{0} \tag{4-49}$$

其中

$$\hat{\boldsymbol{Q}}=\boldsymbol{Q}+\boldsymbol{L}^{\mathrm{T}}\boldsymbol{R}\boldsymbol{L} \tag{4-50}$$

而且，只要 $\hat{\boldsymbol{Q}}$ 为正定对称阵，则 $\hat{\boldsymbol{S}}$ 为唯一的对称正定阵。

同理可知方程(4-47)中的对称阵 $\hat{\boldsymbol{R}}$ 可由 Lyapunov 方程(4-51)求出。

$$\hat{\boldsymbol{H}}\hat{\boldsymbol{R}}+\hat{\boldsymbol{R}}\hat{\boldsymbol{H}}^{\mathrm{T}}+\boldsymbol{R}_0=\boldsymbol{0} \tag{4-51}$$

将方程(4-47)和方程(4-48)代入方程(4-42)，可得一阶灵敏度的简化表达式为

$$\frac{\partial J}{\partial \boldsymbol{L}}=\hat{\boldsymbol{V}}^{\mathrm{T}}\hat{\boldsymbol{R}} \tag{4-52}$$

其中

$$\hat{\boldsymbol{V}}=\boldsymbol{L}^{\mathrm{T}}\boldsymbol{R}-\hat{\boldsymbol{S}}\boldsymbol{B} \tag{4-53}$$

在这里需要说明的是，计算 J 和 $\hat{\boldsymbol{R}}$ 的过程均与 $\boldsymbol{R}_0=\boldsymbol{y}(0)\boldsymbol{y}^{\mathrm{T}}(0)$ 有关，即它们均与初

始条件有关，因而灵敏度的计算结果也取决于给定的初始条件[3]。初始条件反映了系统受到干扰而偏离平衡位置的状态，因此，初始条件的设定需根据系统所受到的实际干扰情况来合理地选取。在某些情况下，如果对于初始条件的确定没有任何先验知识，也可假定系统各状态的初始条件均匀地分布于 $2n$ 维空间的超单位球面上，即选取

$$\boldsymbol{R}_0 = \boldsymbol{I}_{2n} \tag{4-54}$$

这样的选取是在无任何先验知识条件下的一个权宜办法，它照顾了各种可能的初始条件的情况。但对于某个特定的初始条件的情况，它并不一定能给出很令人满意的结果。

2. 二阶灵敏度

前文推导了计算一阶灵敏度的方法，但当反馈增益为最优反馈增益 $\tilde{\boldsymbol{L}}$ 时，一阶灵敏度等于零，此时无法根据一阶灵敏度获得反映状态重要程度的信息。为此，需要进一步计算二阶灵敏度。

反馈增益 $\boldsymbol{L}$ 是 $r\times 2n$ 维矩阵，其中 $2n$ 为状态变量的维数，r 为控制输入的维数。将 $\boldsymbol{L}$ 的元素重新排列为一个行向量的形式为

$$\hat{\boldsymbol{L}} = [\boldsymbol{L}_1, \boldsymbol{L}_2, \cdots, \boldsymbol{L}_r] \tag{4-55}$$

$$\boldsymbol{L}_i = [L_{i1}, L_{i2}, \cdots, L_{i(2n)}], \qquad i = 1, 2, \cdots, r \tag{4-56}$$

式中，$\boldsymbol{L}_i$ 表示 $\boldsymbol{L}$ 的第 i 行，即第 i 个控制输入所对应的反馈增益。于是，可以将性能指标泛函 J 对 $\hat{\boldsymbol{L}}$ 的二阶导数表示为

$$\begin{aligned}
\frac{\partial^2 J}{\partial \hat{\boldsymbol{L}}^2} &= \frac{\partial}{\partial \hat{\boldsymbol{L}}}\left(\frac{\partial J}{\partial \hat{\boldsymbol{L}}}\right)^{\mathrm{T}} = \frac{\partial}{\partial \hat{\boldsymbol{L}}}\left[\frac{\partial J}{\partial \boldsymbol{L}_1}\ \frac{\partial J}{\partial \boldsymbol{L}_2}\cdots\frac{\partial J}{\partial \boldsymbol{L}_r}\right]^{\mathrm{T}} \\
&= \begin{bmatrix}
\frac{\partial}{\partial \boldsymbol{L}_1}\left(\frac{\partial J}{\partial \boldsymbol{L}_1}\right)^{\mathrm{T}} & \frac{\partial}{\partial \boldsymbol{L}_2}\left(\frac{\partial J}{\partial \boldsymbol{L}_1}\right)^{\mathrm{T}} & \cdots & \frac{\partial}{\partial \boldsymbol{L}_r}\left(\frac{\partial J}{\partial \boldsymbol{L}_1}\right)^{\mathrm{T}} \\
\frac{\partial}{\partial \boldsymbol{L}_1}\left(\frac{\partial J}{\partial \boldsymbol{L}_2}\right)^{\mathrm{T}} & \frac{\partial}{\partial \boldsymbol{L}_2}\left(\frac{\partial J}{\partial \boldsymbol{L}_2}\right)^{\mathrm{T}} & \cdots & \frac{\partial}{\partial \boldsymbol{L}_r}\left(\frac{\partial J}{\partial \boldsymbol{L}_2}\right)^{\mathrm{T}} \\
\vdots & \vdots & & \vdots \\
\frac{\partial}{\partial \boldsymbol{L}_1}\left(\frac{\partial J}{\partial \boldsymbol{L}_r}\right)^{\mathrm{T}} & \frac{\partial}{\partial \boldsymbol{L}_2}\left(\frac{\partial J}{\partial \boldsymbol{L}_r}\right)^{\mathrm{T}} & \cdots & \frac{\partial}{\partial \boldsymbol{L}_r}\left(\frac{\partial J}{\partial \boldsymbol{L}_r}\right)^{\mathrm{T}}
\end{bmatrix} \\
&= \begin{bmatrix}
\frac{\partial^2 J}{\partial \boldsymbol{L}_1^2} & \frac{\partial^2 J}{\partial \boldsymbol{L}_1 \partial \boldsymbol{L}_2} & \cdots & \frac{\partial^2 J}{\partial \boldsymbol{L}_1 \partial \boldsymbol{L}_r} \\
\frac{\partial^2 J}{\partial \boldsymbol{L}_2 \partial \boldsymbol{L}_1} & \frac{\partial^2 J}{\partial \boldsymbol{L}_2^2} & \cdots & \frac{\partial^2 J}{\partial \boldsymbol{L}_2 \partial \boldsymbol{L}_r} \\
\vdots & \vdots & & \vdots \\
\frac{\partial^2 J}{\partial \boldsymbol{L}_r \partial \boldsymbol{L}_1} & \frac{\partial^2 J}{\partial \boldsymbol{L}_r \partial \boldsymbol{L}_2} & \cdots & \frac{\partial^2 J}{\partial \boldsymbol{L}_r^2}
\end{bmatrix}
\end{aligned} \tag{4-57}$$

可见，$\partial^2 J / \partial \hat{\boldsymbol{L}}^2$ 是由 r^2 个子矩阵 $\partial^2 J / (\partial \boldsymbol{L}_i \partial \boldsymbol{L}_j)$（$i, j = 1, 2, \cdots, r$）所组成的。于是，将 $\partial^2 J / (\partial \boldsymbol{L}_i \partial \boldsymbol{L}_j)$ 定义为控制性能指标 J 对反馈增益 $\boldsymbol{L}$ 的二阶灵敏度。

定理 4-4[3]　如果当 $\varepsilon \to 0$ 时，$\overline{n}$ 维列向量函数 $\boldsymbol{f}(\boldsymbol{x})$ 满足

$$\boldsymbol{f}(\boldsymbol{x}+\varepsilon\Delta\boldsymbol{x})-\boldsymbol{f}(\boldsymbol{x})=\varepsilon\boldsymbol{M}(\boldsymbol{x})\Delta\boldsymbol{x}^{\mathrm{T}} \tag{4-58}$$

其中，$\boldsymbol{x}$ 为 $\overline{r}$ 维行向量；$\boldsymbol{M}(\boldsymbol{x})$ 为关于 $\boldsymbol{x}$ 的 $(\overline{n}\times\overline{r})$ 维矩阵函数，则有

$$\partial\boldsymbol{f}(\boldsymbol{x})/\partial\boldsymbol{x}=\boldsymbol{M}(\boldsymbol{x}) \tag{4-59}$$

下面将给出二阶灵敏度的推导过程。令

$$\boldsymbol{J}_{di}=(\partial J/\partial\boldsymbol{L}_i)^{\mathrm{T}},\qquad i=1,2,\cdots,r \tag{4-60}$$

其中，$\partial J/\partial\boldsymbol{L}_i$ 为 $\partial J/\partial\boldsymbol{L}$ 中的第 i 行。根据方程(4-52)可知

$$\partial J/\partial\boldsymbol{L}_i=\hat{\boldsymbol{V}}_i^{\mathrm{T}}\hat{\boldsymbol{R}} \tag{4-61}$$

其中，$\hat{\boldsymbol{V}}_i$ 为 $\hat{\boldsymbol{V}}$ 的第 i 列。将方程(4-61)代入方程(4-60)，可得

$$\boldsymbol{J}_{di}=(\partial J/\partial\boldsymbol{L}_i)^{\mathrm{T}}=\hat{\boldsymbol{R}}\hat{\boldsymbol{V}}_i \tag{4-62}$$

于是有

$$\frac{\partial^2 J}{\partial\boldsymbol{L}_i\partial\boldsymbol{L}_j}=\frac{\partial}{\partial\boldsymbol{L}_j}\left(\frac{\partial J}{\partial\boldsymbol{L}_i}\right)^{\mathrm{T}}=\frac{\partial\boldsymbol{J}_{di}}{\partial\boldsymbol{L}_j},\qquad i,j=1,2,\cdots,r \tag{4-63}$$

设 $\boldsymbol{L}$ 仅在第 j 行，即第 j 个输入所对应的反馈增益 $\boldsymbol{L}_j$ 上产生增量 $\Delta\boldsymbol{L}_j$，其余输入所对应的反馈增益仍保持不变，则 $\boldsymbol{L}$ 的增量 $\Delta\boldsymbol{L}$ 可以表示为

$$\Delta\boldsymbol{L}=\begin{bmatrix}\boldsymbol{0}\\ \vdots\\ \boldsymbol{0}\\ \Delta\boldsymbol{L}_j\\ \boldsymbol{0}\\ \vdots\\ \boldsymbol{0}\end{bmatrix} \tag{4-64}$$

此情况下，$\boldsymbol{L}_j$ 产生增量 $\Delta\boldsymbol{L}_j$ 所引起的 $\boldsymbol{J}_{di}$ 的增量，与 $\boldsymbol{L}$ 产生增量 $\Delta\boldsymbol{L}$ 所引起的 $\boldsymbol{J}_{di}$ 的增量相等，即

$$\boldsymbol{J}_{di}(\boldsymbol{L}_j+\varepsilon\Delta\boldsymbol{L}_j)-\boldsymbol{J}_{di}(\boldsymbol{L}_j)=\boldsymbol{J}_{di}(\boldsymbol{L}+\varepsilon\Delta\boldsymbol{L})-\boldsymbol{J}_{di}(\boldsymbol{L}) \tag{4-65}$$

考虑方程(4-62)，并令 $\hat{\boldsymbol{R}}(\boldsymbol{L}+\varepsilon\Delta\boldsymbol{L})=\hat{\boldsymbol{R}}+\Delta\hat{\boldsymbol{R}}$，$\hat{\boldsymbol{V}}_i(\boldsymbol{L}+\varepsilon\Delta\boldsymbol{L})=\hat{\boldsymbol{V}}_i+\Delta\hat{\boldsymbol{V}}_i$，则有

$$\begin{aligned}\boldsymbol{J}_{di}(\boldsymbol{L}+\varepsilon\Delta\boldsymbol{L})&=\hat{\boldsymbol{R}}(\boldsymbol{L}+\varepsilon\Delta\boldsymbol{L})\hat{\boldsymbol{V}}_i(\boldsymbol{L}+\varepsilon\Delta\boldsymbol{L})=(\hat{\boldsymbol{R}}+\Delta\hat{\boldsymbol{R}})(\hat{\boldsymbol{V}}_i+\Delta\hat{\boldsymbol{V}}_i)\\&=\boldsymbol{J}_{di}(\boldsymbol{L})+\hat{\boldsymbol{R}}\Delta\hat{\boldsymbol{V}}_i+\Delta\hat{\boldsymbol{R}}\hat{\boldsymbol{V}}_i+\Delta\hat{\boldsymbol{R}}\Delta\hat{\boldsymbol{V}}_i\end{aligned} \tag{4-66}$$

将方程(4-66)代入方程(4-65)，可得

$$\boldsymbol{J}_{di}(\boldsymbol{L}_j+\varepsilon\Delta\boldsymbol{L}_j)-\boldsymbol{J}_{di}(\boldsymbol{L}_j)=\hat{\boldsymbol{R}}\Delta\hat{\boldsymbol{V}}_i+\Delta\hat{\boldsymbol{R}}\hat{\boldsymbol{V}}_i+\Delta\hat{\boldsymbol{R}}\Delta\hat{\boldsymbol{V}}_i \tag{4-67}$$

可见 $\Delta\hat{\boldsymbol{R}}$ 和 $\Delta\hat{\boldsymbol{V}}_i$ 是求得方程(4-67)的关键。$\Delta\hat{\boldsymbol{R}}$ 和 $\Delta\hat{\boldsymbol{V}}_i$ 的表达式的推导将在下文中给出。

首先介绍 $\Delta\hat{\boldsymbol{R}}$ 的表达式的推导方法。根据方程(4-47)，有

$$\hat{\boldsymbol{R}}(\boldsymbol{L}+\varepsilon\Delta\boldsymbol{L})=\int_0^{\infty}\mathrm{e}^{(\hat{\boldsymbol{H}}-\varepsilon\boldsymbol{B}\Delta\boldsymbol{L})\sigma}\boldsymbol{R}_0\mathrm{e}^{(\hat{\boldsymbol{H}}-\varepsilon\boldsymbol{B}\Delta\boldsymbol{L})^{\mathrm{T}}\sigma}\mathrm{d}\sigma \tag{4-68}$$

将方程(4-33)代入方程(4-68)并展开，舍去方程中包含 ε^2 的项，可得

$$\hat{\boldsymbol{R}}(\boldsymbol{L}+\varepsilon\Delta\boldsymbol{L})\approx\int_0^{\infty}\left\{\mathrm{e}^{\hat{\boldsymbol{H}}^{\mathrm{T}}\sigma}\boldsymbol{R}_0\mathrm{e}^{\hat{\boldsymbol{H}}\sigma}-\varepsilon[\int_0^{\sigma}\mathrm{e}^{\hat{\boldsymbol{H}}(\sigma-s)}\boldsymbol{B}\Delta\boldsymbol{L}\mathrm{e}^{\hat{\boldsymbol{H}}s}\mathrm{d}s]\boldsymbol{R}_0\mathrm{e}^{\hat{\boldsymbol{H}}^{\mathrm{T}}\sigma}\right.$$
$$\left.-\varepsilon\mathrm{e}^{\hat{\boldsymbol{H}}\sigma}\boldsymbol{R}_0\left[\int_0^{\sigma}\mathrm{e}^{\hat{\boldsymbol{H}}^{\mathrm{T}}s}\Delta\boldsymbol{L}^{\mathrm{T}}\boldsymbol{B}^{\mathrm{T}}\mathrm{e}^{\hat{\boldsymbol{H}}^{\mathrm{T}}(\sigma-s)}\mathrm{d}s\right]\right\}\mathrm{d}\sigma \tag{4-69}$$

由方程(4-47)和方程(4-69)，可得

$$\begin{aligned}\Delta\hat{\boldsymbol{R}}&=\hat{\boldsymbol{R}}(\boldsymbol{L}+\varepsilon\Delta\boldsymbol{L})-\hat{\boldsymbol{R}}\\&=-\varepsilon\left[\int_0^{\infty}\int_0^{\sigma}\mathrm{e}^{\hat{\boldsymbol{H}}(\sigma-s)}\boldsymbol{B}\Delta\boldsymbol{L}\mathrm{e}^{\hat{\boldsymbol{H}}s}\boldsymbol{R}_0\mathrm{e}^{\hat{\boldsymbol{H}}^{\mathrm{T}}\sigma}\mathrm{d}s\,\mathrm{d}\sigma\right.\\&\left.\quad-\int_0^{\infty}\int_0^{\sigma}\mathrm{e}^{\hat{\boldsymbol{H}}\sigma}\boldsymbol{R}_0\mathrm{e}^{\hat{\boldsymbol{H}}^{\mathrm{T}}s}\Delta\boldsymbol{L}^{\mathrm{T}}\boldsymbol{B}^{\mathrm{T}}\mathrm{e}^{\hat{\boldsymbol{H}}^{\mathrm{T}}(\sigma-s)}\mathrm{d}s\,\mathrm{d}\sigma\right]\end{aligned} \tag{4-70}$$

将方程(4-64)代入方程(4-70)，有

$$\begin{aligned}\Delta\hat{\boldsymbol{R}}=&-\varepsilon\left[\int_0^{\infty}\int_0^{\sigma}\mathrm{e}^{\hat{\boldsymbol{H}}(\sigma-s)}\boldsymbol{B}_j\Delta\boldsymbol{L}_j\mathrm{e}^{\hat{\boldsymbol{H}}s}\boldsymbol{R}_0\mathrm{e}^{\hat{\boldsymbol{H}}^{\mathrm{T}}\sigma}\mathrm{d}s\,\mathrm{d}\sigma\right.\\&\left.-\int_0^{\infty}\int_0^{\sigma}\mathrm{e}^{\hat{\boldsymbol{H}}\sigma}\boldsymbol{R}_0\mathrm{e}^{\hat{\boldsymbol{H}}^{\mathrm{T}}s}\Delta\boldsymbol{L}_j^{\mathrm{T}}\boldsymbol{B}_j^{\mathrm{T}}\mathrm{e}^{\hat{\boldsymbol{H}}^{\mathrm{T}}(\sigma-s)}\mathrm{d}s\,\mathrm{d}\sigma\right]\end{aligned} \tag{4-71}$$

其中，$\boldsymbol{B}_j$ 为 $\boldsymbol{B}$ 的第 j 列。

然后给出 $\Delta\hat{\boldsymbol{V}}_i$ 的表达式的推导方法。根据方程(4-53)，有

$$\hat{\boldsymbol{V}}_i=\boldsymbol{L}^{\mathrm{T}}\boldsymbol{R}_i-\hat{\boldsymbol{S}}\boldsymbol{B}_i \tag{4-72}$$

其中，$\boldsymbol{R}_i$ 为 $\boldsymbol{R}$ 的第 i 列，$\boldsymbol{B}_i$ 为 $\boldsymbol{B}$ 的第 i 列。则 $\Delta\hat{\boldsymbol{V}}_i$ 可以表达为

$$\Delta\hat{\boldsymbol{V}}_i=\hat{\boldsymbol{V}}_i(\boldsymbol{L}+\varepsilon\Delta\boldsymbol{L})-\hat{\boldsymbol{V}}_i(\boldsymbol{L})=\varepsilon\Delta\boldsymbol{L}^{T}\boldsymbol{R}_i-\Delta\hat{\boldsymbol{S}}\boldsymbol{B}_i \tag{4-73}$$

其中

$$\Delta\hat{\boldsymbol{S}}=\hat{\boldsymbol{S}}(\boldsymbol{L}+\varepsilon\Delta\boldsymbol{L})-\Delta\hat{\boldsymbol{S}} \tag{4-74}$$

根据方程(4-46)，有

$$\hat{\boldsymbol{S}}(\boldsymbol{L}+\varepsilon\Delta\boldsymbol{L})=\int_0^{\infty}\mathrm{e}^{(\hat{\boldsymbol{H}}-\varepsilon\boldsymbol{B}\Delta\boldsymbol{L})^{\mathrm{T}}\sigma}\left[\boldsymbol{Q}+(\boldsymbol{L}^{\mathrm{T}}+\varepsilon\Delta\boldsymbol{L}^{\mathrm{T}})\boldsymbol{R}(\boldsymbol{L}+\varepsilon\Delta\boldsymbol{L})\right]\mathrm{e}^{(\hat{\boldsymbol{H}}-\varepsilon\boldsymbol{B}\Delta\boldsymbol{L})\sigma}\mathrm{d}\sigma \tag{4-75}$$

将方程(4-33)代入方程(4-75)并展开，舍去式中高于 ε 的二次的项，可得

$$\begin{aligned}\hat{\boldsymbol{S}}(\boldsymbol{L}+\varepsilon\Delta\boldsymbol{L})\approx\int_0^{\infty}&\left\{\mathrm{e}^{\hat{\boldsymbol{H}}^{\mathrm{T}}\sigma}(\boldsymbol{Q}+\boldsymbol{L}^{\mathrm{T}}\boldsymbol{R}\boldsymbol{L})\mathrm{e}^{\hat{\boldsymbol{H}}\sigma}\right.\\&+\varepsilon\mathrm{e}^{\hat{\boldsymbol{H}}^{\mathrm{T}}\sigma}(\boldsymbol{L}^{\mathrm{T}}\boldsymbol{R}\Delta\boldsymbol{L})\mathrm{e}^{\hat{\boldsymbol{H}}\sigma}+\varepsilon\mathrm{e}^{\hat{\boldsymbol{H}}^{\mathrm{T}}\sigma}(\Delta\boldsymbol{L}^{\mathrm{T}}\boldsymbol{R}\boldsymbol{L})\mathrm{e}^{\hat{\boldsymbol{H}}\sigma}\\&-\varepsilon\left[\int_0^{s}\mathrm{e}^{\hat{\boldsymbol{H}}^{\mathrm{T}}s}\Delta\boldsymbol{L}^{\mathrm{T}}\boldsymbol{B}^{\mathrm{T}}\mathrm{e}^{\hat{\boldsymbol{H}}^{\mathrm{T}}(\sigma-s)}\mathrm{d}s\right](\boldsymbol{Q}+\boldsymbol{L}^{\mathrm{T}}\boldsymbol{R}\boldsymbol{L})\mathrm{e}^{\hat{\boldsymbol{H}}\sigma}\\&\left.-\varepsilon\mathrm{e}^{\hat{\boldsymbol{H}}^{\mathrm{T}}\sigma}(\boldsymbol{Q}+\boldsymbol{L}^{\mathrm{T}}\boldsymbol{R}\boldsymbol{L})\left[\int_0^{s}\mathrm{e}^{\hat{\boldsymbol{H}}(\sigma-s)}\boldsymbol{B}\Delta\boldsymbol{L}\mathrm{e}^{\hat{\boldsymbol{H}}s}\mathrm{d}s\right]\right\}\mathrm{d}\sigma\end{aligned} \tag{4-76}$$

由方程(4-46)和方程(4-76)，可得

$$\begin{aligned}\Delta\hat{\boldsymbol{S}}&=\hat{\boldsymbol{S}}(\boldsymbol{L}+\varepsilon\Delta\boldsymbol{L})-\hat{\boldsymbol{S}}(\boldsymbol{L})\\&=\varepsilon\left\{\int_0^{\infty}\left[\mathrm{e}^{\hat{\boldsymbol{H}}^{\mathrm{T}}\sigma}(\boldsymbol{L}^{\mathrm{T}}\boldsymbol{R}\Delta\boldsymbol{L})\mathrm{e}^{\hat{\boldsymbol{H}}\sigma}+\mathrm{e}^{\hat{\boldsymbol{H}}^{\mathrm{T}}\sigma}(\Delta\boldsymbol{L}^{\mathrm{T}}\boldsymbol{R}\boldsymbol{L})\mathrm{e}^{\hat{\boldsymbol{H}}\sigma}\right]\mathrm{d}\sigma\right.\\&\quad-\int_0^{\infty}\int_0^{s}\mathrm{e}^{\hat{\boldsymbol{H}}^{\mathrm{T}}s}\Delta\boldsymbol{L}^{\mathrm{T}}\boldsymbol{B}^{\mathrm{T}}\mathrm{e}^{\hat{\boldsymbol{H}}^{\mathrm{T}}(\sigma-s)}(\boldsymbol{Q}+\boldsymbol{L}^{\mathrm{T}}\boldsymbol{R}\boldsymbol{L})\mathrm{e}^{\hat{\boldsymbol{H}}\sigma}\mathrm{d}s\,\mathrm{d}\sigma\\&\left.\quad-\int_0^{\infty}\int_0^{s}\mathrm{e}^{\hat{\boldsymbol{H}}^{\mathrm{T}}\sigma}(\boldsymbol{Q}+\boldsymbol{L}^{\mathrm{T}}\boldsymbol{R}\boldsymbol{L})\mathrm{e}^{\hat{\boldsymbol{H}}(\sigma-s)}\boldsymbol{B}\Delta\boldsymbol{L}\mathrm{e}^{\hat{\boldsymbol{H}}s}\mathrm{d}s\,\mathrm{d}\sigma\right\}\end{aligned} \tag{4-77}$$

将方程(4-64)代入方程(4-77)，有

$$\begin{aligned}\Delta\hat{\boldsymbol{S}} = \varepsilon\Big\{ &\int_0^\infty \Big[\mathrm{e}^{\hat{\boldsymbol{H}}^\mathrm{T}\sigma}(\boldsymbol{L}^\mathrm{T}\boldsymbol{R}_j\Delta\boldsymbol{L}_j)\mathrm{e}^{\hat{\boldsymbol{H}}\sigma} + \mathrm{e}^{\hat{\boldsymbol{H}}^\mathrm{T}\sigma}(\Delta\boldsymbol{L}_j^\mathrm{T}\boldsymbol{R}_j\boldsymbol{L})\mathrm{e}^{\hat{\boldsymbol{H}}\sigma}\Big]\mathrm{d}\sigma \\ &-\int_0^\infty\int_0^s \mathrm{e}^{\hat{\boldsymbol{H}}^\mathrm{T}s}\,\Delta\boldsymbol{L}_j^\mathrm{T}\boldsymbol{B}_j^\mathrm{T}\mathrm{e}^{\hat{\boldsymbol{H}}^\mathrm{T}(\sigma-s)}(\boldsymbol{Q}+\boldsymbol{L}^\mathrm{T}\boldsymbol{R}\boldsymbol{L})\mathrm{e}^{\hat{\boldsymbol{H}}\sigma}\mathrm{d}s\,\mathrm{d}\sigma \\ &-\int_0^\infty\int_0^s \mathrm{e}^{\hat{\boldsymbol{H}}^\mathrm{T}\sigma}(\boldsymbol{Q}+\boldsymbol{L}^\mathrm{T}\boldsymbol{R}\boldsymbol{L})\mathrm{e}^{\hat{\boldsymbol{H}}(\sigma-s)}\boldsymbol{B}_j\Delta\boldsymbol{L}_j\mathrm{e}^{\hat{\boldsymbol{H}}s}\mathrm{d}s\,\mathrm{d}\sigma\Big\}\end{aligned} \tag{4-78}$$

将方程(4-64)和方程(4-78)代入方程(4-73)，可得

$$\begin{aligned}\Delta\hat{\boldsymbol{V}}_i = \varepsilon\Big\{ &\Delta\boldsymbol{L}_j^\mathrm{T}R_{ij} - \int_0^\infty \Big[\mathrm{e}^{\hat{\boldsymbol{H}}^\mathrm{T}\sigma}(\boldsymbol{L}^\mathrm{T}\boldsymbol{R}_j\Delta\boldsymbol{L}_j)\mathrm{e}^{\hat{\boldsymbol{H}}\sigma}\boldsymbol{B}_i + \mathrm{e}^{\hat{\boldsymbol{H}}^\mathrm{T}\sigma}(\Delta\boldsymbol{L}_j^\mathrm{T}\boldsymbol{R}_j\boldsymbol{L})\mathrm{e}^{\hat{\boldsymbol{H}}\sigma}\boldsymbol{B}_i\Big]\mathrm{d}\sigma \\ &-\int_0^\infty\int_0^s \mathrm{e}^{\hat{\boldsymbol{H}}^\mathrm{T}s}\Delta\boldsymbol{L}_j^\mathrm{T}\boldsymbol{B}_j^\mathrm{T}\mathrm{e}^{\hat{\boldsymbol{H}}^\mathrm{T}(\sigma-s)}(\boldsymbol{Q}+\boldsymbol{L}^\mathrm{T}\boldsymbol{R}\boldsymbol{L})\mathrm{e}^{\hat{\boldsymbol{H}}\sigma}\boldsymbol{B}_i\mathrm{d}s\,\mathrm{d}\sigma \\ &-\int_0^\infty\int_0^s \mathrm{e}^{\hat{\boldsymbol{H}}^\mathrm{T}\sigma}(\boldsymbol{Q}+\boldsymbol{L}^\mathrm{T}\boldsymbol{R}\boldsymbol{L})\mathrm{e}^{\hat{\boldsymbol{H}}(\sigma-s)}\boldsymbol{B}_j\Delta\boldsymbol{L}_j\mathrm{e}^{\hat{\boldsymbol{H}}s}\boldsymbol{B}_i\mathrm{d}s\,\mathrm{d}\sigma\Big\}\end{aligned} \tag{4-79}$$

其中，R_{ij} 为 $\boldsymbol{R}$ 第 i 行、第 j 列上的元素。

由于方程(4-79)中 R_{ij}、$\Delta\boldsymbol{L}_j\mathrm{e}^{\hat{\boldsymbol{H}}\sigma}\boldsymbol{B}_i$、$\boldsymbol{R}_j\boldsymbol{L}\mathrm{e}^{\hat{\boldsymbol{H}}\sigma}\boldsymbol{B}_i$、$\boldsymbol{B}_j^\mathrm{T}\mathrm{e}^{\hat{\boldsymbol{H}}^\mathrm{T}(\sigma-s)}(\boldsymbol{Q}+\boldsymbol{L}^\mathrm{T}\boldsymbol{R}\boldsymbol{L})\mathrm{e}^{\hat{\boldsymbol{H}}\sigma}\boldsymbol{B}_i$ 和 $\Delta\boldsymbol{L}_j\mathrm{e}^{\hat{\boldsymbol{H}}s}\boldsymbol{B}_i$ 均为标量，可以将 R_{ij}、$\boldsymbol{R}_j\boldsymbol{L}\mathrm{e}^{\hat{\boldsymbol{H}}\sigma}\boldsymbol{B}_i$ 和 $\boldsymbol{B}_j^\mathrm{T}\mathrm{e}^{\hat{\boldsymbol{H}}^\mathrm{T}(\sigma-s)}(\boldsymbol{Q}+\boldsymbol{L}^\mathrm{T}\boldsymbol{R}\boldsymbol{L})\mathrm{e}^{\hat{\boldsymbol{H}}\sigma}\boldsymbol{B}_i$ 分别由 $\Delta\boldsymbol{L}_j^\mathrm{T}$ 的右边移至左边，同时可将 $\Delta\boldsymbol{L}_j\mathrm{e}^{\hat{\boldsymbol{H}}\sigma}\boldsymbol{B}_i$ 和 $\Delta\boldsymbol{L}_j\mathrm{e}^{\hat{\boldsymbol{H}}s}\boldsymbol{B}_i$ 分别变换为 $\boldsymbol{B}_i^\mathrm{T}\mathrm{e}^{\hat{\boldsymbol{H}}^\mathrm{T}\sigma}\Delta\boldsymbol{L}_j^\mathrm{T}$ 和 $\boldsymbol{B}_i^\mathrm{T}\mathrm{e}^{\hat{\boldsymbol{H}}^\mathrm{T}s}\Delta\boldsymbol{L}_j^\mathrm{T}$，则方程(4-79)各项中的 $\Delta\boldsymbol{L}_j^\mathrm{T}$ 可统一提出至方程最右边，表示为

$$\begin{aligned}\Delta\hat{\boldsymbol{V}}_i = \varepsilon\Big\{ &R_{ij} - \int_0^\infty (\mathrm{e}^{\hat{\boldsymbol{H}}^\mathrm{T}\sigma}\boldsymbol{L}^\mathrm{T}\boldsymbol{R}_j\boldsymbol{B}_i^\mathrm{T}\mathrm{e}^{\hat{\boldsymbol{H}}^\mathrm{T}\sigma} + \mathrm{e}^{\hat{\boldsymbol{H}}^\mathrm{T}\sigma}\boldsymbol{R}_j\boldsymbol{L}\mathrm{e}^{\hat{\boldsymbol{H}}\sigma}\boldsymbol{B}_i)\mathrm{d}\sigma \\ &-\int_0^\infty\int_0^s \mathrm{e}^{\hat{\boldsymbol{H}}^\mathrm{T}s}\boldsymbol{B}_j^\mathrm{T}\mathrm{e}^{\hat{\boldsymbol{H}}^\mathrm{T}(\sigma-s)}(\boldsymbol{Q}+\boldsymbol{L}^\mathrm{T}\boldsymbol{R}\boldsymbol{L})\mathrm{e}^{\hat{\boldsymbol{H}}\sigma}\boldsymbol{B}_i\mathrm{d}s\,\mathrm{d}\sigma \\ &-\int_0^\infty\int_0^s \mathrm{e}^{\hat{\boldsymbol{H}}^\mathrm{T}\sigma}(\boldsymbol{Q}+\boldsymbol{L}^\mathrm{T}\boldsymbol{R}\boldsymbol{L})\mathrm{e}^{\hat{\boldsymbol{H}}(\sigma-s)}\boldsymbol{B}_j\boldsymbol{B}_i^\mathrm{T}\mathrm{e}^{\hat{\boldsymbol{H}}^\mathrm{T}s}\mathrm{d}s\,\mathrm{d}\sigma\Big\}\Delta\boldsymbol{L}_j^\mathrm{T}\end{aligned} \tag{4-80}$$

使用类似于由方程(4-43)到方程(4-45)的积分变换方法，可以将方程(4-80)变形为

$$\begin{aligned}\Delta\hat{\boldsymbol{V}}_i = \varepsilon\Big\{ &R_{ij} - \int_0^\infty (\mathrm{e}^{\hat{\boldsymbol{H}}^\mathrm{T}\sigma}\boldsymbol{L}^\mathrm{T}\boldsymbol{R}_j\boldsymbol{B}_i^\mathrm{T}\mathrm{e}^{\hat{\boldsymbol{H}}^\mathrm{T}\sigma} + \mathrm{e}^{\hat{\boldsymbol{H}}^\mathrm{T}\sigma}\boldsymbol{R}_j\boldsymbol{L}\mathrm{e}^{\hat{\boldsymbol{H}}\sigma}\boldsymbol{B}_i)\mathrm{d}\sigma \\ &-\int_0^\infty \mathrm{e}^{\hat{\boldsymbol{H}}^\mathrm{T}\sigma}\boldsymbol{B}_j^\mathrm{T}\Big[\int_0^\infty \mathrm{e}^{\hat{\boldsymbol{H}}^\mathrm{T}s}(\boldsymbol{Q}+\boldsymbol{L}^\mathrm{T}\boldsymbol{R}\boldsymbol{L})\mathrm{e}^{\hat{\boldsymbol{H}}s}\mathrm{d}s\Big]\mathrm{e}^{\hat{\boldsymbol{H}}\sigma}\boldsymbol{B}_i\mathrm{d}\sigma \\ &-\int_0^\infty \mathrm{e}^{\hat{\boldsymbol{H}}^\mathrm{T}\sigma}\Big[\int_0^\infty \mathrm{e}^{\hat{\boldsymbol{H}}^\mathrm{T}s}(\boldsymbol{Q}+\boldsymbol{L}^\mathrm{T}\boldsymbol{R}\boldsymbol{L})\mathrm{e}^{\hat{\boldsymbol{H}}s}\mathrm{d}s\Big]\boldsymbol{B}_j\boldsymbol{B}_i^\mathrm{T}\mathrm{e}^{\hat{\boldsymbol{H}}^\mathrm{T}\sigma}\mathrm{d}\sigma\Big\}\Delta\boldsymbol{L}_j^\mathrm{T}\end{aligned} \tag{4-81}$$

将方程(4-46)代入方程(4-81)，可得

$$\begin{aligned}\Delta\hat{\boldsymbol{V}}_i &= \varepsilon\Big\{ R_{ij} - \int_0^\infty (\mathrm{e}^{\hat{\boldsymbol{H}}^\mathrm{T}\sigma}\boldsymbol{L}^\mathrm{T}\boldsymbol{R}_j\boldsymbol{B}_i^\mathrm{T}\mathrm{e}^{\hat{\boldsymbol{H}}^\mathrm{T}\sigma} + \mathrm{e}^{\hat{\boldsymbol{H}}^\mathrm{T}\sigma}\boldsymbol{R}_j\boldsymbol{L}\mathrm{e}^{\hat{\boldsymbol{H}}\sigma}\boldsymbol{B}_i)\mathrm{d}\sigma \\ &\quad -\int_0^\infty \mathrm{e}^{\hat{\boldsymbol{H}}^\mathrm{T}\sigma}\boldsymbol{B}_j^\mathrm{T}\hat{\boldsymbol{S}}\mathrm{e}^{\hat{\boldsymbol{H}}\sigma}\boldsymbol{B}_i\mathrm{d}\sigma - \int_0^\infty \mathrm{e}^{\hat{\boldsymbol{H}}^\mathrm{T}\sigma}\hat{\boldsymbol{S}}\boldsymbol{B}_j\boldsymbol{B}_i^\mathrm{T}\mathrm{e}^{\hat{\boldsymbol{H}}^\mathrm{T}\sigma}\mathrm{d}\sigma\Big\}\Delta\boldsymbol{L}_j^\mathrm{T} \\ &= \varepsilon\Big\{ R_{ij} - \int_0^\infty \Big[\mathrm{e}^{\hat{\boldsymbol{H}}^\mathrm{T}\sigma}(\boldsymbol{L}^\mathrm{T}\boldsymbol{R}_j - \hat{\boldsymbol{S}}\boldsymbol{B}_j)\boldsymbol{B}_i^\mathrm{T}\mathrm{e}^{\hat{\boldsymbol{H}}^\mathrm{T}\sigma} \\ &\quad + \mathrm{e}^{\hat{\boldsymbol{H}}^\mathrm{T}\sigma}(\boldsymbol{R}_j\boldsymbol{L} - \boldsymbol{B}_j^\mathrm{T}\hat{\boldsymbol{S}})\mathrm{e}^{\hat{\boldsymbol{H}}\sigma}\boldsymbol{B}_i\Big]\mathrm{d}\sigma\Big\}\Delta\boldsymbol{L}_j^\mathrm{T}\end{aligned} \tag{4-82}$$

再将方程(4-72)代入方程(4-82)，有

$$\Delta\hat{\boldsymbol{V}}_i = \varepsilon\left[R_{ij} - \int_0^{\infty}(\mathrm{e}^{\hat{\boldsymbol{H}}^{\mathrm{T}}\sigma}\hat{\boldsymbol{V}}_j\boldsymbol{B}_i^{\mathrm{T}}\mathrm{e}^{\hat{\boldsymbol{H}}^{\mathrm{T}}\sigma} + \mathrm{e}^{\hat{\boldsymbol{H}}^{\mathrm{T}}\sigma}\hat{\boldsymbol{V}}_j^{\mathrm{T}}\mathrm{e}^{\hat{\boldsymbol{H}}\sigma}\boldsymbol{B}_i)\mathrm{d}\sigma\right]\Delta\boldsymbol{L}_j^{\mathrm{T}} \tag{4-83}$$

以上，$\Delta\hat{\boldsymbol{V}}_i$ 的表达式也完成了推导。

根据方程(4-71)、方程(4-72)，可以将 $\Delta\hat{\boldsymbol{R}}\hat{\boldsymbol{V}}_i$ 表达为

$$\begin{aligned}\Delta\hat{\boldsymbol{R}}\hat{\boldsymbol{V}}_i = -\varepsilon\Bigg[&\int_0^{\infty}\int_0^{\sigma}\mathrm{e}^{\hat{\boldsymbol{H}}(\sigma-s)}\boldsymbol{B}_j\Delta\boldsymbol{L}_j\mathrm{e}^{\hat{\boldsymbol{H}}s}\boldsymbol{R}_0\mathrm{e}^{\hat{\boldsymbol{H}}^{\mathrm{T}}\sigma}\hat{\boldsymbol{V}}_i\mathrm{d}s\,\mathrm{d}\sigma\\ &-\int_0^{\infty}\int_0^{\sigma}\mathrm{e}^{\hat{\boldsymbol{H}}\sigma}\boldsymbol{R}_0\mathrm{e}^{\hat{\boldsymbol{H}}^{\mathrm{T}}s}\Delta\boldsymbol{L}_j^{\mathrm{T}}\boldsymbol{B}_j^{\mathrm{T}}\mathrm{e}^{\hat{\boldsymbol{H}}^{\mathrm{T}}(\sigma-s)}\hat{\boldsymbol{V}}_i\mathrm{d}s\,\mathrm{d}\sigma\Bigg]\end{aligned} \tag{4-84}$$

由于 $\Delta\boldsymbol{L}_j\mathrm{e}^{\hat{\boldsymbol{H}}s}\boldsymbol{R}_0\mathrm{e}^{\hat{\boldsymbol{H}}^{\mathrm{T}}\sigma}\hat{\boldsymbol{V}}_i$ 和 $\boldsymbol{B}_j^{\mathrm{T}}\mathrm{e}^{\hat{\boldsymbol{H}}^{\mathrm{T}}(\sigma-s)}\hat{\boldsymbol{V}}_i$ 为标量，可以将 $\Delta\boldsymbol{L}_j\mathrm{e}^{\hat{\boldsymbol{H}}s}\boldsymbol{R}_0\mathrm{e}^{\hat{\boldsymbol{H}}^{\mathrm{T}}\sigma}\hat{\boldsymbol{V}}_i$ 变换为 $\boldsymbol{V}_i^{\mathrm{T}}\mathrm{e}^{\hat{\boldsymbol{H}}\sigma}\boldsymbol{R}_0\mathrm{e}^{\hat{\boldsymbol{H}}^{\mathrm{T}}s}\Delta\boldsymbol{L}_j^{\mathrm{T}}$，将 $\boldsymbol{B}_j^{\mathrm{T}}\mathrm{e}^{\hat{\boldsymbol{H}}^{\mathrm{T}}(\sigma-s)}\hat{\boldsymbol{V}}_i$ 由 $\Delta\boldsymbol{L}_j^{\mathrm{T}}$ 的右边移至左边，则方程(4-84)中各项的 $\Delta\boldsymbol{L}_j^{\mathrm{T}}$ 可统一提至方程的最右边，表示为

$$\begin{aligned}\Delta\hat{\boldsymbol{R}}\hat{\boldsymbol{V}}_i = -\varepsilon\Bigg[&\int_0^{\infty}\int_0^{\sigma}\mathrm{e}^{\hat{\boldsymbol{H}}(\sigma-s)}\boldsymbol{B}_j\hat{\boldsymbol{V}}_i^{\mathrm{T}}\mathrm{e}^{\hat{\boldsymbol{H}}\sigma}\boldsymbol{R}_0\mathrm{e}^{\hat{\boldsymbol{H}}^{\mathrm{T}}s}\mathrm{d}s\,\mathrm{d}\sigma\\ &-\int_0^{\infty}\int_0^{\sigma}\boldsymbol{B}_j^{\mathrm{T}}\mathrm{e}^{\hat{\boldsymbol{H}}^{\mathrm{T}}(\sigma-s)}\hat{\boldsymbol{V}}_i\mathrm{e}^{\hat{\boldsymbol{H}}\sigma}\boldsymbol{R}_0\mathrm{e}^{\hat{\boldsymbol{H}}^{\mathrm{T}}s}\mathrm{d}s\,\mathrm{d}\sigma\Bigg]\Delta\boldsymbol{L}_j^{\mathrm{T}}\end{aligned} \tag{4-85}$$

使用类似于由方程(4-43)到方程(4-45)的积分变换方法，可以将方程(4-85)变形为

$$\begin{aligned}\Delta\hat{\boldsymbol{R}}\hat{\boldsymbol{V}}_i = -\varepsilon\Bigg[&\int_0^{\infty}\mathrm{e}^{\hat{\boldsymbol{H}}s}\boldsymbol{B}_j\hat{\boldsymbol{V}}_i^{\mathrm{T}}\mathrm{e}^{\hat{\boldsymbol{H}}s}\mathrm{d}s\int_0^{\infty}\mathrm{e}^{\hat{\boldsymbol{H}}\sigma}\boldsymbol{R}_0\mathrm{e}^{\hat{\boldsymbol{H}}^{\mathrm{T}}\sigma}\mathrm{d}\sigma\\ &-\int_0^{\infty}\boldsymbol{B}_j^{\mathrm{T}}\mathrm{e}^{\hat{\boldsymbol{H}}^{\mathrm{T}}s}\hat{\boldsymbol{V}}_i\mathrm{e}^{\hat{\boldsymbol{H}}s}\mathrm{d}s\int_0^{\infty}\mathrm{e}^{\hat{\boldsymbol{H}}\sigma}\boldsymbol{R}_0\mathrm{e}^{\hat{\boldsymbol{H}}^{\mathrm{T}}\sigma}\mathrm{d}\sigma\Bigg]\Delta\boldsymbol{L}_j^{\mathrm{T}}\end{aligned} \tag{4-86}$$

令

$$\hat{\boldsymbol{M}}^{ij} = \int_0^{\infty}(\mathrm{e}^{\hat{\boldsymbol{H}}s}\boldsymbol{B}_j\hat{\boldsymbol{V}}_i^{\mathrm{T}}\mathrm{e}^{\hat{\boldsymbol{H}}s} + \boldsymbol{B}_j^{\mathrm{T}}\mathrm{e}^{\hat{\boldsymbol{H}}^{\mathrm{T}}s}\hat{\boldsymbol{V}}_i\mathrm{e}^{\hat{\boldsymbol{H}}s})\mathrm{d}s \tag{4-87}$$

考虑方程(4-47)、方程(4-87)，可以将方程(4-86)表示为

$$\Delta\hat{\boldsymbol{R}}\hat{\boldsymbol{V}}_i = -\varepsilon\hat{\boldsymbol{M}}^{ij}\hat{\boldsymbol{R}}\Delta\boldsymbol{L}_j^{\mathrm{T}} \tag{4-88}$$

以上给出了 $\Delta\hat{\boldsymbol{R}}\hat{\boldsymbol{V}}_i$ 的表达式。同时，根据方程(4-83)、方程(4-87)，可以将 $\hat{\boldsymbol{R}}\Delta\hat{\boldsymbol{V}}_i$ 表示为

$$\hat{\boldsymbol{R}}\Delta\hat{\boldsymbol{V}}_i = \varepsilon[\hat{\boldsymbol{R}}R_{ij} - \hat{\boldsymbol{R}}(\hat{\boldsymbol{M}}^{ji})^{\mathrm{T}}]\Delta\boldsymbol{L}_j^{\mathrm{T}} \tag{4-89}$$

于是，将方程(4-88)、方程(4-89)代入方程(4-67)，由于 $\Delta\hat{\boldsymbol{R}}\Delta\hat{\boldsymbol{V}}_i$ 为包含 ε^2 的项，可舍去，得

$$\boldsymbol{J}_{di}(\boldsymbol{L}_j + \varepsilon\Delta\boldsymbol{L}_j) - \boldsymbol{J}_{di}(\boldsymbol{L}_j) \approx \varepsilon\{\hat{\boldsymbol{R}}R_{ij} - [\hat{\boldsymbol{M}}^{ij}\hat{\boldsymbol{R}} + \hat{\boldsymbol{R}}(\hat{\boldsymbol{M}}^{ji})^{\mathrm{T}}]\}\Delta\boldsymbol{L}_j^{\mathrm{T}} \tag{4-90}$$

根据定理 4-4，由方程(4-63)、方程(4-90)可得

$$\frac{\partial^2 J}{\partial\boldsymbol{L}_i\partial\boldsymbol{L}_j} = \frac{\partial\boldsymbol{J}_{di}}{\partial\boldsymbol{L}_j} = \hat{\boldsymbol{R}}R_{ij} - [\hat{\boldsymbol{M}}^{ij}\hat{\boldsymbol{R}} + \hat{\boldsymbol{R}}(\hat{\boldsymbol{M}}^{ji})^{\mathrm{T}}] \tag{4-91}$$

以上完成了控制性能指标 J 对反馈增益 $\boldsymbol{L}$ 的二阶灵敏度 $\partial^2 J/(\partial\boldsymbol{L}_i\partial\boldsymbol{L}_j)$ 的推导。

综上，可以将一阶灵敏度 $\partial J/\partial\boldsymbol{L}$ 和二阶灵敏度 $\partial^2 J/(\partial\boldsymbol{L}_i\partial\boldsymbol{L}_j)$ 的计算公式总结为

$$\frac{\partial J}{\partial\boldsymbol{L}} = \hat{\boldsymbol{V}}^{\mathrm{T}}\hat{\boldsymbol{R}} \tag{4-92}$$

$$\frac{\partial^2 J}{\partial \boldsymbol{L}_i \partial \boldsymbol{L}_j} = \hat{\boldsymbol{R}} R_{ij} - [\hat{\boldsymbol{M}}^{ij} \hat{\boldsymbol{R}} + \hat{\boldsymbol{R}} (\hat{\boldsymbol{M}}^{ji})^{\mathrm{T}}] \tag{4-93}$$

式中，$i, j = 1, 2, \cdots, r$，r 为控制输入的个数；$\boldsymbol{L}_i$ 和 $\boldsymbol{L}_j$ 分别为增益矩阵的第 i 行和第 j 行；R_{ij} 为控制参数 $\boldsymbol{R}$ 的第 i 行、第 j 列上的元素。方程(4-92)和方程(4-93)中其他参数分别为

$$\hat{\boldsymbol{H}} = \boldsymbol{A} - \boldsymbol{B}\boldsymbol{L} \tag{4-94}$$

$$\hat{\boldsymbol{Q}} = \boldsymbol{Q} + \boldsymbol{L}^{\mathrm{T}} \boldsymbol{R} \boldsymbol{L} \tag{4-95}$$

$$\boldsymbol{R}_0 = \boldsymbol{y}(0) \boldsymbol{y}^{\mathrm{T}}(0) \tag{4-96}$$

$$\hat{\boldsymbol{H}}^{T} \hat{\boldsymbol{S}} + \hat{\boldsymbol{S}} \hat{\boldsymbol{H}} + \hat{\boldsymbol{Q}} = \boldsymbol{0} \tag{4-97}$$

$$\hat{\boldsymbol{H}} \hat{\boldsymbol{R}} + \hat{\boldsymbol{R}} \hat{\boldsymbol{H}}^{\mathrm{T}} + \boldsymbol{R}_0 = \boldsymbol{0} \tag{4-98}$$

$$\hat{\boldsymbol{V}} = \boldsymbol{L}^{\mathrm{T}} \boldsymbol{R} - \hat{\boldsymbol{S}} \boldsymbol{B} \tag{4-99}$$

$$\hat{\boldsymbol{M}}^{ij} = \int_0^{\infty} (\mathrm{e}^{\hat{\boldsymbol{H}} t} \boldsymbol{B}_j \hat{\boldsymbol{V}}_i^{\mathrm{T}} \mathrm{e}^{\hat{\boldsymbol{H}} t} + \boldsymbol{B}_j^{\mathrm{T}} \mathrm{e}^{\hat{\boldsymbol{H}}^{\mathrm{T}} t} \hat{\boldsymbol{V}}_i \mathrm{e}^{\hat{\boldsymbol{H}} t}) \mathrm{d}t \tag{4-100}$$

其中，$\hat{\boldsymbol{S}}$ 和 $\hat{\boldsymbol{R}}$ 均为对称阵，分别由 Lyapunov 方程(4-97)和方程(4-98)解出。$\boldsymbol{y}(0)$ 为方程(4-2)的初始条件。$\hat{\boldsymbol{V}}_i$ 表示矩阵 $\hat{\boldsymbol{V}}$ 的第 i 列，$\boldsymbol{B}_j$ 表示矩阵 $\boldsymbol{B}$ 的第 j 列。

当反馈增益 $\boldsymbol{L}$ 取为最优反馈增益 $\tilde{\boldsymbol{L}}$ 时，应有

$$\frac{\partial J}{\partial \tilde{\boldsymbol{L}}} = \boldsymbol{0} \tag{4-101}$$

则由方程(4-92)、方程(4-100)可知 $\hat{\boldsymbol{V}} = 0$、$\hat{\boldsymbol{M}}^{ij} = 0$，于是有

$$\frac{\partial^2 J}{\partial \tilde{\boldsymbol{L}}_i \partial \tilde{\boldsymbol{L}}_j} = \hat{\boldsymbol{R}} R_{ij} \tag{4-102}$$

在单控制输入情况下，控制系统方程可表示为

$$\dot{\boldsymbol{y}} = \boldsymbol{A}\boldsymbol{y} + \boldsymbol{B}u \tag{4-103}$$

其中，控制输入 u 表示为

$$u = -\boldsymbol{L}\boldsymbol{y} \tag{4-104}$$

此时，反馈增益 $\boldsymbol{L}$ 为 $2n$ 维行向量。控制系统(4-103)的性能指标泛函表示为

$$J = \frac{1}{2} \int_0^{\infty} [\boldsymbol{y}^{\mathrm{T}}(t) \boldsymbol{Q} \boldsymbol{y}(t) + R u^2(t)] \, \mathrm{d}t \tag{4-105}$$

其中，$\boldsymbol{Q}$ 为 $2n \times 2n$ 维半正定对称矩阵，且 $\{\boldsymbol{A}, \boldsymbol{Q}^{1/2}\}$ 完全能观测，R 为一个正数。

参考多输入控制系统的一阶灵敏度和二阶灵敏度，易得单输入情况下的一阶灵敏度和二阶灵敏度可以分别表示为

$$\frac{\partial J}{\partial \boldsymbol{L}} = \hat{\boldsymbol{V}}^{\mathrm{T}} \hat{\boldsymbol{R}} \tag{4-106}$$

$$\frac{\partial^2 J}{\partial \boldsymbol{L}^2} = \hat{\boldsymbol{R}} R - (\hat{\boldsymbol{M}} \hat{\boldsymbol{R}} + \hat{\boldsymbol{R}} \hat{\boldsymbol{M}}^{\mathrm{T}}) \tag{4-107}$$

其中

$$\hat{\boldsymbol{M}} = \int_0^{\infty} (\mathrm{e}^{\hat{\boldsymbol{H}} t} \boldsymbol{B} \hat{\boldsymbol{V}} \mathrm{e}^{\hat{\boldsymbol{H}} t} + \boldsymbol{B}^{\mathrm{T}} \mathrm{e}^{\hat{\boldsymbol{H}}^{\mathrm{T}} t} \hat{\boldsymbol{V}} \mathrm{e}^{\hat{\boldsymbol{H}} t}) \, \mathrm{d}t \tag{4-108}$$

方程(4-106)和方程(4-107)中的其他参数可分别由将矩阵 $\boldsymbol{R}$ 替换为标量 R 后的方程(4-94)～方程(4-99)求出。

当单输入控制系统的反馈增益 $\boldsymbol{L}$ 取为最优反馈增益 $\tilde{\boldsymbol{L}}$ 时，应有

$$\frac{\partial J}{\partial \tilde{\boldsymbol{L}}} = \boldsymbol{0} \tag{4-109}$$

$$\frac{\partial^2 J}{\partial \tilde{\boldsymbol{L}}^2} = \hat{\boldsymbol{R}}R \tag{4-110}$$

4.1.3　重要状态选择

在进行次最优控制设计时，希望选取的部分状态变量用于反馈控制时的控制效果能够最大限度地接近最优全状态反馈控制器的控制效果，这就需要获取各状态变量在反馈控制中的重要程度信息，以便于选取最重要状态变量用于部分状态反馈。本节将介绍利用二阶灵敏度来获取状态变量重要程度信息的方法。

1. 单控制输入情况

当控制输入为单输入时，全状态反馈增益 $\boldsymbol{L}$ 为行向量，性能指标泛函 J 的增量可以使用 Taylor 级数展开为[7]

$$\Delta J = J(\boldsymbol{L}+\Delta\boldsymbol{L}) - J(\boldsymbol{L}) = \frac{\partial J}{\partial \boldsymbol{L}}\Delta\boldsymbol{L} + \frac{1}{2}\Delta\boldsymbol{L}\frac{\partial^2 J}{\partial \boldsymbol{L}^2}\Delta\boldsymbol{L}^{\mathrm{T}} + \cdots \tag{4-111}$$

当最优反馈增益 $\tilde{\boldsymbol{L}}$ 产生增量 $\Delta\boldsymbol{L}$ 时，忽略关于 $\Delta\boldsymbol{L}$ 的高于二阶的项，并考虑方程(4-109)，可得性能指标泛函 J 的增量为

$$\Delta J = J(\tilde{\boldsymbol{L}}+\Delta\boldsymbol{L}) - J(\tilde{\boldsymbol{L}}) \approx \frac{1}{2}\Delta\boldsymbol{L}\frac{\partial^2 J}{\partial \tilde{\boldsymbol{L}}^2}\Delta\boldsymbol{L}^{\mathrm{T}} \tag{4-112}$$

当第 i 个状态不用于状态反馈时，即最优全状态反馈增益中去除第 i 项，$\Delta\boldsymbol{L}$ 可表示为

$$\Delta\boldsymbol{L} = [0,\cdots,0,-L_i,0,\cdots,0] \tag{4-113}$$

其中，L_i 为 $\tilde{\boldsymbol{L}}$ 的第 i 个元素。

将方程(4-113)代入方程(4-112)，可得

$$\Delta J_i \approx \frac{1}{2}\frac{\partial^2 J}{\partial L_i^2}L_i^2, \qquad i = 1,\cdots,2n \tag{4-114}$$

其中，ΔJ_i 为去除第 i 个状态时 J 的增量，$\partial^2 J/\partial L_i^2$ 为 $\partial^2 J/\partial \tilde{\boldsymbol{L}}^2$ 对角线上的第 i 个元素，$\partial^2 J/\partial \tilde{\boldsymbol{L}}^2$ 使用方程(4-110)计算。

当确定 $\Delta J_i (i=1,\cdots,2n)$ 中的最大值 $\Delta J_{\max}$ 后，即可使用 $\Delta J_i/\Delta J_{\max}$ 来表示第 i 个状态变量的重要程度。$\Delta J_i/\Delta J_{\max}$ 值越大，则该状态变量的重要程度越高。

2. 多控制输入情况

当控制输入包含 r 个输入时，全状态反馈增益 $\boldsymbol{L}$ 为 $(r\times 2n)$ 维矩阵，则性能指标泛函 J 的增量可以使用 Taylor 级数展开为[7]

$$\Delta J = J(\boldsymbol{L}+\Delta\boldsymbol{L}) - J(\boldsymbol{L}) = \frac{\partial J}{\partial \hat{\boldsymbol{L}}}\Delta\hat{\boldsymbol{L}} + \frac{1}{2}\Delta\hat{\boldsymbol{L}}\frac{\partial^2 J}{\partial \hat{\boldsymbol{L}}^2}\Delta\hat{\boldsymbol{L}}^{\mathrm{T}} + \cdots \tag{4-115}$$

其中，行向量 $\hat{\boldsymbol{L}}$ 由方程(4-55)给出，表示为

$$\hat{\boldsymbol{L}} = [\boldsymbol{L}_1, \boldsymbol{L}_2, \cdots, \boldsymbol{L}_r] \tag{4-116}$$

当最优反馈增益 $\tilde{\boldsymbol{L}}$ 产生增量 $\Delta\boldsymbol{L}$ 时，忽略关于 $\Delta\boldsymbol{L}$ 的高于二阶的项，并考虑方程(4-101)，可得性能指标泛函 J 的增量为

$$\Delta J = J(\tilde{\boldsymbol{L}} + \Delta \boldsymbol{L}) - J(\tilde{\boldsymbol{L}}) \approx \frac{1}{2} \Delta \hat{\boldsymbol{L}} \frac{\partial^2 J}{\partial \hat{\tilde{\boldsymbol{L}}}^2} \Delta \hat{\boldsymbol{L}}^{\mathrm{T}} \tag{4-117}$$

当从状态反馈中去除第 i 个状态时，即最优全状态反馈增益 $\tilde{\boldsymbol{L}}$ 中去除第 i 列，$\Delta \boldsymbol{L}$ 表示为

$$\Delta \boldsymbol{L} = \begin{bmatrix} 0 & \cdots & 0 & -L_{1i} & 0 & \cdots & 0 \\ \vdots & & \vdots & \vdots & \vdots & & \vdots \\ 0 & \cdots & 0 & -L_{ri} & 0 & \cdots & 0 \end{bmatrix} \tag{4-118}$$

在此情况下，$\Delta \hat{\boldsymbol{L}}$ 可以表示为

$$\Delta \hat{\boldsymbol{L}} = [(\Delta \boldsymbol{L})_1, (\Delta \boldsymbol{L})_2, \cdots, (\Delta \boldsymbol{L})_r] \tag{4-119}$$

其中

$$(\Delta \boldsymbol{L})_j = [0, \cdots, 0, -L_i, 0, \cdots, 0], \qquad j = 1, 2, \cdots, r \tag{4-120}$$

将方程(4-119)代入方程(4-117)，可得去除第 i 个状态时 J 的增量 ΔJ_i 表示为

$$\Delta J_i \approx \frac{1}{2} \sum_{k=1}^{r} \sum_{j=1}^{r} \frac{\partial^2 J}{\partial L_{ki} \partial L_{ji}} L_{ki} L_{ji}, \qquad i = 1, \cdots, 2n \tag{4-121}$$

其中，$\partial^2 J / (\partial L_{ki} \partial L_{ji})$ 为 $\partial^2 J / (\partial \tilde{\boldsymbol{L}}_k \partial \tilde{\boldsymbol{L}}_j)$ 对角线上的第 i 个元素，$\partial^2 J / (\partial \tilde{\boldsymbol{L}}_k \partial \tilde{\boldsymbol{L}}_j)$ 使用方程(4-102)来计算。

确定出 $\Delta J_i (i = 1, \cdots, 2n)$ 中的最大值 $\Delta J_{\max}$，则可以使用 $\Delta J_i / \Delta J_{\max}$ 来表示第 i 个状态变量的重要程度。$\Delta J_i / \Delta J_{\max}$ 值越大，则该状态变量的重要程度越高。

4.2　部分状态反馈的次最优控制设计

当确定各状态变量相对于反馈增益的重要程度后，就可以根据可测量性和重要程度来选取适当数量的状态变量用于反馈控制，来进行次最优控制器的设计。求解次最优部分状态反馈增益 $\boldsymbol{L}_0$ 的常用两种解法——迭代法和最小误差激励法，将分别在本节中进行讨论。

4.2.1　迭代法

当选取的用于反馈控制的状态变量个数为 n_0 时，施加了次最优控制的线性控制系统(4-2)可以表示为

$$\dot{\boldsymbol{y}} = \boldsymbol{A}\boldsymbol{y} + \boldsymbol{B}\boldsymbol{u} \tag{4-122}$$

其中，基于部分状态反馈的次最优控制器可以表示为

$$\boldsymbol{u} = -\boldsymbol{L}_0 \boldsymbol{C} \boldsymbol{y} \tag{4-123}$$

其中，$\boldsymbol{C}$ 为 $n_0 \times 2n$ 维矩阵，$\boldsymbol{C}$ 的行数 n_0 代表从 $2n$ 个状态变量中选取了 n_0 个用于部分状态反馈，即表示从系统状态 $\boldsymbol{y}$ 中选取了 n_0 个状态变量。例如，从 6 个状态变量中选取第 1、3、4 个状态变量用于部分状态反馈，则 $\boldsymbol{C}$ 可写为

$$\boldsymbol{C} = \begin{bmatrix} 1 & 0 & 0 & 0 & 0 & 0 \\ 0 & 0 & 1 & 0 & 0 & 0 \\ 0 & 0 & 0 & 1 & 0 & 0 \end{bmatrix}$$

于是，可以将系统(4-122)的闭环系统状态方程表示为

$$\dot{\boldsymbol{y}}=(\boldsymbol{A}-\boldsymbol{B}\boldsymbol{L}_0\boldsymbol{C})\boldsymbol{y} \tag{4-124}$$

将系统(4-122)关于状态变量和控制输入的性能指标泛函表示为

$$J=\frac{1}{2}\int_0^{\infty}(\boldsymbol{y}^{\mathrm{T}}\boldsymbol{Q}\boldsymbol{y}+\boldsymbol{u}^{\mathrm{T}}\boldsymbol{R}\boldsymbol{u})\mathrm{d}t \tag{4-125}$$

将方程(4-123)代入方程(4-125)，可得

$$J=\frac{1}{2}\int_0^{\infty}\boldsymbol{y}^{\mathrm{T}}(\boldsymbol{Q}+\boldsymbol{C}^{\mathrm{T}}\boldsymbol{L}_0^{\mathrm{T}}\boldsymbol{R}\boldsymbol{L}_0\boldsymbol{C})\boldsymbol{y}\ \mathrm{d}t \tag{4-126}$$

令

$$\hat{\boldsymbol{Q}}_1=\boldsymbol{Q}+\boldsymbol{C}^{\mathrm{T}}\boldsymbol{L}_0^{\mathrm{T}}\boldsymbol{R}\boldsymbol{L}_0\boldsymbol{C}, \qquad \hat{\boldsymbol{A}}_1=\boldsymbol{A}-\boldsymbol{B}\boldsymbol{L}_0\boldsymbol{C} \tag{4-127}$$

则次最优控制器的设计问题即为寻求次最优部分状态反馈增益 $\boldsymbol{L}_0$ 构造次最优控制器 $\boldsymbol{u}$，使泛函 J 取极小值。这是一个包含约束条件的极值问题，可以描述为

$$\arg\min_{L_0}\left(J=\frac{1}{2}\int_0^{\infty}\boldsymbol{y}^{\mathrm{T}}\hat{\boldsymbol{Q}}_1\boldsymbol{y}\mathrm{d}t\right) \tag{4-128}$$

及约束条件

$$\dot{\boldsymbol{y}}=\hat{\boldsymbol{A}}_1\boldsymbol{y} \tag{4-129}$$

根据定理 4-1，将性能指标泛函(4-128)表示为

$$J=\frac{1}{2}\boldsymbol{y}^{\mathrm{T}}(0)\hat{\boldsymbol{S}}_1\boldsymbol{y}(0)=\frac{1}{2}\mathrm{tr}(\boldsymbol{R}_0\hat{\boldsymbol{S}}_1) \tag{4-130}$$

其中，$\boldsymbol{R}_0=\boldsymbol{y}(0)\boldsymbol{y}^{\mathrm{T}}(0)$，$\boldsymbol{y}(0)$ 为 $\boldsymbol{y}(t)$ 的初始状态。正定对称矩阵 $\hat{\boldsymbol{S}}_1$ 满足 Lyapunov 方程：

$$\hat{\boldsymbol{A}}_1^{\mathrm{T}}\hat{\boldsymbol{S}}_1+\hat{\boldsymbol{S}}_1\hat{\boldsymbol{A}}_1+\hat{\boldsymbol{Q}}_1=\boldsymbol{0} \tag{4-131}$$

即

$$(\boldsymbol{A}-\boldsymbol{B}\boldsymbol{L}_0\boldsymbol{C})^{\mathrm{T}}\hat{\boldsymbol{S}}_1+\hat{\boldsymbol{S}}_1(\boldsymbol{A}-\boldsymbol{B}\boldsymbol{L}_0\boldsymbol{C})+\boldsymbol{Q}+\boldsymbol{C}^{\mathrm{T}}\boldsymbol{L}_0^{\mathrm{T}}\boldsymbol{R}\boldsymbol{L}_0\boldsymbol{C}=\boldsymbol{0} \tag{4-132}$$

则极值问题(4-128)可以表示为

$$\arg\min_{L_0}\left[J=\frac{1}{2}\mathrm{tr}(\boldsymbol{R}_0\hat{\boldsymbol{S}}_1)\right] \tag{4-133}$$

及约束条件

$$\boldsymbol{G}(\hat{\boldsymbol{S}}_1,\boldsymbol{L}_0)=(\boldsymbol{A}-\boldsymbol{B}\boldsymbol{L}_0\boldsymbol{C})^{\mathrm{T}}\hat{\boldsymbol{S}}_1+\hat{\boldsymbol{S}}_1(\boldsymbol{A}-\boldsymbol{B}\boldsymbol{L}_0\boldsymbol{C})+\boldsymbol{Q}+\boldsymbol{C}^{\mathrm{T}}\boldsymbol{L}_0^{\mathrm{T}}\boldsymbol{R}\boldsymbol{L}_0\boldsymbol{C}=\boldsymbol{0} \tag{4-134}$$

引入对称的 Lagrange 乘子矩阵 $\hat{\boldsymbol{R}}_1$，可将条件极值问题(4-133)转化为无条件极值问题，表示为[5]

$$\arg\min_{L_0}\left\{\bar{J}=\frac{1}{2}\mathrm{tr}(\boldsymbol{R}_0\hat{\boldsymbol{S}}_1)+\mathrm{tr}[\hat{\boldsymbol{R}}_1^{\mathrm{T}}\boldsymbol{G}(\hat{\boldsymbol{S}}_1,\boldsymbol{L}_0)]\right\} \tag{4-135}$$

$\bar{J}$ 取到极值的条件为

$$\partial\bar{J}/\partial\boldsymbol{L}_0=\boldsymbol{0} \tag{4-136}$$

$$\partial\bar{J}/\partial\hat{\boldsymbol{S}}_1=\boldsymbol{0} \tag{4-137}$$

$$\partial\bar{J}/\partial\hat{\boldsymbol{R}}_1=\boldsymbol{0} \tag{4-138}$$

对于方程(4-136)，需要求出 $\partial\bar{J}/\partial\boldsymbol{L}_0$ 的表达式，其推导过程如下。$\bar{J}$ 的第一项不显含 $\boldsymbol{L}_0$，

故其对 $\boldsymbol{L}_0$ 的偏导为 $\mathbf{0}$。当 $\boldsymbol{L}_0$ 产生 $\varepsilon\Delta\boldsymbol{L}_0$ 的增量时，$\bar{J}$ 的第二项可以展开表示为

$$\begin{aligned}\mathrm{tr}[\hat{\boldsymbol{R}}_1^{\mathrm{T}}\boldsymbol{G}(\hat{\boldsymbol{S}}_1,\boldsymbol{L}_0+\varepsilon\Delta\boldsymbol{L}_0)] &= \mathrm{tr}\Big\{\hat{\boldsymbol{R}}_1^{\mathrm{T}}[\boldsymbol{A}-\boldsymbol{B}(\boldsymbol{L}_0+\varepsilon\Delta\boldsymbol{L}_0)\boldsymbol{C}]^{\mathrm{T}}\hat{\boldsymbol{S}}_1+\hat{\boldsymbol{R}}_1^{\mathrm{T}}\hat{\boldsymbol{S}}_1[\boldsymbol{A}-\boldsymbol{B}(\boldsymbol{L}_0+\varepsilon\Delta\boldsymbol{L}_0)\boldsymbol{C}] \\ &\quad+\hat{\boldsymbol{R}}_1^{\mathrm{T}}\boldsymbol{Q}+\hat{\boldsymbol{R}}_1^{\mathrm{T}}\boldsymbol{C}^{\mathrm{T}}(\boldsymbol{L}_0+\varepsilon\Delta\boldsymbol{L}_0)^{\mathrm{T}}\boldsymbol{R}(\boldsymbol{L}_0+\varepsilon\Delta\boldsymbol{L}_0)\boldsymbol{C}\Big\} \\ &= \mathrm{tr}[\hat{\boldsymbol{R}}_1^{\mathrm{T}}(\boldsymbol{A}-\boldsymbol{B}\boldsymbol{L}_0\boldsymbol{C})^{\mathrm{T}}\hat{\boldsymbol{S}}_1-\varepsilon\hat{\boldsymbol{R}}_1^{\mathrm{T}}(\boldsymbol{B}\Delta\boldsymbol{L}_0\boldsymbol{C})^{\mathrm{T}}\hat{\boldsymbol{S}}_1 \\ &\quad+\hat{\boldsymbol{R}}_1^{\mathrm{T}}\hat{\boldsymbol{S}}_1(\boldsymbol{A}-\boldsymbol{B}\boldsymbol{L}_0\boldsymbol{C})-\varepsilon\hat{\boldsymbol{R}}_1^{\mathrm{T}}\hat{\boldsymbol{S}}_1\boldsymbol{B}\Delta\boldsymbol{L}_0\boldsymbol{C} \\ &\quad+\hat{\boldsymbol{R}}_1^{\mathrm{T}}\boldsymbol{Q}+\hat{\boldsymbol{R}}_1^{\mathrm{T}}(\boldsymbol{C}^{\mathrm{T}}\boldsymbol{L}_0^{\mathrm{T}}\boldsymbol{R}\boldsymbol{L}_0\boldsymbol{C}+2\varepsilon\boldsymbol{C}^{\mathrm{T}}\boldsymbol{L}_0^{\mathrm{T}}\boldsymbol{R}\Delta\boldsymbol{L}_0\boldsymbol{C}+\varepsilon^2\boldsymbol{C}^{\mathrm{T}}\Delta\boldsymbol{L}_0^{\mathrm{T}}\boldsymbol{R}\Delta\boldsymbol{L}_0\boldsymbol{C})]\end{aligned} \tag{4-139}$$

舍去方程(4-139)中包含 ε^2 的项，有

$$\begin{aligned}\mathrm{tr}[\hat{\boldsymbol{R}}_1^{\mathrm{T}}\boldsymbol{G}(\hat{\boldsymbol{S}}_1,\boldsymbol{L}_0+\varepsilon\Delta\boldsymbol{L}_0)] &\approx \mathrm{tr}[\hat{\boldsymbol{R}}_1^{\mathrm{T}}(\boldsymbol{A}-\boldsymbol{B}\boldsymbol{L}_0\boldsymbol{C})^{\mathrm{T}}\hat{\boldsymbol{S}}_1-\varepsilon\hat{\boldsymbol{R}}_1^{\mathrm{T}}(\boldsymbol{B}\Delta\boldsymbol{L}_0\boldsymbol{C})^{\mathrm{T}}\hat{\boldsymbol{S}}_1 \\ &\quad+\hat{\boldsymbol{R}}_1^{\mathrm{T}}\hat{\boldsymbol{S}}_1(\boldsymbol{A}-\boldsymbol{B}\boldsymbol{L}_0\boldsymbol{C})-\varepsilon\hat{\boldsymbol{R}}_1^{\mathrm{T}}\hat{\boldsymbol{S}}_1\boldsymbol{B}\Delta\boldsymbol{L}_0\boldsymbol{C} \\ &\quad+\hat{\boldsymbol{R}}_1^{\mathrm{T}}\boldsymbol{Q}+\hat{\boldsymbol{R}}_1^{\mathrm{T}}(\boldsymbol{C}^{\mathrm{T}}\boldsymbol{L}_0^{\mathrm{T}}\boldsymbol{R}\boldsymbol{L}_0\boldsymbol{C}+2\varepsilon\boldsymbol{C}^{\mathrm{T}}\boldsymbol{L}_0^{\mathrm{T}}\boldsymbol{R}\Delta\boldsymbol{L}_0\boldsymbol{C})]\end{aligned} \tag{4-140}$$

于是

$$\begin{aligned}\bar{J}(\boldsymbol{L}_0+\varepsilon\Delta\boldsymbol{L}_0)-\bar{J}(\boldsymbol{L}_0) &= \mathrm{tr}[\hat{\boldsymbol{R}}_1^{\mathrm{T}}\boldsymbol{G}(\hat{\boldsymbol{S}}_1,\boldsymbol{L}_0+\varepsilon\Delta\boldsymbol{L}_0)]-\mathrm{tr}[\hat{\boldsymbol{R}}_1^{\mathrm{T}}\boldsymbol{G}(\hat{\boldsymbol{S}}_1,\boldsymbol{L}_0)] \\ &= \mathrm{tr}[-\varepsilon\hat{\boldsymbol{R}}_1^{\mathrm{T}}(\boldsymbol{B}\Delta\boldsymbol{L}_0\boldsymbol{C})^{\mathrm{T}}\hat{\boldsymbol{S}}_1-\varepsilon\hat{\boldsymbol{R}}_1^{\mathrm{T}}\hat{\boldsymbol{S}}_1\boldsymbol{B}\Delta\boldsymbol{L}_0\boldsymbol{C}+2\varepsilon\hat{\boldsymbol{R}}_1^{\mathrm{T}}\boldsymbol{C}^{\mathrm{T}}\boldsymbol{L}_0^{\mathrm{T}}\boldsymbol{R}\Delta\boldsymbol{L}_0\boldsymbol{C}] \\ &= \varepsilon\,\mathrm{tr}[-2\boldsymbol{C}\hat{\boldsymbol{R}}_1^{\mathrm{T}}\hat{\boldsymbol{S}}_1\boldsymbol{B}\Delta\boldsymbol{L}_0+2\boldsymbol{C}\hat{\boldsymbol{R}}_1^{\mathrm{T}}\boldsymbol{C}^{\mathrm{T}}\boldsymbol{L}_0^{\mathrm{T}}\boldsymbol{R}\Delta\boldsymbol{L}_0]\end{aligned} \tag{4-141}$$

根据定理 4-2，有

$$\partial\bar{J}/\partial\boldsymbol{L}_0=-2\boldsymbol{B}^{\mathrm{T}}\hat{\boldsymbol{S}}_1^{\mathrm{T}}\hat{\boldsymbol{R}}_1\boldsymbol{C}^{\mathrm{T}}+2\boldsymbol{R}\boldsymbol{L}_0\boldsymbol{C}\hat{\boldsymbol{R}}_1\boldsymbol{C}^{\mathrm{T}}=\mathbf{0} \tag{4-142}$$

即

$$\boldsymbol{L}_0=\boldsymbol{R}^{-1}(\boldsymbol{B}^{\mathrm{T}}\hat{\boldsymbol{S}}_1\hat{\boldsymbol{R}}_1\boldsymbol{C}^{\mathrm{T}})(\boldsymbol{C}\hat{\boldsymbol{R}}_1\boldsymbol{C}^{\mathrm{T}})^{-1} \tag{4-143}$$

对于方程(4-137)，$\partial\bar{J}/\partial\hat{\boldsymbol{R}}_1$ 的推导过程如下。

$$\begin{aligned}\bar{J}(\hat{\boldsymbol{R}}_1+\varepsilon\Delta\hat{\boldsymbol{R}}_1)-\bar{J}(\hat{\boldsymbol{R}}_1) &= \varepsilon\,\mathrm{tr}\boldsymbol{R}_0\Delta\hat{\boldsymbol{S}}_1+\varepsilon\,\mathrm{tr}[\hat{\boldsymbol{R}}_1^{\mathrm{T}}(\boldsymbol{A}-\boldsymbol{B}\boldsymbol{L}_0\boldsymbol{C})^{\mathrm{T}}\Delta\hat{\boldsymbol{S}}_1+\hat{\boldsymbol{R}}_1^{\mathrm{T}}\Delta\hat{\boldsymbol{S}}_1(\boldsymbol{A}-\boldsymbol{B}\boldsymbol{L}_0\boldsymbol{C})] \\ &= \varepsilon\,\mathrm{tr}[\boldsymbol{R}_0\Delta\hat{\boldsymbol{S}}_1+\hat{\boldsymbol{R}}_1^{\mathrm{T}}(\boldsymbol{A}-\boldsymbol{B}\boldsymbol{L}_0\boldsymbol{C})^{\mathrm{T}}\Delta\hat{\boldsymbol{S}}_1+(\boldsymbol{A}-\boldsymbol{B}\boldsymbol{L}_0\boldsymbol{C})\hat{\boldsymbol{R}}_1^{\mathrm{T}}\Delta\hat{\boldsymbol{S}}_1] \\ &= \varepsilon\,\mathrm{tr}[\boldsymbol{R}_0+\hat{\boldsymbol{R}}_1^{\mathrm{T}}(\boldsymbol{A}-\boldsymbol{B}\boldsymbol{L}_0\boldsymbol{C})^{\mathrm{T}}+(\boldsymbol{A}-\boldsymbol{B}\boldsymbol{L}_0\boldsymbol{C})\hat{\boldsymbol{R}}_1^{\mathrm{T}}]\Delta\hat{\boldsymbol{S}}_1\end{aligned} \tag{4-144}$$

根据定理 4-2，有

$$\partial\bar{J}/\partial\hat{\boldsymbol{S}}_1=\hat{\boldsymbol{R}}_1(\boldsymbol{A}-\boldsymbol{B}\boldsymbol{L}_0\boldsymbol{C})^{\mathrm{T}}+(\boldsymbol{A}-\boldsymbol{B}\boldsymbol{L}_0\boldsymbol{C})\hat{\boldsymbol{R}}_1+\boldsymbol{R}_0=\mathbf{0} \tag{4-145}$$

于是，次最优部分状态反馈增益 $\boldsymbol{L}_0$ 的值需要通过方程(4-134)、方程(4-143)和方程(4-145)共同确定。使用迭代法求解次最优部分状态反馈增益 $\boldsymbol{L}_0$ 所用到的三个公式可以总结为

$$\boldsymbol{L}_0=\boldsymbol{R}^{-1}(\boldsymbol{B}^{\mathrm{T}}\hat{\boldsymbol{S}}_1\hat{\boldsymbol{R}}_1\boldsymbol{C}^{\mathrm{T}})(\boldsymbol{C}\hat{\boldsymbol{R}}_1\boldsymbol{C}^{\mathrm{T}})^{-1} \tag{4-146}$$

$$(\boldsymbol{A}-\boldsymbol{B}\boldsymbol{L}_0\boldsymbol{C})^{\mathrm{T}}\hat{\boldsymbol{S}}_1+\hat{\boldsymbol{S}}_1(\boldsymbol{A}-\boldsymbol{B}\boldsymbol{L}_0\boldsymbol{C})+\boldsymbol{Q}+\boldsymbol{C}^{\mathrm{T}}\boldsymbol{L}_0^{\mathrm{T}}\boldsymbol{R}\boldsymbol{L}_0\boldsymbol{C}=\mathbf{0} \tag{4-147}$$

$$\hat{\boldsymbol{R}}_1(\boldsymbol{A}-\boldsymbol{B}\boldsymbol{L}_0\boldsymbol{C})^{\mathrm{T}}+(\boldsymbol{A}-\boldsymbol{B}\boldsymbol{L}_0\boldsymbol{C})\hat{\boldsymbol{R}}_1+\boldsymbol{R}_0=\mathbf{0} \tag{4-148}$$

使用迭代法，通过方程(4-146)～方程(4-148)可以解出 $\boldsymbol{L}_0$。首先，给出 $\boldsymbol{L}_0$ 的初值 $\boldsymbol{L}_0^0$，将 $\boldsymbol{L}_0^0$ 代入方程(4-147)和方程(4-148)中，分别解出 $\hat{\boldsymbol{S}}_1$ 和 $\hat{\boldsymbol{R}}_1$；然后，将 $\hat{\boldsymbol{S}}_1$ 和 $\hat{\boldsymbol{R}}_1$ 代入方程(4-146)解出 $\boldsymbol{L}_0$；解出的 $\boldsymbol{L}_0$ 再代入方程(4-147)和方程(4-148)开始下一步迭代。经过一定步数的迭代之后，$\boldsymbol{L}_0$ 如果可以收敛，就可以求出 $\boldsymbol{L}_0$ 的稳态解。初值 $\boldsymbol{L}_0^0$ 的取值需要保证闭环系统渐近稳定。初值 $\boldsymbol{L}_0^0$ 的一种取法为[2]

$$L_0^0 = \tilde{L}C^{\mathrm{T}} \tag{4-149}$$

其中，$\tilde{L}$ 是最优全状态反馈增益。

4.2.2　最小误差激励法

最小误差激励法是求解次最优部分状态反馈增益的一种近似方法，使用该方法的求解过程不需要迭代，可以避免一些因控制系统的维数较高或系统较为复杂而带来的迭代计算无法收敛的问题。因此，最小误差激励法适用于复杂系统的次最优反馈增益的求解。

对系统(4-2)施加反馈增益为 L_0 的部分状态反馈控制，所得的闭环系统状态方程可以表示为

$$\dot{y} = (A - BL_0C)y \tag{4-150}$$

而对系统(4-2)施加全状态反馈增益为 $\tilde{L}$ 的最优控制时，所得的闭环系统状态方程可以表示为

$$\dot{y}^* = (A - B\tilde{L})y^* \tag{4-151}$$

定义状态误差 $\Delta(t)$ 表示为[4]

$$\Delta(t) = y(t) - y^*(t) \tag{4-152}$$

将 $\Delta(t)$ 对 t 求导，可得

$$\dot{\Delta}(t) = \dot{y}(t) - \dot{y}^*(t) = (A - BL_0C)\Delta(t) + Be(t) \tag{4-153}$$

其中，定义 $e(t)$ 为误差激励，可以表示为

$$e(t) = (\tilde{L} - L_0C)y^* \tag{4-154}$$

由于 L_0 为部分状态反馈增益，不存在 $L_0 = \tilde{L}$，一般情况下不存在 L_0 使 $e(t) = 0$，故只能求出使 $e(t)$ 在整个时间范围上的影响最小的 L_0。于是，定义二次性能指标泛函 $\tilde{J}$ 表示为

$$\tilde{J} = \frac{1}{2}\int_0^\infty e^{\mathrm{T}} Pe\,\mathrm{d}t \tag{4-155}$$

其中，$\bar{P}$ 为对称矩阵。当 $\bar{P}$ 为单位阵时，根据定理 4-1，可以将性能指标泛函 $\tilde{J}$ 表示为

$$\begin{aligned}\tilde{J} &= \frac{1}{2}\int_0^\infty (y^*)^{\mathrm{T}}(\tilde{L} - L_0C)^{\mathrm{T}}(\tilde{L} - L_0C)y^*\,\mathrm{d}t \\ &= \frac{1}{2}[y^*(0)]^{\mathrm{T}}\hat{S}_2 y^*(0) = \frac{1}{2}y^{\mathrm{T}}(0)\hat{S}_2 y(0) \\ &= \frac{1}{2}\mathrm{tr}(R_0\hat{S}_2)\end{aligned} \tag{4-156}$$

其中，$R_0 = y(0)y^{\mathrm{T}}(0)$，$y(0)$ 为系统(4-150)的初始状态。对称矩阵 $\hat{S}_2$ 满足下列 Lyapunov 方程：

$$G(\hat{S}_2, L_0) = (A - \bar{B}\tilde{L})^{\mathrm{T}}\hat{S}_2 + \hat{S}_2(A - \bar{B}\tilde{L}) + (\tilde{L} - L_0C)^{\mathrm{T}}(\tilde{L} - L_0C) = 0 \tag{4-157}$$

构建 Hamilton 函数，将带有约束条件的 $\tilde{J}$ 的极值问题转化为不含约束条件的极值问题，此时的性能指标泛函 $\hat{J}$ 可以表示为[4]

$$\hat{J} = \frac{1}{2}\mathrm{tr}\hat{S}_2 + \frac{1}{2}\mathrm{tr}[\hat{R}_2^{\mathrm{T}} G(\hat{S}_2, L_0)] \tag{4-158}$$

性能指标泛函 $\hat{J}$ 取极值的条件为

$$\partial \hat{J} / \partial \boldsymbol{L}_0 = \boldsymbol{0} \tag{4-159}$$

$$\partial \hat{J} / \partial \hat{\boldsymbol{S}}_2 = \boldsymbol{0} \tag{4-160}$$

$$\partial \hat{J} / \partial \hat{\boldsymbol{R}}_2 = \boldsymbol{0} \tag{4-161}$$

使用类似于 3.4.1 节中的方法求解方程(4-160)和方程(4-159)，分别可得

$$(\boldsymbol{A} - \boldsymbol{B}\tilde{\boldsymbol{L}})\hat{\boldsymbol{R}}_2 + \hat{\boldsymbol{R}}_2(\boldsymbol{A} - \boldsymbol{B}\tilde{\boldsymbol{L}})^{\mathrm{T}} + \boldsymbol{R}_0 = \boldsymbol{0} \tag{4-162}$$

$$\boldsymbol{L}_0 = \tilde{\boldsymbol{L}}\hat{\boldsymbol{R}}_2\boldsymbol{C}^{\mathrm{T}}(\boldsymbol{C}\hat{\boldsymbol{R}}_2\boldsymbol{C}^{\mathrm{T}})^{-1} \tag{4-163}$$

通过方程(4-162)和方程(4-163)可以求解出次最优反馈增益 $\boldsymbol{L}_0$。

综上，最小误差激励法可以总结为：①使用 Lyapunov 方程(4-162)求解出矩阵 $\hat{\boldsymbol{R}}_2$；②将 $\hat{\boldsymbol{R}}_2$ 代入方程(4-163)求解 $\boldsymbol{L}_0$。整个求解过程不需要进行迭代运算，因此有较高的计算效率。但正如本节开头所提到的，最小误差激励法是一种近似解法，通过该方法求解出的次最优反馈增益有时并不能保证闭环系统的渐近稳定性。因此，在计算规模适中，迭代计算收敛效果较好的情况下，应该优先选择迭代法来对最优反馈增益 $\boldsymbol{L}_0$ 进行求解。

4.3　三层建筑结构地震作用下的次最优控制

三层建筑结构如图 4-1 所示。结构每层的质量、刚度和阻尼分别为 $m_i = 1000\text{kg}$，$k_i = 980\text{kN/m}$，$c_i = 1.407\text{kN}\cdot\text{s/m}$，$i = 1,2,3$。结构承受 El Centro 地震波激励作用，地震加速度峰值为 $0.12g$（g 为重力加速度），持续时间为 8s，时程曲线如图 4-2 所示。在结构第一层安装有主动控制装置，以对结构的地震响应进行主动控制。控制设计采用次最优控制方法，取方程(4-3)中增益系数为 $\boldsymbol{Q} = \mathrm{diag}(10^5, 10^4, 10^3, 1, 1, 1)$、$R = 1.806\times10^{-10}$。结构的动力学方程采用积分步长取为 0.002s 的四阶龙格-库塔法求解。

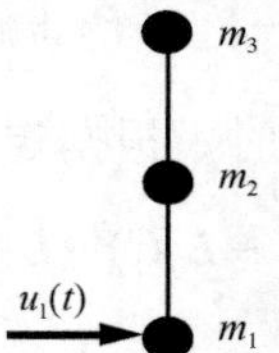

图 4-1　三层建筑结构模型示意图

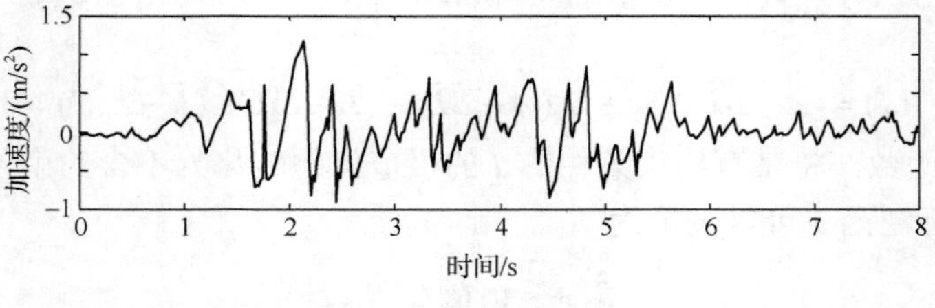

图 4-2　El Centro 地震的时间历程

在 El Centro 地震波作用下，结构各层的峰值层间位移和峰值绝对加速度值如表 4-1 中第二列和第三列所示。采用全部状态反馈的最优控制方法对结构进行控制，控制反馈增益可以求得为

$$\boldsymbol{L}=10^{7}\times[2.2571,-0.1774,0.0942,0.0515,0.0272,0.0112]$$

主动控制下，结构各层的峰值层间位移、峰值绝对加速度和峰值控制力值如表 4-1 中第四列和第五列所示。可以看出，结构的响应得到了良好抑制。

表 4-1　结构各层峰值响应和峰值控制力值　　单位：x_i /cm；$\ddot{x}_{ai}$ /(cm/s^2)

层数	无控制		最优全状态反馈控制 $U_{\max}=3889\text{N}$		次最优部分状态反馈控制					
					去除 x_2、x_3 $U_{\max}=4032\text{N}$		去除 x_2、x_3、$\dot{x}_3$ $U_{\max}=4398\text{N}$		去除 $\dot{x}_2$ $U_{\max}=4211\text{N}$	
	x_i	$\ddot{x}_{ai}$	x_i	$\ddot{x}_{ai}$	x_i	$\ddot{x}_{ai}$	x_i	$\ddot{x}_{ai}$	x_i	$\ddot{x}_{ai}$
1	1.37	323	0.10	148	0.10	161	0.08	149	0.09	110
2	1.04	487	0.37	188	0.37	192	0.40	187	0.41	209
3	0.61	598	0.25	243	0.25	245	0.26	253	0.27	264

采用次最优控制对结构的地震响应进行抑制，增益系数 $\boldsymbol{Q}$ 和 R 仍取上值。首先计算结构各层的状态对控制性能的相对重要程度。使用方程(4-110)计算二阶灵敏度，然后代入方程(4-114)，可得

$$\Delta J_i/\Delta J_{\max}=[80.49\%,3.64\%,0.80\%,100\%,82.06\%,17.91\%]$$

从以上计算结果可以看出，系统的状态 x_2、x_3 和 $\dot{x}_3$ 所对应的值较小，而 x_1、$\dot{x}_1$ 和 $\dot{x}_2$ 值则较大。如果在控制反馈中忽略状态 x_2 和 x_3，用于状态反馈的变量为 x_1、$\dot{x}_1$、$\dot{x}_2$ 和 $\dot{x}_3$，方程(4-123)中的 $\boldsymbol{C}$ 为

$$\boldsymbol{C}=\begin{bmatrix}1&0&0&0&0&0\\0&0&0&1&0&0\\0&0&0&0&1&0\\0&0&0&0&0&1\end{bmatrix}$$

根据方程(4-146)～方程(4-148)，次最优控制律的增益系数可以设计得到

$$\boldsymbol{L}_0=10^{7}\times[1.9750,0.0446,0.0246,0.0098]$$

用该次最优控制律对结构进行控制，得到峰值响应结果如表 4-1 中第六列和第七列所示。图 4-3 为结构第三层的响应时程和控制力时程，为了进行比较，图中同时给出了全部状态反馈的最优控制结果。

当忽略状态 x_2、x_3 和 $\dot{x}_3$ 时，次最优反馈增益可以得出

$$\boldsymbol{L}_0=10^{7}\times[2.0358,0.0449,0.0240]$$

这种情况下结构的峰值响应结果如表 4-1 中第八列和第九列所示，结构第一层的响应时程和控制力时程如图 4-4 所示，图中同时给出了无控制情况下的结果。

当忽略状态 $\dot{x}_2$ 时，次最优反馈增益可以得出为

$$\boldsymbol{L}_0=10^{7}\times[1.9196,-0.6407,0.4055,0.0778,0.0119]$$

这种情况下结构的峰值响应结果如表 4-1 中第 10 列和第 11 列所示，可以看出，控制效果良好，但是峰值控制力值较大。

从表 4-1、图 4-3 和图 4-4 的结果可以看出，次最优控制能够取得和全部状态反馈的最优控制几乎相同的控制效果。进一步的仿真结果可以显示出，如果在次最优控制设计中忽略 x_1 或 $\dot{x}_1$，系统响应将出现发散；在全部状态反馈的最优控制设计中忽略 x_1、$\dot{x}_1$ 和 $\dot{x}_2$ 的任一个，系统响应也将出现发散。这说明 x_1、$\dot{x}_1$ 和 $\dot{x}_2$ 对控制性能非常重要，必须用于控制反馈。

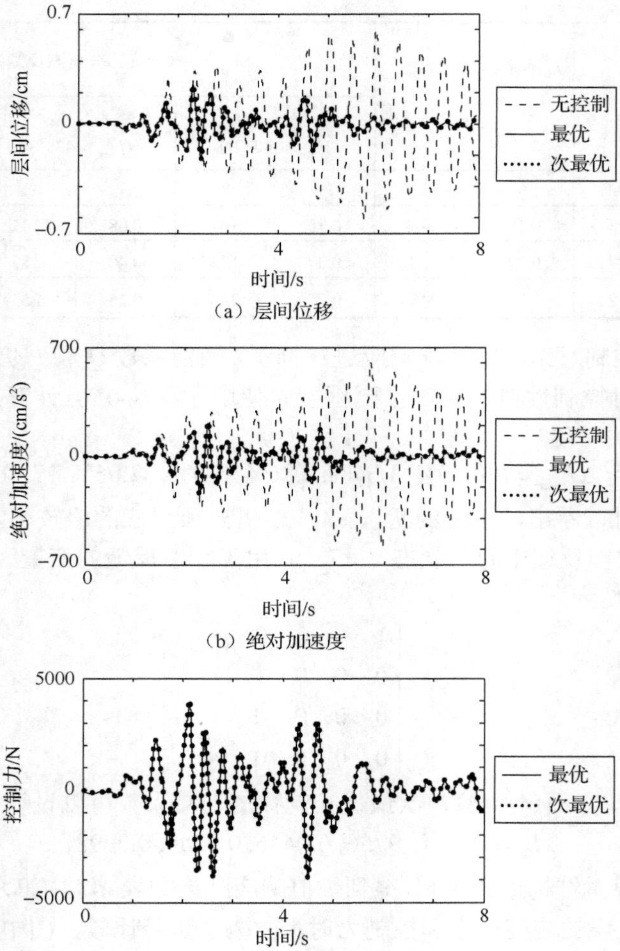

（a）层间位移

（b）绝对加速度

（c）控制力

图 4-3　最优控制(全状态反馈)和次最优控制(x_2 和 x_3 未用于状态反馈)下结构第三层的响应时程和控制力时程

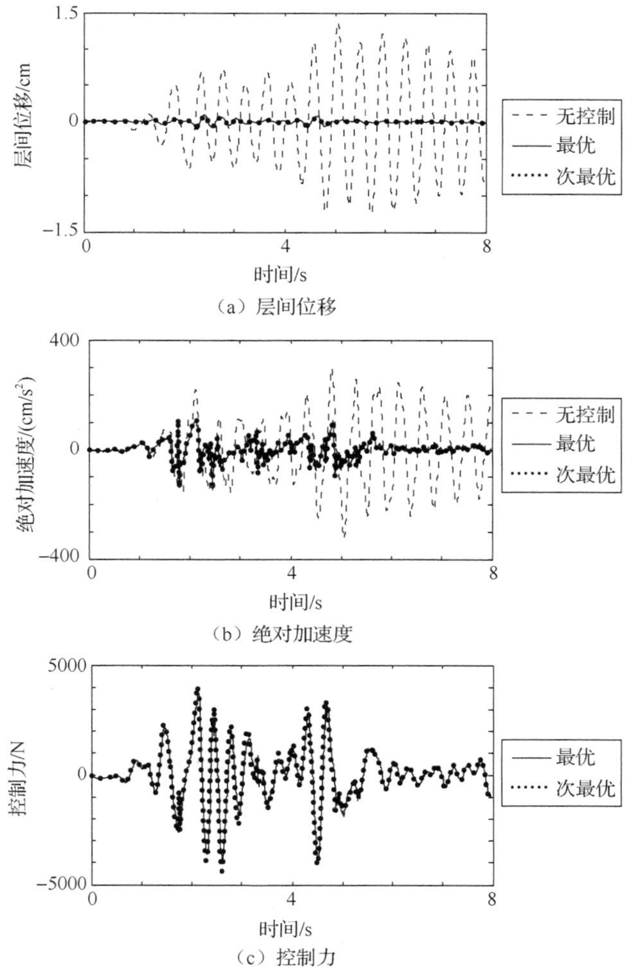

图 4-4　最优控制(全状态反馈)和次最优控制(x_2、x_3 和 $\dot{x}_3$ 未用于状态反馈)下结构第一层的响应时程和控制力时程

从以上的仿真可以看出，二阶灵敏度能够有效地显示出系统各个状态的重要程度，合理地选择重要状态而构成次最优控制律能够取得良好的控制效果。文献[8]对离散时间形式的次最优控制设计进行了详细研究，文献[9]则将次最优控制应用于机翼颤振的主动抑制上，有兴趣的读者可以参考。

复习思考题

4-1　如图 4-5 所示，考虑 4.3 节中的三层结构，其物理参数相同，设其所承受的地震波加速度为 $0.9\sin(t)\ \mathrm{m/s^2}$。假设在结构第一层和第二层均安装有主动控制装置。试分别采用迭代法和最小误差激励法设计次最优控制器对结构的地震响应进行主动控制。

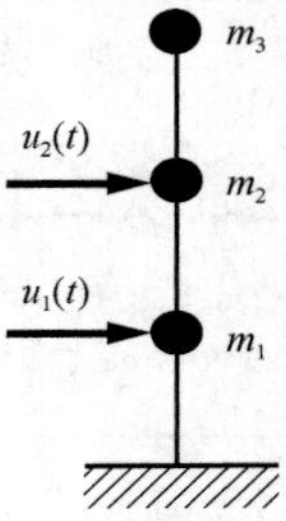

图 4-5　三层建筑结构模型示意图

参 考 文 献

[1] 郑大钟. 线性系统理论[M]. 2 版. 北京: 清华大学出版社, 2002.

[2] 孙增圻, 袁曾任. 控制系统的计算机辅助设计[M]. 北京: 清华大学出版社, 1988.

[3] 孙增圻. 计算机控制理论及应用[M]. 北京: 清华大学出版社, 1989.

[4] KOSUT R. Suboptimal control of linear time-invariant systems subject to control structure constraints[J]. IEEE Transactions on Automatic Control, 1970, 15(5): 557-563.

[5] LEVINE W S, ATHANS M. On the determination of the optimal constant output feedback gains for linear multivariable systems[J]. IEEE Transactions on Automatic Control, 1970, 15(1): 44-48.

[6] 张贤达. 矩阵分析与应用[M]. 北京: 清华大学出版社, 2004.

[7] CAI G P, LIM C W. Continuous suboptimal control with partial state feedback[J]. Journal of Vibration and Control, 2005, 11(4): 561-578.

[8] CAI G P, SUN F. Sub-optimal control of structures[J]. Earthquake Engineering and Structural Dynamics, 2003, 32: 2127-2142.

[9] 周勍. 三维机翼颤振的次最优控制及其时滞问题[D]. 上海: 上海交通大学, 2018.

第 5 章　结构振动的模态控制

学习要点

- 独立模态空间主动控制的设计思路
- 从物理空间提取模态坐标的方法
- 模态控制力向物理空间转化的方法

从第 2 章的振动基本理论可知，结构的振动可以通过模态的概念转换到模态空间进而实现解耦，另外，结构的振动通常可以在模态空间用低阶自由度系统来近似描述。这样，对无限自由度结构的振动控制可以通过对其模态空间内少量的几个模态进行有效的控制而实现，这种方法称为**模态控制法**。模态控制是目前结构振动主动控制领域内的主流方法，其在工程实际中得到了广泛的应用。一般来说，模态控制方法可分为两类，即非耦合模态控制(独立模态空间控制)和耦合模态控制。非耦合模态控制具有计算量小、设计方便、稳定性强等优点，其缺点则是要求较多的作动器配置，作动器的数量应至少等于受控模态数。耦合模态控制则相反，其主要优点是可以利用各阶模态间的相互耦合，采用少量的作动器控制较多的模态[1]。本章以柔性悬臂梁的振动控制为例，讲述模态控制的本质思想。

5.1　动力学方程

考虑 Euler-Bernoulli 悬臂梁的横向弯曲振动控制问题。假定梁具有等截面，且各截面的中心惯性轴在同一平面内，如图 5-1 所示。梁的横向振动方程可表达为[2]

$$\begin{cases} EI\dfrac{\partial^4 w(x,t)}{\partial x^4}+\rho A\dfrac{\partial^2 w(x,t)}{\partial t^2}=p(x,t)+\sum\limits_{j=1}^{r_1}\delta(x-\tilde{x}_j)u_j(t) \\ w(L,0)=w_0,\quad \dot{w}(L,0)=\dot{w}_0 \end{cases} \tag{5-1}$$

其中，$w(x,t)$ 为梁上距原点 x 处的截面在 t 时刻的横向位移；E 为材料弹性模量；I 为截面对中性轴的惯性矩；ρ 为梁的密度；A 为梁的横截面积；L 为梁的长度；$p(x,t)$ 为作用于梁上的分布激振力；$u_j(t)$ 为施加于梁上的主动控制力；r_1 为作动器的个数；$\tilde{x}_j$ 为作动器在梁上的位置；δ 为 Dirac 函数，定义为当 $x=\tilde{x}_j$ 时，$\delta(x-\tilde{x}_j)=\infty$；当 $x\neq\tilde{x}_j$ 时，$\delta(x-\tilde{x}_j)=0$；且有 $\int_{-\infty}^{+\infty}\delta(x-\tilde{x}_j)\mathrm{d}x=1$。

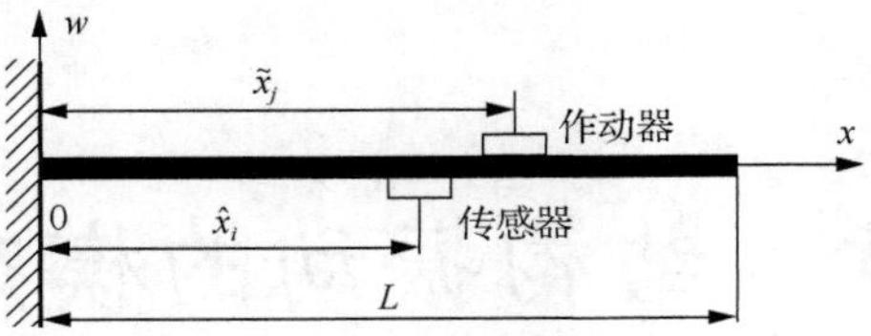

图 5-1　悬臂梁示意图

在采用独立模态空间方法时，要求作动器的个数至少与控制模态的个数相等。因此，方程(5-1)中考虑的是对梁的 r_1 个模态进行控制的情况。本文考虑对梁的前 r_1 阶模态进行主动控制。

定义如下无量纲变量：

$$\overline{w}(x^*,t^*)=\frac{w(x,t)}{L},\qquad x^*=\frac{x}{L},\qquad t^*=\frac{\sqrt{EI/\rho A}}{L^2}t \tag{5-2}$$

则方程(5-1)可转化为

$$\begin{cases}\dfrac{\partial^4\overline{w}(x^*,t^*)}{\partial x^{*4}}+\dfrac{\partial^2\overline{w}(x^*,t^*)}{\partial t^{*2}}=\overline{p}(x^*,t^*)+\displaystyle\sum_{j=1}^{r_1}\delta(x^*-\tilde{x}_j^*)\overline{u}_j(t^*)\\ \overline{w}(1,0)=\overline{w}_0,\quad \dot{\overline{w}}(1,0)=\dot{\overline{w}}_0\end{cases} \tag{5-3}$$

其中，$\overline{p}(x^*,t^*)=\dfrac{L^3}{EI}p(x,t)$ 和 $\overline{u}_j(t^*)=\dfrac{L^3}{EI}u_j(t)$ 分别为分布力和控制力在无量纲域中的表达。为便于分析和计算，本章采用方程(5-3)所示的无量纲的梁作为分析对象。

根据第 2 章中的连续体系统振动分析，方程(5-3)的解可表示为

$$\overline{w}(x^*,t^*)=\sum_{i=1}^{\infty}\varphi_i(x^*)\eta_i(t^*) \tag{5-4}$$

其中，$\eta_i(t^*)$ 为第 i 阶模态坐标；$\varphi_i(x^*)$ 为第 i 阶模态的正则函数，表达式为

$$\varphi_i(x^*)=\cosh k_ix^*-\cos k_ix^*-\alpha_i(\sinh k_ix^*-\sin k_ix^*) \tag{5-5}$$

其中，$\alpha_i=(\cosh k_i+\cos k_i)/(\sinh k_i+\sin k_i)$；$k_i$ 满足频率方程 $\cos k_i\sinh k_i=-1$；第 i 阶模态固有频率为 $\omega_i=k_i^2$。将方程(5-4)代入方程(5-3)中，利用模态的正交性与第 i 阶模态对应的控制方程可表示为

$$\ddot{\eta}_i(t^*)+\omega_i^2\eta_i(t^*)=\tilde{p}_i(t^*)+\tilde{u}_i(t^*),\qquad i=1,\cdots,r_1 \tag{5-6}$$

其中，$\tilde{p}_i(t^*)$ 为第 i 阶模态广义力；$\tilde{u}_i(t^*)$ 为待设计的第 i 阶模态控制力，其设计方法将在 5.2 节进行讨论。两者的表达式为

$$\begin{cases}\tilde{p}_i(t^*)=\displaystyle\int_0^1\varphi_i(x^*)\overline{p}(x^*,t^*)\mathrm{d}x^*\\ \tilde{u}_i(t^*)=\displaystyle\sum_{j=1}^{r_1}\varphi_i(\tilde{x}_j^*)\overline{u}_j(t^*)\end{cases} \tag{5-7}$$

考虑到梁的阻尼因素，假定第 i 阶模态阻尼率为 ζ_i，则控制模态方程(5-6)可表达为

$$\ddot{\eta}_i(t^*)+2\zeta_i\omega_i\dot{\eta}_i(t^*)+\omega_i^2\eta_i(t^*)=\tilde{p}_i(t^*)+\tilde{u}_i(t^*),\qquad i=1,\cdots,r_1 \tag{5-8}$$

5.2　模态控制设计

按照最优控制方法，在进行最优控制律设计时可不考虑外部激励。忽略外部激励项，方程(5-8)可写为

$$\dot{\boldsymbol{y}}_i(t^*) = \boldsymbol{A}_i \boldsymbol{y}_i(t^*) + \boldsymbol{b}_i \tilde{u}_i(t^*), \quad i = 1, \cdots, r_1 \tag{5-9}$$

其中，$\boldsymbol{y}_i(t^*) \in \Re^{2\times1}$ 为状态向量；$\boldsymbol{A}_i \in \Re^{2\times2}$；$\boldsymbol{b}_i \in \Re^{2\times1}$；分别表达为

$$\boldsymbol{y}_i(t^*) = \begin{bmatrix} \eta_i(t^*) \\ \dot{\eta}_i(t^*) \end{bmatrix}, \quad \boldsymbol{A}_i = \begin{bmatrix} 0 & 1 \\ -\omega_i^2 & -2\zeta_i\omega_i \end{bmatrix}, \quad \boldsymbol{b}_i = \begin{bmatrix} 0 \\ 1 \end{bmatrix}$$

采用最优控制方法，性能指标函数取为

$$J_i = \frac{1}{2}\int_0^\infty [\boldsymbol{y}_i^{\mathrm{T}}(t^*)\boldsymbol{Q}_i \boldsymbol{y}_i(t^*) + R_i \tilde{u}_i^2(t^*)]\mathrm{d}t, \quad i = 1, \cdots, r_1 \tag{5-10}$$

其中，$\boldsymbol{Q}_i \in \Re^{2\times2}$ 为非负定权重矩阵；$R_i > 0$ 为标量。现在的任务是针对方程(5-9)设计控制律，以使方程(5-10)所示的性能指标取极小值。基于最优控制理论[3]，可推得最优控制律为

$$\tilde{u}_i(t^*) = -R_i^{-1}\boldsymbol{b}_i^{\mathrm{T}}\boldsymbol{Y}_i \boldsymbol{y}_i(t^*), \quad i = 1, \cdots, r_1 \tag{5-11}$$

其中，$\boldsymbol{Y}_i \in \Re^{2\times2}$ 为 Riccati 方程(5-12)的解。

$$\boldsymbol{Y}_i\boldsymbol{A}_i + \boldsymbol{A}_i^{\mathrm{T}}\boldsymbol{Y}_i - \boldsymbol{Y}_i\boldsymbol{b}_i R_i^{-1}\boldsymbol{b}_i^{\mathrm{T}}\boldsymbol{Y}_i + \boldsymbol{Q}_i = \boldsymbol{0}, \quad i = 1, \cdots, r_1 \tag{5-12}$$

5.3　模态坐标提取

由方程(5-11)所得的模态控制力为模态坐标的函数，然而，实际中所测量的量为系统的物理坐标，因此需要基于物理坐标提取出系统的模态坐标。设对无量纲梁的前 r_2 阶模态位移和速度进行估计，$r_2 > r_1$，此时需要在梁的 r_2 个点上安装传感器以测量这些点处的物理位移和速度。考虑到传感器在梁上的位置，由方程(5-4)可得

$$\begin{cases} \overline{w}(\hat{x}_1^*, t^*) = \varphi_1(\hat{x}_1^*)\eta_1(t^*) + \varphi_2(\hat{x}_1^*)\eta_2(t^*) + \cdots + \varphi_{r_2}(\hat{x}_1^*)\eta_{r_2}(t^*) + \cdots \\ \overline{w}(\hat{x}_2^*, t^*) = \varphi_1(\hat{x}_2^*)\eta_1(t^*) + \varphi_2(\hat{x}_2^*)\eta_2(t^*) + \cdots + \varphi_{r_2}(\hat{x}_2^*)\eta_{r_2}(t^*) + \cdots \\ \vdots \\ \overline{w}(\hat{x}_{r_2}^*, t^*) = \varphi_1(\hat{x}_{r_2}^*)\eta_1(t^*) + \varphi_2(\hat{x}_{r_2}^*)\eta_2(t^*) + \cdots + \varphi_{r_2}(\hat{x}_{r_2}^*)\eta_{r_2}(t^*) + \cdots \end{cases} \tag{5-13}$$

$$\begin{cases} \dot{\overline{w}}(\hat{x}_1^*, t^*) = \varphi_1(\hat{x}_1^*)\dot{\eta}_1(t^*) + \varphi_2(\hat{x}_1^*)\dot{\eta}_2(t^*) + \cdots + \varphi_{r_2}(\hat{x}_1^*)\dot{\eta}_{r_2}(t^*) + \cdots \\ \dot{\overline{w}}(\hat{x}_2^*, t^*) = \varphi_1(\hat{x}_2^*)\dot{\eta}_1(t^*) + \varphi_2(\hat{x}_2^*)\dot{\eta}_2(t^*) + \cdots + \varphi_{r_2}(\hat{x}_2^*)\dot{\eta}_{r_2}(t^*) + \cdots \\ \vdots \\ \dot{\overline{w}}(\hat{x}_{r_2}^*, t^*) = \varphi_1(\hat{x}_{r_2}^*)\dot{\eta}_1(t^*) + \varphi_2(\hat{x}_{r_2}^*)\dot{\eta}_2(t^*) + \cdots + \varphi_{r_2}(\hat{x}_{r_2}^*)\dot{\eta}_{r_2}(t^*) + \cdots \end{cases} \tag{5-14}$$

因此所需的第 i 阶模态位移 $\eta_i(t^*)$ 和模态速度 $\dot{\eta}_i(t^*)$ 可以近似得出为[4,5]

$$
\begin{cases}
\eta_i(t^*) \approx \sum_{j=1}^{r_2} (\boldsymbol{H}_1^{-1})_{ij}\, \overline{w}(\hat{x}_j^*, t^*) \\
\dot{\eta}_i(t^*) \approx \sum_{j=1}^{r_2} (\boldsymbol{H}_1^{-1})_{ij}\, \dot{\overline{w}}(\hat{x}_j^*, t^*)
\end{cases}
\tag{5-15}
$$

其中，$\hat{x}_j^*$为梁上传感器的位置，$j=1,\cdots,r_2$；$\boldsymbol{H}_1 \in \Re^{r_2\times r_2}$为转换矩阵，其表达式为

$$
\boldsymbol{H}_1 = \begin{bmatrix}
\varphi_1(\hat{x}_1^*) & \varphi_2(\hat{x}_1^*) & \cdots & \varphi_{r_2}(\hat{x}_1^*) \\
\varphi_1(\hat{x}_2^*) & \varphi_2(\hat{x}_2^*) & \cdots & \varphi_{r_2}(\hat{x}_2^*) \\
\vdots & \vdots & & \vdots \\
\varphi_1(\hat{x}_{r_2}^*) & \varphi_2(\hat{x}_{r_2}^*) & \cdots & \varphi_{r_2}(\hat{x}_{r_2}^*)
\end{bmatrix}_{r_2\times r_2}
\tag{5-16}
$$

方程(5-15)也称为**模态滤波器**。在采用模态滤波器提取模态坐标时，会遇到观测溢出现象。观测溢出是由于通过滤波器得到的观测模态变量中含有未观测模态的成分而造成的。观测溢出会影响所提取模态坐标的精度，甚至会导致控制系统失稳。减小观测溢出的直接和简便的措施是将传感器置于未观测模态的节点处，以尽可能减小未观测模态对观测模态的影响。另外，也可采用预滤波技术、增广观测器技术和在增加传感器数量等措施[4]。

5.4　模态控制力向实际控制力转换

由方程(5-11)所得出的控制力是模态控制力，非施加在梁上的真实控制力。在求出模态控制力后，应设法将模态控制力转换成实际控制力。设实际控制力向量为$\boldsymbol{F}(t^*)$。由方程(5-7)中第二式，可得实际控制力向量$\boldsymbol{F}(t^*)$与模态控制力向量$\boldsymbol{U}(t^*)$有如下关系[4,5]。

$$
\boldsymbol{F}(t^*) = \boldsymbol{H}_2^{-1}\boldsymbol{U}(t^*)
\tag{5-17}
$$

式中

$$
\boldsymbol{F}(t^*) = \begin{bmatrix} \overline{u}_1(t^*) \\ \overline{u}_2(t^*) \\ \vdots \\ \overline{u}_{r_1}(t^*) \end{bmatrix}, \quad
\boldsymbol{H}_2 = \begin{bmatrix}
\varphi_1(\tilde{x}_1^*) & \varphi_1(\tilde{x}_2^*) & \cdots & \varphi_1(\tilde{x}_{r_1}^*) \\
\varphi_2(\tilde{x}_1^*) & \varphi_2(\tilde{x}_2^*) & \cdots & \varphi_2(\tilde{x}_{r_1}^*) \\
\vdots & \vdots & & \vdots \\
\varphi_{r_1}(\tilde{x}_1^*) & \varphi_{r_1}(\tilde{x}_2^*) & \cdots & \varphi_{r_1}(\tilde{x}_{r_1}^*)
\end{bmatrix}_{r_1\times r_1}, \quad
\boldsymbol{U}(t^*) = \begin{bmatrix} \tilde{u}_1(t^*) \\ \tilde{u}_2(t^*) \\ \vdots \\ \tilde{u}_{r_1}(t^*) \end{bmatrix}
\tag{5-18}
$$

其中，$\tilde{x}_i^*$为梁上作动器的位置，$i=1,\cdots,r_1$；$\boldsymbol{H}_2 \in \Re^{r_1\times r_1}$为使得模态控制力向实际控制力转换的转换矩阵，作动器位置的选择应使转换矩阵$\boldsymbol{H}_2$非奇异。

当对柔性梁进行主动控制时，在遇到观测溢出的同时，也可能会遇到控制溢出问题。控制溢出是由于控制模态力激励未控模态所造成的。控制溢出会导致控制性能的下降。常用的抑制控制溢出的方法是将作动器置于远离受控模态节点的位置。

5.5　数 值 仿 真

为显示文中所给控制方法的有效性，此节对方程(5-3)所示的无量纲悬臂梁进行

控制仿真分析。梁的自由端有初始条件 $\bar{w}(1,0)=1/3$，$\dot{\bar{w}}(1,0)=0$。假定在梁的自由端作用有简谐激励 $\sin(t^*)$。用前 10 阶模态响应表示梁的真实振动。梁的各阶模态阻尼率皆取为 $\zeta_i=0.05$，$i=1,2,\cdots,10$。考虑对梁的前四阶模态进行主动控制，即 $r_1=4$，此时需在梁上安装四个作动器。作动器的位置取梁的前四阶模态振型的峰谷处，即 $\tilde{x}_j^*=[0.291,0.471,0.694,1.000]$。为从物理测量中提取出模态控制力所需的前四阶模态坐标，考虑采用模态滤波器对梁的前六阶模态进行估计，即 $r_2=6$，即在梁的六个点上安装传感器，以测量这六个点的实际位移和速度。传感器的位置取梁的第七阶模态振型的节点处，即 $\hat{x}_j^*=[0.193,0.346,0.500,0.654,0.808,0.949]$。

检查方程(5-15)所示的模态滤波器的效果。考虑悬臂梁有以上初始条件，承受有外部激励 $\sin(t^*)$，且未施加主动控制时的情况。图 5-2(a)～(f)分别给出了采用模态滤波器所提取出的梁的前六阶模态位移的响应时程，其中虚线为理论模态响应，实线为采用模态滤波器估计的结果。从图 5-2 中可看出，模态滤波器能够较好地估计出前四阶模态位移，其结果基本上和理论值一致。第五和第六阶模态位移稍有观测溢出。低阶模态的估计精度一般高于高阶模态。对于模态速度，也能得出和模态位移相同的结论，相关图形在此省略。

下面考虑对悬臂梁的主动控制。假定梁只有初始条件，未承受外部激励 $\sin(t^*)$。控制设计时，取方程(5-10)中权重矩阵为 $\boldsymbol{Q}_i=\mathrm{diag}(100,10)$，$R_i=0.01$，$i=1,\cdots,4$。图 5-3 给出了梁的自由端的响应时程，其中虚线为无控制的结果，实线为施加控制的结果。由图 5-3 可看出，梁的振动响应得到了完全镇定。

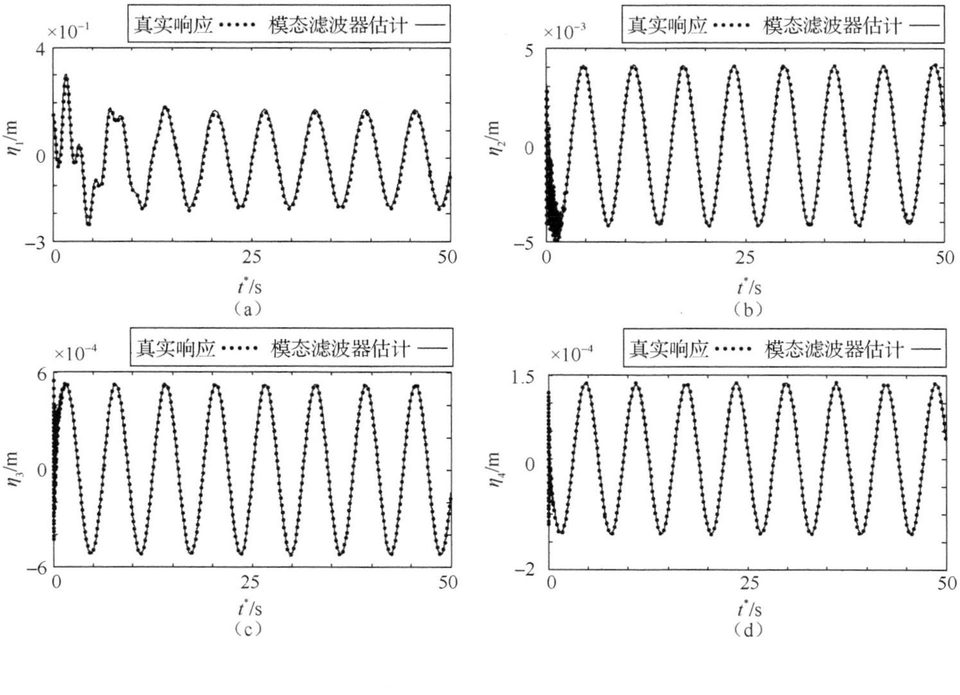

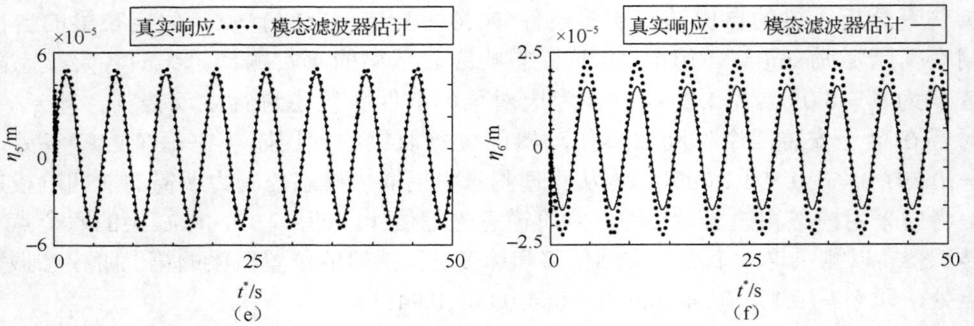

图 5-2　无控制时悬臂梁的前六阶模态位移响应(有外部激励)

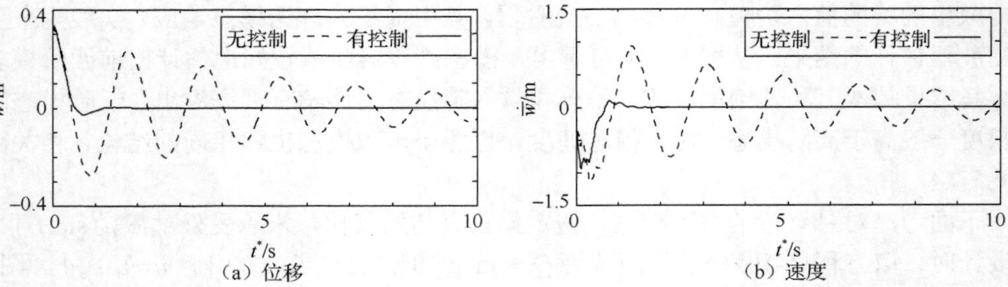

图 5-3　梁自由端的响应时程(无外部激励)

下面考虑悬臂梁承受有外部激励 $\sin(t^*)$ 且有初始条件存在的情况。图 5-4 中给出了梁的自由端的响应时程，无控制时的结果如图中虚线所示。由图 5-4 可看出，采用本文所提控制方法，虽然梁的振动未得到完全镇定，但振动的幅度得到了较大的抑制。

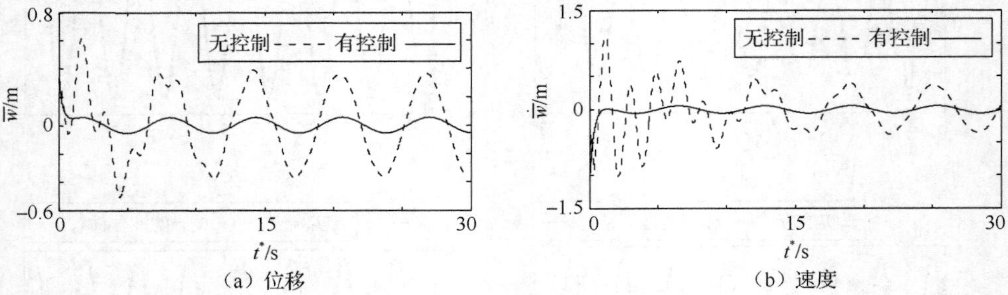

图 5-4　梁自由端的响应时程(有外部激励)

复习思考题

5-1　如图 5-5 所示简支梁。与本章中悬臂梁相同，结构尺寸和动力学参数等都在无量纲域内进行表达。假设梁的中点具有 1 的初始位移，初始速度为零，在该初始条件下梁发生自由振动。采用模态观测器对梁的前四阶模态进行观测，采用作动器对梁的前两阶模态进行控制。试通过数值仿真给出模态滤波器的效果和主动控制效果。

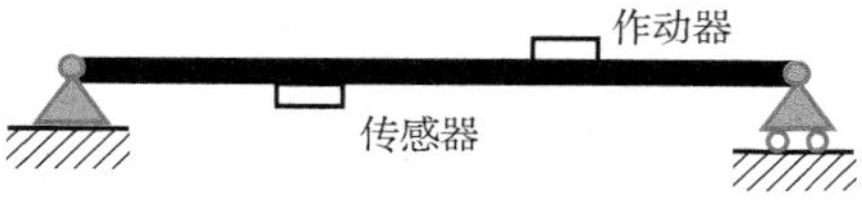

图 5-5　简支梁示意图

参 考 文 献

[1] 顾仲权, 马扣根, 陈卫东. 振动主动控制[M]. 北京: 国防工业出版社, 1997.
[2] 刘延柱, 陈立群, 陈文良. 振动力学[M]. 3 版. 北京: 高等教育出版社, 2019.
[3] 谢绪恺. 现代控制理论基础[M]. 沈阳: 辽宁人民出版社, 1980.
[4] 蔡国平, 洪嘉振. 柔性梁结构的时滞主动控制[J]. 宇航学报, 2003, 24(5): 518-524.
[5] WANG D A, HUANG Y M. Modal space vibration control of a beam by using the feedforward control loops[J]. International Journal of Mechanical Science, 2002, 44(1): 1-19.

第 6 章　基于系统输入和输出的低维建模与参数辨识

学习要点

- OKID 和 ERA 方法的特点
- 使用 OKID 和 ERA 方法进行固有频率等参数辨识的流程

在结构动力学建模方法中，基于系统输入和输出数据的动力学建模又称为系统辨识建模，它将结构系统作为一个整体进行处理，直接根据系统的输入和输出数据建立系统的降阶模型，而不需要预先知道结构的物理参数，该建模方法可以避免对复杂柔性结构进行动力学建模的困难。系统辨识建模主要包括频域辨识和时域辨识两类方法。频域方法是对实测系统的频响函数进行拟合，物理上简单直观，得到的系统模型其幅频特性与实测频响函数较符合，但相频特性一般差距较大，而且传递函数模型不便于向状态空间模型转换，实现频域的多输入多输出(multiple-input multiple-output，MIMO)辨识比较困难。时域方法直接根据系统的时域振动信号进行辨识，从而得到适合控制器设计的数学模型。时域辨识建模所建系统模型仍在时域空间，为状态空间方程，便于主动控制的设计。

关于系统输入和输出数据的获取，可以采用两种方法：一是直接采用实验数据，即系统的动力学实验的输入和输出数据；二是采用数值仿真数据，即将系统的动力学仿真数据作为输入和输出数据。当采用数值仿真数据时，首先可以采用有限元方法对系统进行动力学建模，然后仿真得到系统的输入和输出数据，以此为基础开展时域低维建模以得到降阶模型，再根据降阶模型进行控制律的设计，最后将控制律代入原有限元模型，以验证控制设计的有效性。众所周知，有限元方法在实际工程中得到了普遍使用，它的计算精度可以通过对单元的细小划分而得以保证，其有效性在实际工程中得到了大量检验。

本章开展时域空间低维建模的研究，首先采用基于观测器/Kalman 滤波器的系统辨识方法(observer/Kalman filter identification，OKID)计算得出系统的 Markov 参数，然后采用特征系统实现方法(eigensystem realization algorithm，ERA)建立起系统的一个维数较低的状态空间模型，最后进行数值仿真验证。

6.1　系统方程离散化

考虑 n 自由度线性时不变振动系统：

$$\boldsymbol{M}\ddot{\boldsymbol{x}}+\boldsymbol{C}\dot{\boldsymbol{x}}+\boldsymbol{K}\boldsymbol{x}=\boldsymbol{D}\boldsymbol{u}(t) \tag{6-1}$$

其中，$\boldsymbol{x}\in\Re^{n\times1}$ 为系统广义坐标列阵；$\boldsymbol{M}$、$\boldsymbol{C}$、$\boldsymbol{K}$ 分别为系统的质量、阻尼和刚度矩阵；$\boldsymbol{u}(t)\in\Re^{r\times1}$ 为控制力列阵，r 为作动器的数量；$\boldsymbol{D}\in\Re^{n\times r}$ 为控制矩阵。

定义系统状态变量为

$$\boldsymbol{y}=\begin{bmatrix}\boldsymbol{x}\\ \dot{\boldsymbol{x}}\end{bmatrix}\in\Re^{2n\times1} \tag{6-2}$$

并考虑输出方程，可以得出系统状态方程为

$$\begin{cases}\dot{\boldsymbol{y}}(t)=\boldsymbol{A}\boldsymbol{y}(t)+\boldsymbol{B}\boldsymbol{u}(t)\\ \boldsymbol{z}(t)=\boldsymbol{E}_y\boldsymbol{y}(t)+\boldsymbol{E}_u\boldsymbol{u}(t)\end{cases} \tag{6-3}$$

其中，$\boldsymbol{A}=\begin{bmatrix}\boldsymbol{0} & \boldsymbol{I}\\ -\boldsymbol{M}^{-1}\boldsymbol{K} & -\boldsymbol{M}^{-1}\boldsymbol{C}\end{bmatrix}\in\Re^{2n\times2n}$；$\boldsymbol{B}=\begin{bmatrix}\boldsymbol{0}\\ \boldsymbol{M}^{-1}\boldsymbol{D}\end{bmatrix}\in\Re^{2n\times r}$；$\boldsymbol{z}(t)\in\Re^{l\times1}$ 为输出向量；$\boldsymbol{E}_y\in\Re^{l\times2n}$ 为输出矩阵；$\boldsymbol{E}_u\in\Re^{l\times r}$ 为直接影响矩阵。从上述过程可以看到，将方程从二阶微分方程转到一阶状态方程后，系统的维数扩大了一倍。

下面考虑对方程(6-3)进行离散化。假定初始时刻 $t=t_0$ 时系统的状态为 $\boldsymbol{y}(t_0)$，则方程(6-3)的解为

$$\boldsymbol{y}(t)=\mathrm{e}^{\boldsymbol{A}(t-t_0)}\boldsymbol{y}(t_0)+\int_{t_0}^{t}\mathrm{e}^{\boldsymbol{A}(t-\tau)}\boldsymbol{B}\boldsymbol{u}(\tau)\mathrm{d}\tau,\qquad t\geqslant t_0 \tag{6-4}$$

取间隔为 $\bar{T}$ 的采样，令 $t=t_0+k\bar{T}$，$k=0,1,2,\cdots$，$t_0=0$，则由方程(6-4)得

$$\boldsymbol{y}(k\bar{T})=\mathrm{e}^{\boldsymbol{A}k\bar{T}}\boldsymbol{y}(t_0)+\int_{0}^{k\bar{T}}\mathrm{e}^{\boldsymbol{A}(k\bar{T}-\tau)}\boldsymbol{B}\boldsymbol{u}(\tau)\mathrm{d}\tau \tag{6-5}$$

当 $t=(k+1)\bar{T}$ 时，方程(6-5)可以表示为

$$\begin{aligned}\boldsymbol{y}[(k+1)\bar{T}]&=\mathrm{e}^{\boldsymbol{A}(k+1)\bar{T}}\boldsymbol{y}(t_0)+\int_{0}^{(k+1)\bar{T}}\mathrm{e}^{\boldsymbol{A}[(k+1)\bar{T}-\tau]}\boldsymbol{B}\boldsymbol{u}(\tau)\mathrm{d}\tau\\ &=\mathrm{e}^{\boldsymbol{A}\bar{T}}\left[\mathrm{e}^{\boldsymbol{A}k\bar{T}}\boldsymbol{y}(t_0)+\int_{0}^{k\bar{T}}\mathrm{e}^{\boldsymbol{A}(k\bar{T}-\tau)}\boldsymbol{B}\boldsymbol{u}(\tau)\mathrm{d}\tau\right]+\int_{k\bar{T}}^{(k+1)\bar{T}}\mathrm{e}^{\boldsymbol{A}[(k+1)\bar{T}-\tau]}\boldsymbol{B}\boldsymbol{u}(\tau)\mathrm{d}\tau\\ &=\mathrm{e}^{\boldsymbol{A}\bar{T}}\boldsymbol{y}(k\bar{T})+\int_{k\bar{T}}^{(k+1)\bar{T}}\mathrm{e}^{\boldsymbol{A}[(k+1)\bar{T}-\tau]}\boldsymbol{B}\boldsymbol{u}(\tau)\mathrm{d}\tau\end{aligned} \tag{6-6}$$

根据零阶保持器的性质[1]：输入量 $\boldsymbol{u}(t)$ 在相邻采样间隔内为常值，且等于前一采样时刻的值，即在 $k\bar{T}$ 和 $(k+1)\bar{T}$ 之间，$\boldsymbol{u}(t)=u(k\bar{T})$ 按常值处理。因此，方程(6-6)可以写为

$$\begin{aligned}\boldsymbol{y}[(k+1)\bar{T}]&=\mathrm{e}^{\boldsymbol{A}\bar{T}}\boldsymbol{y}(k\bar{T})+\int_{k\bar{T}}^{(k+1)\bar{T}}\mathrm{e}^{\boldsymbol{A}[(k+1)\bar{T}-\tau]}\mathrm{d}\tau\cdot\boldsymbol{B}\boldsymbol{u}(k\bar{T})\\ &=\mathrm{e}^{\boldsymbol{A}\bar{T}}\boldsymbol{y}(k\bar{T})+\int_{0}^{\bar{T}}\mathrm{e}^{\boldsymbol{A}\bar{s}}\mathrm{d}\bar{s}\cdot\boldsymbol{B}\boldsymbol{u}(k\bar{T})\end{aligned} \tag{6-7}$$

其中，$\bar{s}=(k+1)\bar{T}-\tau$。对方程(6-7)进行简化表达，可以写出系统的离散形式的状态方程和输出方程为

$$\begin{cases} \boldsymbol{y}(k+1)=\widehat{\boldsymbol{A}}\boldsymbol{y}(k)+\widehat{\boldsymbol{B}}\boldsymbol{u}(k) \\ z(k)=\boldsymbol{E}_y\boldsymbol{y}(k)+\boldsymbol{E}_u\boldsymbol{u}(k) \end{cases} \tag{6-8}$$

其中，$\widehat{\boldsymbol{A}}=\mathrm{e}^{\boldsymbol{A}\overline{T}}$，$\widehat{\boldsymbol{B}}=\left(\int_0^{\overline{T}}\mathrm{e}^{\boldsymbol{A}\overline{s}}\mathrm{d}\overline{s}\right)\boldsymbol{B}$。

6.2　观测器/Kalman 滤波器的系统辨识方法

6.2.1　问题描述

观测器/Kalman滤波器的系统辨识方法OKID方法是由美国国家航空航天局Langley研究中心的工作人员提出的一种时域辨识方法[2]，它能够处理一般形式的响应数据，非常适合辨识低阻尼、大型柔性结构的挠性参数。该方法已经成功地应用于许多大型空间结构(如哈勃太空望远镜)的模态试验。OKID 方法在辨识过程中引入了状态观测器，首先通过系统的激励和响应数据计算观测器系统的 Markov 参数，然后再求解原系统的 Markov 参数。

当$k=0,1,\cdots,q-1$时，由方程(6-8)通过递推可以得到

$$\begin{cases} \boldsymbol{y}(0)=\boldsymbol{y}(0) \\ z(0)=\boldsymbol{E}_y\boldsymbol{y}(0)+\boldsymbol{E}_u\boldsymbol{u}(0) \\ \boldsymbol{y}(1)=\widehat{\boldsymbol{A}}\boldsymbol{y}(0)+\widehat{\boldsymbol{B}}\boldsymbol{u}(0) \\ z(1)=\boldsymbol{E}_y\widehat{\boldsymbol{A}}\boldsymbol{y}(0)+\boldsymbol{E}_y\widehat{\boldsymbol{B}}\boldsymbol{u}(0)+\boldsymbol{E}_u\boldsymbol{u}(1) \\ \boldsymbol{y}(2)=\widehat{\boldsymbol{A}}^2\boldsymbol{y}(0)+\widehat{\boldsymbol{A}}\widehat{\boldsymbol{B}}\boldsymbol{u}(0)+\widehat{\boldsymbol{B}}\boldsymbol{u}(1) \\ z(2)=\boldsymbol{E}_y\widehat{\boldsymbol{A}}^2\boldsymbol{y}(0)+\boldsymbol{E}_y\widehat{\boldsymbol{A}}\widehat{\boldsymbol{B}}\boldsymbol{u}(0)+\boldsymbol{E}_y\widehat{\boldsymbol{B}}\boldsymbol{u}(1)+\boldsymbol{E}_u\boldsymbol{u}(2) \\ \qquad\vdots \\ \boldsymbol{y}(q-1)=\widehat{\boldsymbol{A}}^{q-1}\boldsymbol{y}(0)+\sum\limits_{\tau=1}^{q-2}\widehat{\boldsymbol{A}}^{\tau}\widehat{\boldsymbol{B}}\boldsymbol{u}(q-2-\tau) \\ z(q-1)=\boldsymbol{E}_y\widehat{\boldsymbol{A}}^{q-1}\boldsymbol{y}(0)+\sum\limits_{\tau=1}^{q-2}\boldsymbol{E}_y\widehat{\boldsymbol{A}}^{\tau}\widehat{\boldsymbol{B}}\boldsymbol{u}(q-2-\tau)+\boldsymbol{E}_u\boldsymbol{u}(q-1) \end{cases} \tag{6-9}$$

在零初始条件下，其递推过程可写为如下的矩阵形式。

$$\boldsymbol{Z}=\boldsymbol{\varXi}\boldsymbol{U} \tag{6-10}$$

其中

$$\boldsymbol{Z}=[z(0),z(1),z(2),\cdots,z(q-1)]$$

$$\boldsymbol{\varXi}=[\boldsymbol{E}_u,\boldsymbol{E}_y\widehat{\boldsymbol{B}},\boldsymbol{E}_y\widehat{\boldsymbol{A}}\widehat{\boldsymbol{B}},\cdots,\boldsymbol{E}_y\widehat{\boldsymbol{A}}^{q-2}\widehat{\boldsymbol{B}}]$$

$$\boldsymbol{U}=\begin{bmatrix} \boldsymbol{u}(0) & \boldsymbol{u}(1) & \boldsymbol{u}(2) & \cdots & \boldsymbol{u}(q-1) \\ \boldsymbol{0} & \boldsymbol{u}(0) & \boldsymbol{u}(1) & \cdots & \boldsymbol{u}(q-2) \\ \boldsymbol{0} & \boldsymbol{0} & \boldsymbol{u}(0) & \cdots & \boldsymbol{u}(q-3) \\ \vdots & \vdots & \vdots & & \vdots \\ \boldsymbol{0} & \boldsymbol{0} & \boldsymbol{0} & \cdots & \boldsymbol{u}(0) \end{bmatrix}$$

在方程(6-10)中，$\boldsymbol{Z} \in \Re^{l \times q}$、$\boldsymbol{U} \in \Re^{rq \times q}$ 和 $\boldsymbol{\Xi} \in \Re^{l \times rq}$ 是由系统 Markov 参数构成的矩阵。OKID 方法的核心是利用系统的激励和响应数据计算系统的 Markov 参数，即矩阵 $\boldsymbol{\Xi}$。由上面的分析可知，方程(6-10)共有 $l \times rq$ 个未知数，却仅有 $l \times q$ 个方程。当且仅当 $r = 1$ 时，即系统为单输入系统时，由方程(6-10)可以唯一确定矩阵 $\boldsymbol{\Xi}$，否则，方程(6-10)的解 $\boldsymbol{\Xi}$ 不唯一。

事实上，对于一个有限维的线性系统，可以通过计算唯一地确定其 Markov 参数。然而，由于结构的初始条件对 Markov 参数的计算有影响，而实际上初始条件难以精确得知，为此，将渐近状态观测器引入到 OKID 方法的辨识过程中，恰当地设计观测器，可以很好地避免初始条件难以确定的问题。

6.2.2　最小拍状态观测器的 Markov 参数

6.2.1 节已经对线性离散时不变系统的 Markov 参数进行了分析，本节将根据 6.2.1 节的递推过程求解系统的输出表达式，并对系统的最小拍观测器进行设计。

由方程(6-9)的递推过程可以得到系统输出的一般表达式为

$$\begin{aligned} \boldsymbol{z}(k) &= \boldsymbol{E}_y \widehat{\boldsymbol{A}}^k \boldsymbol{y}(0) + \sum_{\tau=0}^{k-1} \boldsymbol{E}_y \widehat{\boldsymbol{A}}^\tau \widehat{\boldsymbol{B}} \boldsymbol{u}(k-\tau-1) + \boldsymbol{E}_u \boldsymbol{u}(k) \\ &= \boldsymbol{E}_y \widehat{\boldsymbol{A}}^k \boldsymbol{y}(0) + \sum_{\tau=0}^{k-1} \boldsymbol{Z}_\tau \boldsymbol{u}(k-\tau-1) + \boldsymbol{E}_u \boldsymbol{u}(k) \end{aligned} \tag{6-11}$$

其中，$\boldsymbol{Z}_\tau = \boldsymbol{E}_y \widehat{\boldsymbol{A}}^\tau \widehat{\boldsymbol{B}} \in \Re^{l \times r}$，$\boldsymbol{Z}_\tau$ 和 $\boldsymbol{E}_u$ 为原系统的 Markov 参数，对应系统脉冲响应的采样值。在零初始条件下，方程(6-11)可写为

$$\boldsymbol{z}(k) = \sum_{\tau=0}^{k-1} \boldsymbol{Z}_\tau \boldsymbol{u}(k-\tau-1) + \boldsymbol{E}_u \boldsymbol{u}(k) \tag{6-12}$$

假定原系统为可观测系统，构造渐近状态观测器为

$$\begin{cases} \widehat{\boldsymbol{y}}(k+1) = \widehat{\boldsymbol{A}}\, \widehat{\boldsymbol{y}}(k) + \widehat{\boldsymbol{B}} \boldsymbol{u}(k) - \boldsymbol{F}[\boldsymbol{z}(k) - \widehat{\boldsymbol{z}}(k)] \\ \qquad\qquad\;\; = (\widehat{\boldsymbol{A}} + \boldsymbol{F}\boldsymbol{E}_y)\, \widehat{\boldsymbol{y}}(k) + (\widehat{\boldsymbol{B}} + \boldsymbol{F}\boldsymbol{E}_u) \boldsymbol{u}(k) - \boldsymbol{F}\boldsymbol{z}(k) \\ \widehat{\boldsymbol{z}}(k) = \boldsymbol{E}_y \widehat{\boldsymbol{y}}(k) + \boldsymbol{E}_u \boldsymbol{u}(k) \end{cases} \tag{6-13}$$

其中，$\boldsymbol{F} \in \Re^{2n \times l}$ 为状态观测器的增益矩阵，$\widehat{\boldsymbol{A}} + \boldsymbol{F}\boldsymbol{E}_y$ 矩阵的极值可以通过调整矩阵 $\boldsymbol{F}$ 来进行任意配置，恰当的配置能够使观测器的状态向量 $\widehat{\boldsymbol{y}}$ 逐渐地趋于原系统的状态向量 $\boldsymbol{y}$。在这里，通过选择矩阵 $\boldsymbol{F}$，将 $\widehat{\boldsymbol{A}} + \boldsymbol{F}\boldsymbol{E}_y$ 的极点配置在 z 平面的原点，可以得到最小拍(deadbeat)状态观测器。为简化起见，记

$$\overline{\boldsymbol{A}} = \widehat{\boldsymbol{A}} + \boldsymbol{F}\boldsymbol{E}_y, \qquad \overline{\boldsymbol{B}} = [\widehat{\boldsymbol{B}} + \boldsymbol{F}\boldsymbol{E}_u \quad -\boldsymbol{F}], \qquad \boldsymbol{v}^{\mathrm{T}}(k) = [\boldsymbol{u}^{\mathrm{T}}(k) \quad \boldsymbol{z}^{\mathrm{T}}(k)] \tag{6-14}$$

于是方程(6-13)可写为

$$\begin{cases} \widehat{\boldsymbol{y}}(k+1) = \overline{\boldsymbol{A}} \widehat{\boldsymbol{y}}(k) + \overline{\boldsymbol{B}} \boldsymbol{v}(k) \\ \widehat{\boldsymbol{z}}(k) = \boldsymbol{E}_y \widehat{\boldsymbol{y}}(k) + \boldsymbol{E}_u \boldsymbol{u}(k) \end{cases} \tag{6-15}$$

方程(6-15)所表征的观测系统的输出为

$$\widehat{\boldsymbol{z}}(k) = \boldsymbol{E}_y \overline{\boldsymbol{A}}^k \boldsymbol{y}(0) + \sum_{\tau=0}^{k-1} \overline{\boldsymbol{Z}}_\tau \boldsymbol{v}(k-\tau-1) + \boldsymbol{E}_u \boldsymbol{u}(k) \tag{6-16}$$

其中，$\bar{\boldsymbol{Z}}_\tau = \boldsymbol{E}_y \bar{\boldsymbol{A}}^\tau \bar{\boldsymbol{B}} \in \Re^{l\times(r+l)}$，$\bar{\boldsymbol{Z}}_\tau$ 和 $\boldsymbol{E}_u$ 为状态观测器系统的 Markov 参数。此时，原系统的状态误差方程可以表示为

$$\boldsymbol{y}(k+1)-\hat{\boldsymbol{y}}(k+1)=\bar{\boldsymbol{A}}[\boldsymbol{y}(k)-\hat{\boldsymbol{y}}(k)] \tag{6-17}$$

当 $k \geqslant 2n$ 时，方程(6-17)可以展开为

$$\begin{aligned}\boldsymbol{y}(k+1)-\hat{\boldsymbol{y}}(k+1)&=\bar{\boldsymbol{A}}[\boldsymbol{y}(k)-\hat{\boldsymbol{y}}(k)]\\&=\bar{\boldsymbol{A}}^2[\boldsymbol{y}(k-1)-\hat{\boldsymbol{y}}(k-1)]\\&\ \ \vdots\\&=\bar{\boldsymbol{A}}^{2n}[\boldsymbol{y}(k-2n+1)-\hat{\boldsymbol{y}}(k-2n+1)]\end{aligned} \tag{6-18}$$

由于矩阵 $\bar{\boldsymbol{A}}$ 的极值都在 z 平面的原点，因此其特征方程可以表示为

$$\lambda^{2n}=0 \tag{6-19}$$

根据 Cayley-Hamilton 定理[1]，特征值对应的矩阵有相似的特征方程，因此有

$$\bar{\boldsymbol{A}}^{2n}=\boldsymbol{0} \tag{6-20}$$

将方程(6-20)代入方程(6-18)中，当 $k \geqslant 2n$ 时，有

$$\boldsymbol{y}(k+1)-\hat{\boldsymbol{y}}(k+1)=\bar{\boldsymbol{A}}^{2n}[\boldsymbol{y}(k-2n+1)-\hat{\boldsymbol{y}}(k-2n+1)]=\boldsymbol{0} \tag{6-21}$$

此时，$\hat{\boldsymbol{y}}(k)$ 将精确地等于 $\boldsymbol{y}(k)$，也就是说系统在输入输出上完全等价于原系统。由同样的分析可知，当 $k \geqslant 2n$ 时，$\bar{\boldsymbol{Z}}_\tau = \boldsymbol{0}$。此时方程(6-16)可写为

$$\hat{\boldsymbol{z}}(k)=\sum_{\tau=0}^{2n-1}\bar{\boldsymbol{Z}}_\tau \boldsymbol{v}(k-\tau-1)+\boldsymbol{E}_u\boldsymbol{u}(k),\qquad k\geqslant 2n \tag{6-22}$$

虽然方程(6-22)和方程(6-12)具有相同的形式，但方程(6-12)只在零初始条件下成立，而方程(6-22)则可以在任何初始条件下精确成立。那么，当 $k \geqslant 2n$ 时，根据方程(6-22)来计算响应就可以忽略系统的初始条件，从而避免了初始状态难以确定的问题，这对于实际工程应用是十分有利的。

将方程(6-22)展开，用自回归滑动平均 ARMA(2n,2n)格式改写为

$$\hat{\boldsymbol{z}}(k)=\sum_{\tau=0}^{2n-1}\bar{\boldsymbol{Z}}_\tau^{(1)}\boldsymbol{u}(k-\tau-1)+\sum_{\tau=0}^{2n-1}\bar{\boldsymbol{Z}}_\tau^{(2)}\boldsymbol{z}(k-\tau-1)+\boldsymbol{E}_u\boldsymbol{u}(k),\quad k\geqslant 2n \tag{6-23}$$

其中，$\bar{\boldsymbol{Z}}_\tau^{(1)}=\boldsymbol{E}_y\bar{\boldsymbol{A}}^\tau(\hat{\boldsymbol{B}}+\boldsymbol{F}\boldsymbol{E}_u)$；$\bar{\boldsymbol{Z}}_\tau^{(2)}=-\boldsymbol{E}_y\bar{\boldsymbol{A}}^\tau\boldsymbol{F}$。

6.2.3　基于 ARMA 模型辨识 Markov 参数

6.2.2 节中，通过引入状态观测器解决了结构初始条件难以确定的问题，并且推导出了状态观测器系统的 Markov 参数的表达式，本节将介绍求解原系统 Markov 参数的方法。

定义如下变量：

$$\begin{cases}\boldsymbol{\alpha}=[\bar{\boldsymbol{Z}}_0^{(1)}\ \ \bar{\boldsymbol{Z}}_1^{(1)}\ \ \cdots\ \ \bar{\boldsymbol{Z}}_{2n-1}^{(1)}]\\ \boldsymbol{\beta}=[\bar{\boldsymbol{Z}}_0^{(2)}\ \ \bar{\boldsymbol{Z}}_1^{(2)}\ \ \cdots\ \ \bar{\boldsymbol{Z}}_{2n-1}^{(2)}]\\ \underline{\boldsymbol{u}}(k-2n)=[\boldsymbol{u}^{\mathrm T}(k-1)\ \ \boldsymbol{u}^{\mathrm T}(k-2)\ \ \cdots\ \ \boldsymbol{u}^{\mathrm T}(k-2n)]^{\mathrm T}\\ \underline{\boldsymbol{z}}(k-2n)=[\boldsymbol{z}^{\mathrm T}(k-1)\ \ \boldsymbol{z}^{\mathrm T}(k-2)\ \ \cdots\ \ \boldsymbol{z}^{\mathrm T}(k-2n)]^{\mathrm T}\\ \boldsymbol{\gamma}=[\boldsymbol{\alpha}\ \ \boldsymbol{\beta}\ \ \boldsymbol{E}_u]\\ \boldsymbol{\Gamma}(k-1)=[\underline{\boldsymbol{u}}^{\mathrm T}(k-2n)\ \ \underline{\boldsymbol{z}}^{\mathrm T}(k-2n)\ \ \underline{\boldsymbol{u}}^{\mathrm T}(k)]^{\mathrm T}\end{cases} \tag{6-24}$$

则方程(6-22)可以写成

$$\hat{z}(k)=\gamma\boldsymbol{\Gamma}(k-1) \tag{6-25}$$

其中，γ 为由观测器 Markov 参数组成的待辨识矩阵。

本文采用递推最小二乘方法[3]求解未知参数γ，表达式为

$$\begin{cases}\hat{\gamma}(k)=\hat{\gamma}(k-1)+\Delta\hat{\gamma}(k-1)\\ \Delta\hat{\gamma}(k-1)=\left[\dfrac{\boldsymbol{\Theta}(k-2)\boldsymbol{\Gamma}(k-1)[\boldsymbol{y}(k)-\hat{\gamma}(k-1)\boldsymbol{\Gamma}(k-1)]^{\mathrm{T}}}{1+\boldsymbol{\Gamma}^{\mathrm{T}}(k-1)\boldsymbol{\Theta}(k-2)\boldsymbol{\Gamma}(k-1)}\right]^{\mathrm{T}}\\ \boldsymbol{\Theta}(k-1)=\boldsymbol{\Theta}(k-2)-\dfrac{\boldsymbol{\Theta}(k-2)\boldsymbol{\Gamma}(k-1)\boldsymbol{\Gamma}^{\mathrm{T}}(k-1)\boldsymbol{\Theta}(k-2)}{1+\boldsymbol{\Gamma}^{\mathrm{T}}(k-1)\boldsymbol{\Theta}(k-2)\boldsymbol{\Gamma}(k-1)}\end{cases} \tag{6-26}$$

其中，$\hat{\gamma}(k)$ 为参数γ 在第k个采样时刻的估计值；$\boldsymbol{\Theta}(k-1)$ 为满足维数限制的任意正定矩阵。通过简单矩阵运算可知原系统和观测系统的 Markov 参数存在如下关系：

$$\boldsymbol{Z}_{\tau}=\boldsymbol{E}_{y}\hat{\boldsymbol{A}}^{\tau}\hat{\boldsymbol{B}}=\bar{\boldsymbol{Z}}_{\tau}^{(1)}+\sum_{k=0}^{\tau-1}\bar{\boldsymbol{Z}}_{\tau}^{(2)}\bar{\boldsymbol{Z}}_{\tau-k-1}+\bar{\boldsymbol{Z}}_{\tau}^{(2)}\boldsymbol{E}_{u} \tag{6-27}$$

其中，$\boldsymbol{E}_u$ 可直接由方程(6-25)辨识得到。由上述过程可以看到，在整个求解系统 Markov 参数的过程中并不需要给定 $\boldsymbol{F}$ 矩阵的具体形式就可以利用输入输出数据辨识得到观测器的 Markov 参数。

6.3　基于状态的特征系统实现算法

6.3.1　特征系统实现算法基本理论

特征系统实现算法(ERA)[4]是一种时域低维建模方法，它以系统的脉冲响应数据为计算依据构造 Hankel 分块矩阵，再对 Hankel 矩阵进行奇异值分解以得到系统状态空间的最小实现，进而计算出系统的固有频率。具体计算过程如下所述。

首先构造$(s+1)\times(m+1)$ 块 Hankel 分块矩阵为

$$\boldsymbol{H}(\tau)=\begin{bmatrix}\boldsymbol{Z}_{\tau} & \boldsymbol{Z}_{\tau+1} & \cdots & \boldsymbol{Z}_{\tau+m}\\ \boldsymbol{Z}_{\tau+1} & \boldsymbol{Z}_{\tau+2} & \cdots & \boldsymbol{Z}_{\tau+m+1}\\ \vdots & \vdots & & \vdots\\ \boldsymbol{Z}_{\tau+s} & \boldsymbol{Z}_{\tau+s+1} & \cdots & \boldsymbol{Z}_{\tau+s+m}\end{bmatrix}\in\Re^{l(s+1)\times r(m+1)} \tag{6-28}$$

把 $\boldsymbol{H}(\tau)$ 写成

$$\boldsymbol{H}(\tau)=\bar{\boldsymbol{V}}_{s}\hat{\boldsymbol{A}}^{\tau}\bar{\boldsymbol{W}}_{m} \tag{6-29}$$

其中，系统的可观矩阵$\bar{\boldsymbol{V}}_s$ 可以表示为$\bar{\boldsymbol{V}}_s=[\boldsymbol{E}_y^{\mathrm{T}},(\boldsymbol{E}_y\hat{\boldsymbol{A}})^{\mathrm{T}},(\boldsymbol{E}_y\hat{\boldsymbol{A}}^2)^{\mathrm{T}},\cdots,(\boldsymbol{E}_y\hat{\boldsymbol{A}}^s)^{\mathrm{T}}]^{\mathrm{T}}$；系统的可控矩阵$\bar{\boldsymbol{W}}_m$ 可以表示为$\bar{\boldsymbol{W}}_m=[\hat{\boldsymbol{B}},\hat{\boldsymbol{A}}\hat{\boldsymbol{B}},\hat{\boldsymbol{A}}^2\hat{\boldsymbol{B}},\cdots,\hat{\boldsymbol{A}}^m\hat{\boldsymbol{B}}]$。对于阶次为$2n$ 的系统，系统矩阵的最小维数为$2n\times 2n$，倘若$s+1\geqslant 2n$、$m+1\geqslant 2n$ 且系统可控可观，则有$\bar{\boldsymbol{V}}_s$ 和$\bar{\boldsymbol{W}}_m$ 的阶次为$2n$，因此 Hankel 分块矩阵 $\boldsymbol{H}(\tau)$ 的阶次也为$2n$。

对 $\boldsymbol{H}(0)$ 进行奇异值分解[5]得

$$\boldsymbol{H}(0)=\boldsymbol{U}\boldsymbol{N}\boldsymbol{V}^{\mathrm{T}} \tag{6-30}$$

其中，$\boldsymbol{U}$ 和 $\boldsymbol{V}$ 为酉矩阵；$\boldsymbol{N}$ 为奇异值对角阵，形式为

$$\begin{gathered}\boldsymbol{N}=\operatorname{diag}(d_1,d_2,\cdots,d_{\bar{r}},d_{\bar{r}+1},\cdots)\\ d_1\geqslant d_2\geqslant\cdots\geqslant d_{\bar{r}}\geqslant d_{\bar{r}+1}\geqslant\cdots\geqslant 0\end{gathered}\tag{6-31}$$

$\bar{r}$ 可以由奇异截断阈值 ε 确定，即

$$\frac{d_{\bar{r}}}{d_1}>\varepsilon,\qquad \frac{d_{\bar{r}+1}}{d_1}\leqslant\varepsilon\tag{6-32}$$

取 $\boldsymbol{U}_{\bar{r}}$ 为 $\boldsymbol{U}$ 的前 $\bar{r}$ 列，$\boldsymbol{V}_{\bar{r}}$ 为 $\boldsymbol{V}$ 的前 $\bar{r}$ 列，$\boldsymbol{N}_{\bar{r}}=\operatorname{diag}(d_1,d_2,\cdots,d_{\bar{r}})$。定义

$$\boldsymbol{E}_{\bar{q}}^{\mathrm{T}}=[\boldsymbol{I}_{\bar{q}},\boldsymbol{0}_{\bar{q}\times s\bar{q}}],\qquad \boldsymbol{E}_{d}^{\mathrm{T}}=[\boldsymbol{I}_{d},\boldsymbol{0}_{d\times md}]\tag{6-33}$$

则系统的最小实现 $(\widehat{\boldsymbol{A}}_{\bar{r}},\widehat{\boldsymbol{B}}_{\bar{r}},\boldsymbol{E}_{y\bar{r}},\boldsymbol{E}_{u\bar{r}})$ 可以确定为[6]

$$\begin{cases}\widehat{\boldsymbol{A}}_{\bar{r}}=\boldsymbol{N}_{\bar{r}}^{-1/2}\boldsymbol{U}_{\bar{r}}^{\mathrm{T}}\boldsymbol{H}(1)\boldsymbol{V}_{\bar{r}}\boldsymbol{N}_{\bar{r}}^{-1/2}\\ \widehat{\boldsymbol{B}}_{\bar{r}}=\boldsymbol{N}_{\bar{r}}^{1/2}\boldsymbol{V}_{\bar{r}}^{\mathrm{T}}\boldsymbol{E}_{d}\\ \boldsymbol{E}_{y\bar{r}}=\boldsymbol{E}_{\bar{q}}^{\mathrm{T}}\boldsymbol{U}_{\bar{r}}\boldsymbol{N}_{\bar{r}}^{1/2}\end{cases}\tag{6-34}$$

由于 $\boldsymbol{E}_{u\bar{r}}$ 已经由 OKID 方法辨识得出，因此矩阵 $(\widehat{\boldsymbol{A}}_{\bar{r}},\widehat{\boldsymbol{B}}_{\bar{r}},\boldsymbol{E}_{y\bar{r}},\boldsymbol{E}_{u\bar{r}})$ 就是系统状态空间的最小实现。此时，由 ERA 算法可以得到系统低维状态空间方程为

$$\begin{cases}\boldsymbol{y}(k+1)=\widehat{\boldsymbol{A}}_{\bar{r}}\boldsymbol{y}(k)+\widehat{\boldsymbol{B}}_{\bar{r}}\boldsymbol{u}(k)\\ \boldsymbol{z}(k)=\boldsymbol{E}_{y\bar{r}}\boldsymbol{y}(k)+\boldsymbol{E}_{u\bar{r}}\boldsymbol{u}(k)\end{cases}\tag{6-35}$$

至此，系统的低维状态空间模型便可由以上的辨识过程而获得，该低维模型可以用于后续的控制设计。通过对系统矩阵 $\widehat{\boldsymbol{A}}_{\bar{r}}$ 进行特征值分解，可以得到系统的固有频率，具体步骤见下节。

6.3.2 模态参数识别

对系统矩阵 $\widehat{\boldsymbol{A}}_{\bar{r}}$ 进行特征值分解得

$$\boldsymbol{\psi}^{-1}\widehat{\boldsymbol{A}}_{\bar{r}}\boldsymbol{\psi}=\boldsymbol{\sigma}\tag{6-36}$$

其中，$\boldsymbol{\sigma}=\operatorname{diag}(\sigma_1,\sigma_2,\cdots,\sigma_{\bar{r}})$ 为特征值矩阵；$\boldsymbol{\psi}$ 为特征向量矩阵。由振动理论可知，系统第 i 阶特征值满足

$$\sigma_i=\mathrm{e}^{(-\zeta_i\omega_i\bar{T}\pm\mathrm{j}\omega_i\sqrt{1-\zeta_i^2}\bar{T})},\qquad i=1,2,3,\cdots,\bar{r}\tag{6-37}$$

其中，ω_i 和 ζ_i 分别为系统的无阻尼频率和阻尼比；$\bar{T}$ 为采样周期；$\mathrm{j}^2=-1$。

定义

$$s_i=\frac{\ln(\sigma_i)}{\bar{T}}\tag{6-38}$$

从而可以得出固有频率为

$$\omega_i=\sqrt{[\mathrm{Re}(s_i)]^2+[\mathrm{Im}(s_i)]^2}\tag{6-39}$$

阻尼比为

$$\zeta_i=-\frac{\mathrm{Re}(s_i)}{\sqrt{[\mathrm{Re}(s_i)]^2+[\mathrm{Im}(s_i)]^2}}\tag{6-40}$$

其中，符号 $\mathrm{Re}(s_i)$ 和 $\mathrm{Im}(s_i)$ 分别代表 s_i 的实部和虚部。通过上述的特征值分解过程，就可以得到系统的固有频率和阻尼。

6.4　航天器挠性参数的在轨辨识

随着航天事业的不断发展，大型柔性附件在现代航天器中大量使用，导致系统整体具有大挠性、模态密集、结构阻尼小等特点。对于这种大型挠性结构，即使是在 1*g* 的重力环境中，单纯组装系统都十分困难，进行模态试验则难度更大，而且地面的试验设备有时也无法满足模态试验的要求。另外，航天器的挠性参数是控制系统关注的重要参数之一，它对在轨姿态控制精度等具有重要影响。由于地面环境和太空环境不同，柔性附件在两种环境下的振动行为也将不同，这会导致地面试验与实际在轨状态之间存在差异。因此，有必要开展航天器挠性参数的在轨辨识技术的研究，以提高挠性参数的辨识精度，为航天器的姿轨控提供参数保障。航天器在轨模态试验所呈现的是航天器的真实振动行为，因此通过辨识所得到的挠性参数也将能够反映出航天器的真实情况，所以采用该参数进行航天器的姿态控制将能够得到更高的姿态控制精度。

考虑图 6-1 所示的中心刚体 R 两边带柔性太阳能帆板 E_1、E_2 的典型航天器系统。设柔性帆板与中心刚体固结，即在连接处帆板相对于中心刚体既无平动也无转动。在中心体质心点处建立浮动坐标 $o\text{-}x_by_bz_b$，设 o 点的三个方向的平动位移坐标为 $\boldsymbol{w}_0 \in \Re^{3\times1}$，中心体绕 o 点的三个方向的转动角坐标为 $\boldsymbol{\theta} \in \Re^{3\times1}$。柔性帆板上任意一点的弹性位移采用振型叠加法 $\boldsymbol{q}(r,t)=\sum_{i=1}^{\infty}\boldsymbol{\varphi}_i(r)\boldsymbol{\eta}_i(t)=\boldsymbol{\Phi}(r)\boldsymbol{\eta}(t)$ 进行描述，其中，$\boldsymbol{\Phi}(r)$ 为振型函数矩阵，可采用部件约束的模态函数集，$\boldsymbol{\eta}(t)$ 为模态坐标列阵。实际应用时，可以截取柔性帆板的前若干阶模态来描述任意点的弹性位移。

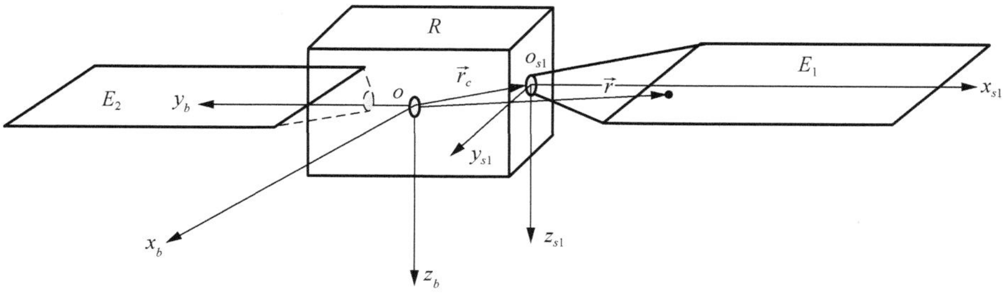

图 6-1　航天器系统结构图

采用 Lagrange 方法可以建立起系统的动力学方程为[7]

$$\begin{cases} m\ddot{\boldsymbol{w}}_0(t)+\boldsymbol{P}_1\ddot{\boldsymbol{\eta}}_1+\boldsymbol{P}_2\ddot{\boldsymbol{\eta}}_2=\overline{\boldsymbol{F}} \\ \boldsymbol{J}\ddot{\boldsymbol{\theta}}+\boldsymbol{H}_1\ddot{\boldsymbol{\eta}}_1+\boldsymbol{H}_2\ddot{\boldsymbol{\eta}}_2=\overline{\boldsymbol{T}} \\ \ddot{\boldsymbol{\eta}}_1+\boldsymbol{\Omega}_1^2\boldsymbol{\eta}_1+\boldsymbol{P}_1^{\mathrm{T}}\ddot{\boldsymbol{w}}_0(t)+\boldsymbol{H}_1^{\mathrm{T}}\ddot{\boldsymbol{\theta}}=\boldsymbol{f}_1 \\ \ddot{\boldsymbol{\eta}}_2+\boldsymbol{\Omega}_2^2\boldsymbol{\eta}_2+\boldsymbol{P}_2^{\mathrm{T}}\ddot{\boldsymbol{w}}_0(t)+\boldsymbol{H}_2^{\mathrm{T}}\ddot{\boldsymbol{\theta}}=\boldsymbol{f}_2 \end{cases} \tag{a}$$

其中，m 为航天器系统的总质量；$\boldsymbol{J} \in \Re^{3\times3}$ 为系统相对于 o 点的转动惯量矩阵；$\boldsymbol{\eta}_1 \in \Re^{r_1\times1}$ 为柔性帆板 E_1 的模态坐标列向量，r_1 为截取的模态坐标个数；$\boldsymbol{\eta}_2 \in \Re^{r_2\times1}$ 为柔性帆板 E_2 的模态坐标列向量，r_2 为截取的模态坐标个数；$\boldsymbol{P}_i$ 和 $\boldsymbol{H}_i$（$i=1,2$）分别为对应柔性帆板的模态动量系数矩阵和模态角动量系数矩阵；$\boldsymbol{\Omega}_1 \in \Re^{r_1\times r_1}$ 和 $\boldsymbol{\Omega}_2 \in \Re^{r_2\times r_2}$ 分别为由两个柔性帆板的固有频率所组成的对角阵；$\bar{\boldsymbol{F}} \in \Re^{3\times1}$ 和 $\bar{\boldsymbol{T}} \in \Re^{3\times1}$ 分别为中心体上的外力和外力矩；$\boldsymbol{f}_1 \in \Re^{r_1\times1}$ 和 $\boldsymbol{f}_2 \in \Re^{r_2\times1}$ 为两块帆板的模态广义力。

忽略中心体的平动运动以及帆板上的模态力 $\boldsymbol{f}_1$ 和 $\boldsymbol{f}_2$，并且考虑到卫星系统的三轴惯量不等并有惯量积、姿态机动引起陀螺力矩 $-\dot{\boldsymbol{\theta}}\times\boldsymbol{J}\dot{\boldsymbol{\theta}}$，以及柔性帆板存在阻尼，上述方程(a)可以写为

$$\begin{cases}\boldsymbol{J}\ddot{\boldsymbol{\theta}}+\tilde{\dot{\boldsymbol{\theta}}}\boldsymbol{J}\dot{\boldsymbol{\theta}}+\boldsymbol{H}_1\ddot{\boldsymbol{\eta}}_1+\boldsymbol{H}_2\ddot{\boldsymbol{\eta}}_2=\bar{\boldsymbol{T}}\\ \ddot{\boldsymbol{\eta}}_1+2\boldsymbol{\zeta}_1\boldsymbol{\Omega}_1\dot{\boldsymbol{\eta}}_1+\boldsymbol{\Omega}_1^2\boldsymbol{\eta}_1+\boldsymbol{H}_1^{\mathrm{T}}\ddot{\boldsymbol{\theta}}=\boldsymbol{0}\\ \ddot{\boldsymbol{\eta}}_2+2\boldsymbol{\zeta}_2\boldsymbol{\Omega}_2\dot{\boldsymbol{\eta}}_2+\boldsymbol{\Omega}_2^2\boldsymbol{\eta}_2+\boldsymbol{H}_2^{\mathrm{T}}\ddot{\boldsymbol{\theta}}=\boldsymbol{0}\end{cases} \tag{b}$$

其中，$\tilde{\dot{\boldsymbol{\theta}}}=-\tilde{\dot{\boldsymbol{\theta}}}^{\mathrm{T}}=\begin{bmatrix}0&-\dot{\theta}_3&\dot{\theta}_2\\ \dot{\theta}_3&0&-\dot{\theta}_1\\ -\dot{\theta}_2&\dot{\theta}_1&0\end{bmatrix}$；$\dot{\boldsymbol{\theta}}=\begin{bmatrix}\dot{\theta}_1\\ \dot{\theta}_2\\ \dot{\theta}_3\end{bmatrix}$；$\boldsymbol{\zeta}_1 \in \Re^{r_1\times r_1}$ 和 $\boldsymbol{\zeta}_2 \in \Re^{r_2\times r_2}$ 分别为两个柔性帆板的模态阻尼比所构成的对角矩阵。

航天器系统的动力学方程写成矩阵形式为

$$\begin{bmatrix}\boldsymbol{J}&\boldsymbol{H}_1&\boldsymbol{H}_2\\ \boldsymbol{H}_1^{\mathrm{T}}&\boldsymbol{I}_1&\boldsymbol{0}\\ \boldsymbol{H}_2^{\mathrm{T}}&\boldsymbol{0}&\boldsymbol{I}_2\end{bmatrix}\begin{bmatrix}\ddot{\boldsymbol{\theta}}\\ \ddot{\boldsymbol{\eta}}_1\\ \ddot{\boldsymbol{\eta}}_2\end{bmatrix}+\begin{bmatrix}\tilde{\dot{\boldsymbol{\theta}}}\boldsymbol{J}&\boldsymbol{0}&\boldsymbol{0}\\ \boldsymbol{0}&2\boldsymbol{\zeta}_1\boldsymbol{\Omega}_1&\boldsymbol{0}\\ \boldsymbol{0}&\boldsymbol{0}&2\boldsymbol{\zeta}_2\boldsymbol{\Omega}_2\end{bmatrix}\begin{bmatrix}\dot{\boldsymbol{\theta}}\\ \dot{\boldsymbol{\eta}}_1\\ \dot{\boldsymbol{\eta}}_2\end{bmatrix}+\begin{bmatrix}\boldsymbol{0}&\boldsymbol{0}&\boldsymbol{0}\\ \boldsymbol{0}&\boldsymbol{\Omega}_1^2&\boldsymbol{0}\\ \boldsymbol{0}&\boldsymbol{0}&\boldsymbol{\Omega}_2^2\end{bmatrix}\begin{bmatrix}\boldsymbol{\theta}\\ \boldsymbol{\eta}_1\\ \boldsymbol{\eta}_2\end{bmatrix}=\begin{bmatrix}\bar{\boldsymbol{T}}\\ \boldsymbol{0}\\ \boldsymbol{0}\end{bmatrix} \tag{c}$$

其中，$\boldsymbol{I}_1 \in \Re^{r_1\times r_1}$ 和 $\boldsymbol{I}_2 \in \Re^{r_2\times r_2}$ 为单位阵。

定义广义坐标 $\boldsymbol{x}=[\boldsymbol{\theta}^{\mathrm{T}},\boldsymbol{\eta}_1^{\mathrm{T}},\boldsymbol{\eta}_2^{\mathrm{T}}]^{\mathrm{T}} \in \Re^{3+r_1+r_2}$，方程(c)可以写成

$$\boldsymbol{M}\ddot{\boldsymbol{x}}+\boldsymbol{D}_p\dot{\boldsymbol{x}}+\boldsymbol{K}\boldsymbol{x}=\boldsymbol{H}_p\boldsymbol{u}(t) \tag{d}$$

其中

$$\boldsymbol{M}=\begin{bmatrix}\boldsymbol{J}&\boldsymbol{H}_1&\boldsymbol{H}_2\\ \boldsymbol{H}_1^{\mathrm{T}}&\boldsymbol{I}_1&\boldsymbol{0}\\ \boldsymbol{H}_2^{\mathrm{T}}&\boldsymbol{0}&\boldsymbol{I}_2\end{bmatrix}\in\Re^{\tilde{n}\times\tilde{n}},\qquad \boldsymbol{D}_p=\begin{bmatrix}\tilde{\dot{\boldsymbol{\theta}}}\boldsymbol{J}&\boldsymbol{0}&\boldsymbol{0}\\ \boldsymbol{0}&2\boldsymbol{\zeta}_1\boldsymbol{\Omega}_1&\boldsymbol{0}\\ \boldsymbol{0}&\boldsymbol{0}&2\boldsymbol{\zeta}_2\boldsymbol{\Omega}_2\end{bmatrix}\in\Re^{\tilde{n}\times\tilde{n}},$$

$$\boldsymbol{K}=\begin{bmatrix}\boldsymbol{0}&\boldsymbol{0}&\boldsymbol{0}\\ \boldsymbol{0}&\boldsymbol{\Omega}_1^2&\boldsymbol{0}\\ \boldsymbol{0}&\boldsymbol{0}&\boldsymbol{\Omega}_2^2\end{bmatrix}\in\Re^{\tilde{n}\times\tilde{n}},\qquad \boldsymbol{H}_p\boldsymbol{u}(t)=\begin{bmatrix}\bar{\boldsymbol{T}}\\ \boldsymbol{0}\\ \boldsymbol{0}\end{bmatrix}\in\Re^{\tilde{n}\times1},\qquad \tilde{n}=3+r_1+r_2$$

$\boldsymbol{H}_p \in \Re^{\tilde{n}\times r}$ 为输入位置矩阵；$\boldsymbol{u}(t) \in \Re^{r\times1}$ 为输入向量，r 为输入通道数。

下面根据上述过程进行数值仿真。航天器系统的物理参数如表 6-1 所示。假定在航天器的 x_b 方向施加输入，输入信号分别考虑白噪声、正弦 $\sin(20t)$ 和脉冲三种形式，其中，白噪声激励信号如图 6-2 所示。输出信号采用航天器中心体的三轴角速度数据，数

据采样频率为100Hz。采用航天器的动力学方程(c)可以计算得出系统的输出。在得到航天器系统的输入和输出数据后，利用本章所阐述的 OKID 和 ERA 方法即可进行参数辨识工作。表 6-2 给出了不同激励输入条件下的系统固有频率辨识结果。可以看出，OKID 和 ERA 方法具有较高的辨识精度。

表 6-1　卫星系统的物理参数

卫星系统的转动惯量 $\boldsymbol{J}$/(kg·m^2)	$\begin{bmatrix} 212 & 10 & 12 \\ 10 & 320 & 15 \\ 12 & 15 & 417 \end{bmatrix}$	
太阳能帆板的物理参数	弹性模量/Pa	5×10^{11}
	密度/(kg/m^3)	250
	质量/kg	3.4125
	泊松比	0.33
	转动惯量 J_y /(kg·m^2)	31.194
	转动惯量 J_x /(kg·m^2)	1.0694

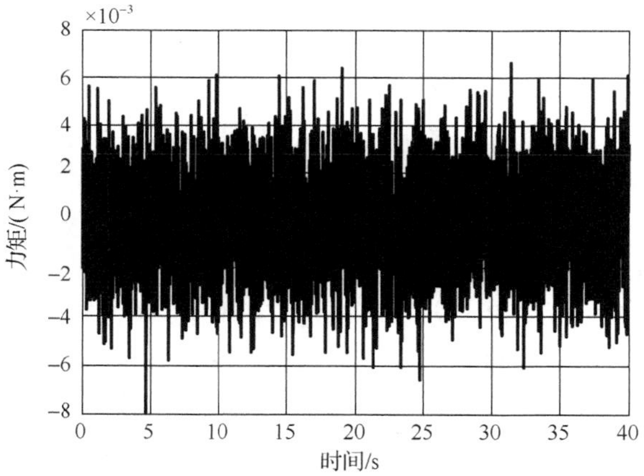

图 6-2　白噪声激励信号时程

在此有几点问题值得说明：①在参数辨识过程中，使用 OKID 方法的目的是得到系统的单位脉冲响应值。无论系统的输入为何种形式，经过 OKID 处理后都可以得到系统的单位脉冲响应结果，然后就可以使用 ERA 方法进行固有频率等模态参数的辨识。如果系统的输入本来就是脉冲激励，此时则可以直接使用 ERA 方法进行参数辨识。②因为本章算例中系统的转动惯量矩阵为对称阵而非对角阵，x_b 方向的力矩不但会引起 x_b 方向的转动，也将会引起其他两个方向的转动，因此可以采用航天器中心体的角速度信息作为系统输出。如果航天器系统的转动惯量为对角阵，由于航天器为对称结构，存在对称振型，此时若采用中心体的角速度信息作为系统输出进行参数辨识，则有可能会出现频率遗漏。

表 6-2 固有频率辨识结果

理论频率值/Hz	白噪声激励/Hz	脉冲激励/Hz	正弦激励/Hz
0.2951、0.4284	0.3079、0.4111	0.3072、0.4115	0.3297、0.4076
1.5909、1.5961	1.5895、1.5933	1.5935、1.5935	1.5946、1.9527
2.2810、2.3302	2.2935、2.3103	2.3038、2.3069	2.1648、2.3192
5.8744、5.8750	5.6574、5.8504	5.8738、5.8739	5.5586、6.061
6.7563、6.7851	6.7535、6.7699	6.7688、6.7691	6.5629、7.0674
11.7821、11.7822	11.5301、11.8450	11.7576、11.7581	11.5831、12.0819
13.6447、13.6623	13.6122、13.6356	13.6059、13.6068	13.0799、13.5767
18.5625、18.5633	18.3697、18.7232	18.3972、18.4013	18.0705、18.5695
19.64828、19.64827	19.7141、19.8601	19.4455、19.4514	19.0686、19.5676
22.243108、22.243113	22.0045、22.2691	21.9533、21.9637	22.0627、22.5617

复习思考题

6-1 采用ERA方法进行结构模态参数辨识时，Hankel矩阵的定阶是一个关键问题，矩阵维数小了会导致遗漏频率，矩阵维数大了会导致虚假频率。当结构存在密频时这两种情况的处理尤为困难。文献[8]以存在低频密集的薄膜天线结构为研究对象，采用OKID和ERA方法开展了参数辨识问题的研究，分别采用了模态相位共线性法(MPC)、模态幅值相关系数法(MAC)和稳定图法来剔除参数辨识中的虚假模态。请参考文献[8]对ERA方法的使用做深入理解。

6-2 本章采用OKID和ERA方法可以建立线性振动系统低维的时域状态方程，该状态方程可以用于主动控制的设计。文献[9]以柔性板为对象，采用OKID和ERA方法开展了系统低维建模与参数辨识的研究，并且基于所建低维模型分别采用LQG控制方法和鲁棒控制方法进行了主动控制的设计，而且进行了实验验证工作。请参考文献[9]深入理解如何使用辨识所得低维模型进行主动控制的设计。

参 考 文 献

[1] 刘豹, 唐万生. 现代控制理论[M]. 3 版. 北京: 机械工业出版社, 2015.

[2] JUANG J N, PHAN M, HORTA L G, et al. Identification of observer/Kalman filter Markov parameters-theory and experiments[J]. Journal of Guidance, Control and Dynamics, 1993, 16(2): 320-329.

[3] 傅志方. 振动模态分析与参数辨识[M]. 北京: 机械工业出版社, 1990.

[4] JUANG J N, PAPPA R S. An eigensystem realization algorithm for modal parameter identification and model reduction[J]. Journal of Guidance, Control and Dynamics, 1985, 8(5): 620-627.

[5] 李德葆, 陆秋海. 实验模态分析及其应用[M]. 北京: 科学出版社, 2001.

[6] JUANG J N, PHAN M. Identification and control of mechanical systems[M]. New York: Cambridge University Press, 2001.

[7] 谢永. 航天器挠性参数的在轨辨识与模型修正[D]. 上海: 上海交通大学, 2016.
[8] 吕娟霞. 薄膜天线结构模态参数在轨辨识研究[D]. 上海: 上海交通大学, 2018.
[9] 谢永. 柔性结构的低维建模与主动控制研究[D]. 上海: 上海交通大学, 2012.

第 7 章　结构振动主动控制中传感器和作动器的优化配置

学习要点

- 进行传感器/作动器优化配置研究的基本流程
- 基于可控性 Gramian 矩阵的作动器优化配置准则
- 基于可观性 Gramian 矩阵的传感器优化配置准则
- 粒子群优化算法(PSO)的基本流程
- 利用粒子群优化算法进行传感器/作动器最优位置的计算

结构的振动主动控制通常需要通过传感器所采集的系统状态进行控制反馈，作动器根据反馈信号按照某一控制规律对系统进行作动，从而达到振动控制的目的。工程结构多为分布参数系统，具有无穷多个自由度，柔性结构的主动控制实质上是采用有限数量的作动器对无穷多自由度的系统进行控制,因而传感器/作动器的配置位置将直接影响闭环控制系统的性能。在柔性结构振动主动控制领域，传感器/作动器的优化配置是一个十分关键的问题。作动器位置的不当放置有可能激发起未控模态的响应，从而导致控制溢出，引起控制效果的下降；而传感器位置的不当选择会使得所采集的信号中包含过多未控模态的信息，从而导致观测溢出。观测溢出不但会导致控制效果的下降，而且有可能致使控制系统失稳。另外，传感器和作动器本身都需要一定的成本，而且与传感器配套使用的数据采集和处理设备、作动器的驱动装置的代价较高，从经济方面考虑，希望采用尽可能少的作动器和传感器，并将它们配置在最优位置。对宇航、水下结构和核电站等工程结构来说，对作动器和传感器的数量和位置有一定的限制，因此更需要事先对它们进行周密的优化配置。此外，对将作动器和传感器等与结构系统集成于一体的智能结构来说，传感器/作动器的优化配置也十分重要。因此，传感器/作动器的优化配置的研究具有重要的理论意义和实际应用价值。

传感器/作动器的优化配置本质上就是一个寻优的问题,是选择合适的优化算法使得某一指标函数取得全局最优，所研究的内容主要包含两个方面：优化准则的确立和优化算法的选取。

本章将对结构振动主动控制中的传感器/作动器优化配置问题进行阐述,重点介绍基于可控性 Gramian 矩阵的作动器优化配置准则、基于可观性 Gramian 矩阵的传感器优化配置准则、粒子群优化算法，并在最后给出了一个柔性悬臂板上压电作动器最优位置计算的具体算例。

7.1　振动控制方程

对于一个工程柔性结构，通常需要用一个分布式参数系统模型来对它进行动力学描述，因此其所对应的数学模型一般为偏微分方程(组)。对于偏微分方程(组)，一般难以得到解析解，通常需要先对其进行离散化处理，将偏微分方程(组)转化成一组有限自由度的常微分方程组，用该有限自由度系统的解来近似代替原系统的解。目前常用的离散化方法有：集中质量法、假设模态法和有限元法。其中有限元法是最常用且适用性最广的一种方法。有限元法的计算精度可以通过对单元的细小划分而得到保证，而且该方法具有收敛性保障。

采用有限元方法对一个结构振动控制系统进行动力学建模，可以得到如下的线性定常系统动力学方程。

$$\begin{cases} \boldsymbol{M}\ddot{\boldsymbol{x}} + \boldsymbol{C}\dot{\boldsymbol{x}} + \boldsymbol{K}\boldsymbol{x} = \boldsymbol{D}\boldsymbol{u} \\ \boldsymbol{z} = \boldsymbol{E}_d\boldsymbol{x} + \boldsymbol{E}_v\dot{\boldsymbol{x}} \end{cases} \tag{7-1}$$

其中，$\boldsymbol{x} \in \Re^{n\times 1}$ 为系统的位移列向量，n 为自由度数；$\boldsymbol{M} \in \Re^{n\times n}$ 为对称正定质量矩阵；$\boldsymbol{K} \in \Re^{n\times n}$ 为非负定对称刚度矩阵；$\boldsymbol{C} \in \Re^{n\times n}$ 为阻尼矩阵；$\boldsymbol{D} \in \Re^{n\times r}$ 为作动器位置矩阵；$\boldsymbol{u} \in \Re^{r\times 1}$ 为控制力列向量，r 为作动器的个数；$\boldsymbol{z} \in \Re^{l\times 1}$ 为系统观测输出向量，l 为观测输出量的维数；$\boldsymbol{E}_d \in \Re^{l\times n}$ 为位移输出系数矩阵；$\boldsymbol{E}_v \in \Re^{l\times n}$ 为速度输出系数矩阵。当只采用位移传感器时，$\boldsymbol{E}_v = \boldsymbol{0}$；当只采用速度传感器时，$\boldsymbol{E}_d = \boldsymbol{0}$。

将方程(7-1)改写为状态方程的形式，可得

$$\begin{cases} \dot{\boldsymbol{y}} = \boldsymbol{A}\boldsymbol{y} + \boldsymbol{B}\boldsymbol{u} \\ \boldsymbol{z} = \boldsymbol{E}\boldsymbol{y} \end{cases} \tag{7-2}$$

其中，$\boldsymbol{y} = \begin{bmatrix} \boldsymbol{x} \\ \dot{\boldsymbol{x}} \end{bmatrix} \in \Re^{2n\times 1}$ 为系统状态向量；$\boldsymbol{A} = \begin{bmatrix} \boldsymbol{0} & \boldsymbol{I} \\ -\boldsymbol{M}^{-1}\boldsymbol{K} & -\boldsymbol{M}^{-1}\boldsymbol{C} \end{bmatrix} \in \Re^{2n\times 2n}$ 为系统矩阵；$\boldsymbol{B} = \begin{bmatrix} \boldsymbol{0} \\ \boldsymbol{M}^{-1}\boldsymbol{D} \end{bmatrix} \in \Re^{2n\times r}$ 为控制矩阵；$\boldsymbol{E} = [\boldsymbol{E}_d, \boldsymbol{E}_v] \in \Re^{l\times 2n}$ 为观测矩阵。

7.2　作动器优化配置准则

作动器优化配置准则实际上是一种定量地描述当前控制系统性能的量，它表示了当前的作动器配置对系统控制能力的大小。目前对于结构振动控制已经提出了多种作动器优化配置准则，如可控性准则[1]、系统能量准则[2]、系统响应准则[3]、可靠性准则[4]、控制溢出准则[5]等。

可控性是控制系统理论中的一个重要概念，系统的可控性可以通过作动器的位置影响系数矩阵(控制矩阵)来进行判断。控制系统的设计必须要保证系统是可控的，系统可控性程度的大小则与作动器的影响系数矩阵相关。因此，系统的可控性可以用于构建作动器的优化配置准则。

假设系统在零时刻具有初始状态 $\boldsymbol{y}_0$，在时间 $t=t_f$ 时系统达到最终状态 $\boldsymbol{y}_{t_f}$。取性能指标函数为

$$J=\int_0^{t_f}[\boldsymbol{y}^{\mathrm{T}}(t)\boldsymbol{Q}\boldsymbol{y}(t)+\boldsymbol{u}^{\mathrm{T}}(t)\boldsymbol{R}\boldsymbol{u}(t)]\mathrm{d}t \tag{7-3}$$

其中，$\boldsymbol{Q}\in\Re^{2n\times 2n}$ 是半正定对称常值矩阵，$\boldsymbol{R}\in\Re^{r\times r}$ 是正定对称常值矩阵。

对于这样一个带有最终状态约束条件的最优控制问题，使 J 取最小值的最优控制解可表示为[6]

$$\boldsymbol{u}_{opt}(t)=-\boldsymbol{R}^{-1}\boldsymbol{B}^{\mathrm{T}}\boldsymbol{P}\boldsymbol{y}+\boldsymbol{R}^{-1}\boldsymbol{B}^{\mathrm{T}}\boldsymbol{S}\hat{\boldsymbol{W}}_c(t_f)^{-1}\left(\boldsymbol{y}_{t_f}-\boldsymbol{S}^{\mathrm{T}}(0)\boldsymbol{y}_0\right) \tag{7-4}$$

其中，$\boldsymbol{P}$ 为 Riccati 方程(7-5)的解

$$\boldsymbol{P}\boldsymbol{A}+\boldsymbol{A}^{\mathrm{T}}\boldsymbol{P}-\boldsymbol{P}\boldsymbol{B}\boldsymbol{R}^{-1}\boldsymbol{B}^{\mathrm{T}}\boldsymbol{P}+\boldsymbol{Q}=\boldsymbol{0} \tag{7-5}$$

方程(7-4)中 $\hat{\boldsymbol{W}}_c$ 的表达式为

$$\hat{\boldsymbol{W}}_c(t)=\int_0^t \mathrm{e}^{\hat{\boldsymbol{A}}\tau}\boldsymbol{B}\boldsymbol{R}^{-1}\boldsymbol{B}\mathrm{e}^{\hat{\boldsymbol{A}}^{\mathrm{T}}\tau}\mathrm{d}\tau \tag{7-6}$$

其中，$\hat{\boldsymbol{A}}=\boldsymbol{A}-\boldsymbol{B}\boldsymbol{R}^{-1}\boldsymbol{B}^{\mathrm{T}}\boldsymbol{P}$。

方程(7-4)中 $\boldsymbol{S}$ 是方程(7-7)的解

$$\begin{cases}\dot{\boldsymbol{S}}+(\boldsymbol{A}^{\mathrm{T}}-\boldsymbol{P}\boldsymbol{B}\boldsymbol{R}^{-1}\boldsymbol{B}^{\mathrm{T}})\boldsymbol{S}=\boldsymbol{0}\\ \boldsymbol{S}^{\mathrm{T}}(t_f)=\boldsymbol{I}\end{cases} \tag{7-7}$$

现只考虑系统从初始状态被控至最终状态所需要消耗的能量。令方程(7-3)中 $\boldsymbol{Q}=\boldsymbol{0}$，$\boldsymbol{R}=\boldsymbol{I}$，由方程(7-5)可求得 $\boldsymbol{P}=\boldsymbol{0}$。此时性能指标函数可以表示为

$$J_c=\int_0^{t_f}\boldsymbol{u}^{\mathrm{T}}(t)\boldsymbol{u}(t)\mathrm{d}t \tag{7-8}$$

将 $\boldsymbol{P}=\boldsymbol{0}$，$\boldsymbol{R}=\boldsymbol{I}$ 代入方程(7-7)，可以解得此时 $\boldsymbol{S}$ 的具体表达式为

$$\boldsymbol{S}=\mathrm{e}^{\boldsymbol{A}^{\mathrm{T}}(t_f-t)} \tag{7-9}$$

将方程(7-9)代入方程(7-4)，并考虑到 $\boldsymbol{P}=\boldsymbol{0}$，$\boldsymbol{R}=\boldsymbol{I}$，可以得到最优控制为

$$\boldsymbol{u}_{opt}(t)=\boldsymbol{B}^{\mathrm{T}}\mathrm{e}^{\boldsymbol{A}^{\mathrm{T}}(t_f-t)}\boldsymbol{W}_c(t_f)^{-1}(\boldsymbol{y}_{t_f}-\mathrm{e}^{\boldsymbol{A}t_f}\boldsymbol{y}_0) \tag{7-10}$$

其中，$\boldsymbol{W}_c$ 为系统的可控性 Gramian 矩阵，$\boldsymbol{W}_c(t)=\int_0^t \mathrm{e}^{\boldsymbol{A}\tau}\boldsymbol{B}\boldsymbol{B}^{\mathrm{T}}\mathrm{e}^{\boldsymbol{A}^{\mathrm{T}}\tau}\mathrm{d}\tau$。

将方程(7-10)代入方程(7-8)，可得到最小指标函数为

$$J_c^{opt}=(\mathrm{e}^{\boldsymbol{A}t_f}\boldsymbol{y}_0-\boldsymbol{y}_{t_f})^{\mathrm{T}}[\boldsymbol{W}_c(t_f)]^{-1}(\mathrm{e}^{\boldsymbol{A}t_f}\boldsymbol{y}_0-\boldsymbol{y}_{t_f}) \tag{7-11}$$

显然，可控性 Gramian 矩阵 $\boldsymbol{W}_c$ 取决于系统的控制阵 $\boldsymbol{B}$，而由方程(7-2)可知控制阵 $\boldsymbol{B}$ 取决于作动器的布置位置，因此 $\boldsymbol{W}_c$ 矩阵与作动器的配置直接相关。如果作动器的布置使得可控性 Gramian 矩阵 $\boldsymbol{W}_c$ 较大，则由方程(7-10)所得到的最优控制力将变小，同时由方程(7-11)可知此时所消耗的控制能量也将变小。因此，作动器的优化配置可以转化为最大化可控性 Gramian 矩阵 $\boldsymbol{W}_c$ 的范数。

对于渐近稳定系统，当 $t_f\to\infty$ 时，可控性 Gramian 矩阵 $\boldsymbol{W}_c$ 应满足 Lyapunov 方程(7-12)。

$$\boldsymbol{A}\boldsymbol{W}_c+\boldsymbol{W}_c\boldsymbol{A}^{\mathrm{T}}+\boldsymbol{B}\boldsymbol{B}^{\mathrm{T}}=\boldsymbol{0} \tag{7-12}$$

文献[1]中定义了一种有效的作动器优化配置准则，该准则完全取决于作动器的布置

情况，不受系统的初始条件和所采用的控制律的影响。在这种准则中，目标函数值越高，代表系统的可控度越好，因此最大的目标函数值就对应了最好的作动器布置位置。该准则形式为

$$\mathrm{Crit} = \mathrm{tr}(\boldsymbol{W}_c)\sqrt[2n]{\det \boldsymbol{W}_c} \,/\, \sigma(\lambda_i) \tag{7-13}$$

其中，$\sigma(\lambda_i)$ 是 Gramian 矩阵 $\boldsymbol{W}_c$ 特征值的标准差，其作用是惩罚那些同时具有很大和很小特征值的位置，λ_i 为矩阵 $\boldsymbol{W}_c$ 的特征值；$\mathrm{tr}(\boldsymbol{W}_c)$ 为矩阵 $\boldsymbol{W}_c$ 的迹，代表着执行器传递给结构的总能量；$\sqrt[2n]{\det \boldsymbol{W}_c}$ 代表特征值的几何平均值，$\det \boldsymbol{W}_c$ 为矩阵 $\boldsymbol{W}_c$ 的行列式，n 为系统的自由度数。

例 7-1　考虑如图 7-1 所示的二自由度质量-弹簧系统，设定 $m_1 = 1\mathrm{kg}$，$m_2 = 2\mathrm{kg}$，$k_1 = k_2 = k_3 = 10\mathrm{kN/m}$，试分别计算控制力分别施加在 m_1 和 m_2 上时系统的可控性 Gramian 矩阵。

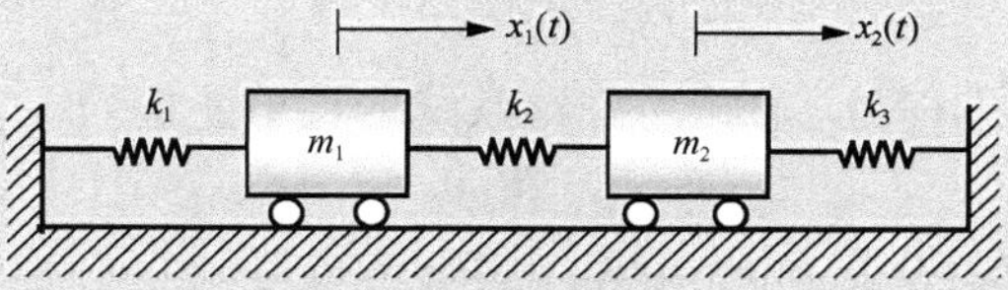

图 7-1　二自由度质量-弹簧系统

解　系统的控制动力学方程可以表示为

$$\boldsymbol{M}\ddot{\boldsymbol{x}} + \boldsymbol{K}\boldsymbol{x} = \boldsymbol{d}u(t) \tag{a}$$

其中，$\boldsymbol{x} = \begin{bmatrix} x_1(t) \\ x_2(t) \end{bmatrix}$；$\boldsymbol{M} = \begin{bmatrix} 1 & 0 \\ 0 & 2 \end{bmatrix}$；$\boldsymbol{K} = 10^4 \times \begin{bmatrix} 2 & -1 \\ -1 & 2 \end{bmatrix}$；$\boldsymbol{d}$ 为控制力位置矩阵；$u(t)$ 为控制力。当控制力分别作用在 m_1 和 m_2 上时，分别有 $\boldsymbol{d} = \begin{bmatrix} 1 \\ 0 \end{bmatrix}$ 和 $\boldsymbol{d} = \begin{bmatrix} 0 \\ 1 \end{bmatrix}$。

系统的状态方程为

$$\dot{\boldsymbol{y}} = \boldsymbol{A}\boldsymbol{y} + \boldsymbol{B}u \tag{b}$$

其中，$\boldsymbol{y} = \begin{bmatrix} \boldsymbol{x} \\ \dot{\boldsymbol{x}} \end{bmatrix}$；$\boldsymbol{A} = \begin{bmatrix} \boldsymbol{0} & \boldsymbol{I} \\ -\boldsymbol{M}^{-1}\boldsymbol{K} & \boldsymbol{0} \end{bmatrix}$；$\boldsymbol{B} = \begin{bmatrix} \boldsymbol{0} \\ \boldsymbol{M}^{-1}\boldsymbol{d} \end{bmatrix}$。

根据方程(7-12)，可以计算得到控制力作用在 m_1 上时系统的可控性 Gramian 矩阵为

$$\boldsymbol{W}_c = 10^{12} \times \begin{bmatrix} -0.0003 & 0 & 0 & 0 \\ 0 & -0.0001 & 0 & 0 \\ 0 & 0 & -5.4103 & 1.4538 \\ 0 & 0 & 1.4538 & -1.2514 \end{bmatrix} \tag{c}$$

同理，可以计算得到控制力作用在 m_2 上时系统的可控性 Gramian 矩阵为

$$\boldsymbol{W}_c = 10^{12} \times \begin{bmatrix} -0.0001 & -0.0001 & 0 & 0 \\ -0.0001 & -0.0002 & 0 & 0 \\ 0 & 0 & -1.0075 & -0.6138 \\ 0 & 0 & -0.6138 & -1.1175 \end{bmatrix} \tag{d}$$

7.3　传感器优化配置准则

与作动器的优化配置准则相似，传感器的配置也会对控制系统的性能产生很大的影响。为了定量地描述当前传感器布置对系统状态的观测能力，本节引入一种基于系统可观性的**传感器优化配置准则**。

假设系统在零时刻具有初始状态 $\boldsymbol{y}_0$，控制输入 $\boldsymbol{u}(t)=\boldsymbol{0}$，$t\geqslant 0$，系统的输出能量可表示为

$$J_o=\int_0^{\infty}\boldsymbol{z}^{\mathrm{T}}(t)\boldsymbol{z}(t)\mathrm{d}t \tag{7-14}$$

其中，控制系统的输出 $\boldsymbol{z}(t)$ 可表示为

$$\boldsymbol{z}(t)=\boldsymbol{E}\mathrm{e}^{\boldsymbol{A}t}\boldsymbol{y}_0 \tag{7-15}$$

将方程(7-15)代入方程(7-14)，可推得系统的输出能量为

$$J_o=\boldsymbol{y}_0{}^{\mathrm{T}}\boldsymbol{W}_o\boldsymbol{y}_0 \tag{7-16}$$

其中，$\boldsymbol{W}_o$ 为系统的可观性 Gramian 矩阵，其表达式为

$$\boldsymbol{W}_o=\int_0^{\infty}\mathrm{e}^{\boldsymbol{A}\tau}\boldsymbol{E}\boldsymbol{E}^{\mathrm{T}}\mathrm{e}^{\boldsymbol{A}^{\mathrm{T}}\tau}\mathrm{d}\tau \tag{7-17}$$

对于渐近稳定系统，可观性 Gramian 矩阵 $\boldsymbol{W}_o$ 应满足 Lyapunov 方程(7-18)。

$$\boldsymbol{A}^{\mathrm{T}}\boldsymbol{W}_o+\boldsymbol{W}_o\boldsymbol{A}+\boldsymbol{E}^{\mathrm{T}}\boldsymbol{E}=\boldsymbol{0} \tag{7-18}$$

由方程(7-17)和方程(7-18)可以看出，$\boldsymbol{W}_o$ 矩阵取决于系统的观测矩阵 $\boldsymbol{E}$，即 $\boldsymbol{W}_o$ 矩阵决定于传感器的布置情况。由方程(7-16)可知，为了使系统的输出能量最大，可通过改变传感器的配置使得可观性 Gramian 矩阵 $\boldsymbol{W}_o$ 的范数最大化来实现。

文献[1]中定义了一种有效的传感器优化配置准则，该准则完全取决于传感器的布置情况，不受系统的初始条件和所采用的控制律的影响。在这种准则中，目标函数值越高，代表系统的可观性越好，因此最大的目标函数值就对应了最好的传感器布置位置。该准则形式为

$$\mathrm{Crit}=\mathrm{tr}(\boldsymbol{W}_o)\sqrt[2n]{\det\boldsymbol{W}_o}\,/\,\sigma(\lambda_i) \tag{7-19}$$

其中，$\sigma(\lambda_i)$ 是可观性 Gramian 矩阵 $\boldsymbol{W}_o$ 特征值的标准差，其作用是惩罚那些同时具有很大和很小特征值的位置，λ_i 为矩阵 $\boldsymbol{W}_o$ 的特征值；$\mathrm{tr}(\boldsymbol{W}_o)$ 为矩阵 $\boldsymbol{W}_o$ 的迹，代表着结构传递给传感器的总能量；$\sqrt[2n]{\det\boldsymbol{W}_o}$ 代表特征值的几何平均值，$\det\boldsymbol{W}_o$ 为矩阵 $\boldsymbol{W}_o$ 的行列式，n 为系统的自由度数。

由 7.2 节和 7.3 节可以看出，对于同一系统，基于可控性的作动器优化配置准则的计算过程与基于可观性的传感器优化配置准则的计算过程一致。因此，当采用可控性/可观性优化配置准则进行作动器/传感器优化位置计算时，作动器和传感器的配置情况相同，往往可以在结构上进行成对的布置。

7.4　优 化 算 法

作动器和传感器常常配置在结构系统与有限元分析所对应的表面节点上，因此它是

一个组合优化问题，即整数规划问题。设需要将 m 个作动器或传感器配置在 n 个可选位置上，如果采用穷举法(也称遍历法)需要计算 $n!/[m!(n-m)!]$次目标函数。显然，当 n 和 m 很大时，需要的计算次数太多，用穷举法往往难以求解，因此需要借助于一定的优化算法以求得作动器/传感器的最优布置位置。

目前，常用的作动器/传感器优化配置算法有非线性规划优化方法[7]、序列法[8]、推断算法[9]，以及随机类优化方法[10]。其中随机类优化算法具有适应性强、计算效率高，同时特别擅长处理多变量优化问题的特点，被广泛地应用于作动器/传感器优化配置问题的研究中。目前，常用的随机类优化算法有遗传算法(GA)、模拟退火法(SA)、蚁群优化算法(ACO)及粒子群优化算法(PSO)。本节重点介绍粒子群优化算法。

粒子群优化算法是一种基于群智能的演化计算方法，它源于对鸟群群体运动行为的研究，由 Eberhart 和 Kennedy[11]于 1995 年提出。它的一个最基本的特点是在一个群体中去选择最优解，通过对群体的不断迭代、演化，最终求得全局最优值。粒子群优化算法用无质量和无体积的粒子作为个体，并为每个粒子规定简单的行为规则，从而使整个粒子群呈现出复杂的特性，可用来求解复杂的优化问题。

7.4.1　粒子群优化算法原理

在观测鸟群群体行为时，人们发现鸟群在找到食物之前的迁徙过程中既有分散、又有群集的特点。对于鸟群来说，在它们寻找食物的迁徙过程中，总有那么一只鸟对食物的嗅觉较好，即对食源的大致方向具有较好的洞察力，从而这只鸟就拥有食源的较好信息。由于在找寻食物的途中，它们又在时时刻刻地相互传递信息，特别是这种较好的信息，所以在这种“好消息”的指引下，最终导致鸟群“一窝蜂”地奔向食源，达到在食源的群集。粒子群优化算法中，解群相当于鸟群，一地到另一地的迁徙相当于解群的演化，“好消息”相当于解群每代进化中的最优解，食源相当于全局最优解。

在 PSO 中，每个解都是搜索空间中的一只“鸟”，称之为“粒子”。假设在一个 D 维的搜索空间中，有 m 个粒子组成一个群落，PSO 初始化为一群随机粒子，然后通过迭代、演化寻找最优解。在每一次迭代中，粒子 i 通过跟踪两个“极值”来更新自己：第一个就是粒子本身所找到的最优解，称之为个体极值 $\boldsymbol{p}_i$；另一个极值是整个种群目前找到的最优解，称之为全局极值 $\boldsymbol{p}_g$。

粒子 i 的位置为 $\boldsymbol{x}_i(t)=[x_{i,1}(t),x_{i,2}(t),\cdots,x_{i,D}(t)]^{\mathrm{T}}$，粒子的每一维位置 $x_{i,d}$ 均被限制在 $[x_{d\min},x_{d\max}]$之间。速度为 $\boldsymbol{v}_i(t)=[v_{i,1}(t),v_{i,2}(t),\cdots,v_{i,D}(t)]^{\mathrm{T}}$，粒子的每一维速度 $v_{i,d}$ 都会被限制在 $[-v_{d\max},v_{d\max}]$之间。个体极值表示为 $\boldsymbol{p}_i(t)=[p_{i,1}(t),p_{i,2}(t),\cdots,p_{i,D}(t)]^{\mathrm{T}}$，可以看作是粒子自己的飞行经验。全局极值表示为 $\boldsymbol{p}_g(t)=[p_{g,1}(t),p_{g,2}(t),\cdots,p_{g,D}(t)]^{\mathrm{T}}$，可以看作群体经验。粒子就是通过自己的经验和群体经验来决定下一步的运动。每一个粒子的位置是按照式(7-20)和式(7-21)的形式进行变化的。

$$v_{i,d}(t+1)=v_{i,d}(t)+c_1r_1[p_{i,d}(t)-x_{i,d}(t)]+c_2r_2[p_{g,d}(t)-x_{i,d}(t)] \tag{7-20}$$

$$x_{i,d}(t+1)=x_{i,d}(t)+v_{i,d}(t+1) \tag{7-21}$$

式中，$i=1,2,\cdots,m$；$d=1,2,\cdots,D$。加速因子 c_1 和 c_2 分别调节向 $\boldsymbol{p}_i$ 和 $\boldsymbol{p}_g$ 方向飞行的最大

步长，合适的c_1和c_2可以加快收敛且不易陷入局部最优。r_1和r_2为[0,1]之间的随机数。

粒子移动的原理如图 7-2 所示。由方程(7-20)可以看出，粒子群优化算法主要通过三部分来计算第 i 个粒子速度的更新：第 i 个粒子前一个时刻的速度$v_{i,d}(t)$，第 i 个粒子当前位置与自身历史最优位置之间的距离$[p_{i,d}(t)-x_{i,d}(t)]$，第 i 个粒子当前位置与群体历史最优位置之间的距离$[p_{g,d}(t)-x_{i,d}(t)]$。方程(7-20)右端的第一项称为动量部分，表示粒子对当前自身运动状态的信任，为粒子提供了一个必要动量，使其依据自身速度进行惯性运动；第二项称为个体认知部分，代表了粒子自身的思考行为，鼓励粒子飞向自身曾经发现的最优位置；第三项称为社会认知部分，表示粒子间的信息共享与合作，它引导粒子飞向粒子群中的最优位置。第一项对应多样化(diversification)的特点，第二项和第三项对应于搜索过程的集中化(intensification)的特点，因此这三项之间的相互平衡和制约决定了算法的主要性能。由方程(7-20)最终得到一个移动增量，在方程(7-21)中，粒子的位置通过这个增量得到更新，形成粒子新的位置。

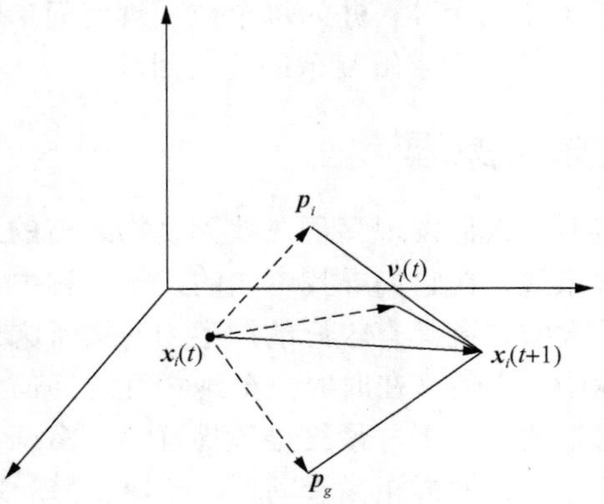

图 7-2　粒子移动示意图

7.4.2　粒子群优化算法参数

粒子群优化算法的参数和取值原则如下。

1) 粒子种群大小 m：粒子种群大小根据具体问题而定，一般设为 20～50；对于比较复杂或特殊类型的问题，可以取为 100～200。粒子种群越大，算法搜索的空间范围也就越大，也就更容易找到全局最优解，但算法运行时间也会增加。

2) 粒子的维数 D：为解空间的维度。在作动器/传感器优化配置问题中对应作动器/传感器的个数。

3) 粒子的最大速度v_{max}：粒子的速度在解空间的每一维上都有一个最大速度限制值，用来对粒子在该维度上的速度进行限制。v_{max}是一个非常重要的参数，如果v_{max}太大，则粒子们会飞过优秀区域；反之，如果v_{max}太小，则粒子们可能会陷入局部最优区域，而无法移动到该区域之外达到全局最优。通常情况下，对于每一个维度，可用相同的最大速度设置。

4) 学习因子c_1和c_2：分别调节向个体最优和全局最优方向飞行的最大步长，决定粒子个体经验和群体经验对粒子飞行轨迹的影响，反映粒子之间的信息交换。如果 $c_1=0$，则粒子只有群体经验，收敛速度较快，但容易陷入局部最优；如果 $c_2=0$，则粒子只有个体经验，没有群体信息，得到最优解的概率较小。因此通常情况下，可设定 $c_1=c_2$。较低的 c_1 和 c_2 值使得粒子徘徊在远离目标的区域，而较高的 c_1 和 c_2 值则使得粒子容易飞过最优区域。为了平衡随机因素的作用，一般情况下可取 $c_1=c_2=2$。

5) r_1 和 r_2：介于[0,1]之间的随机数。

6) 迭代终止条件：一般取为最大迭代步数、计算精度或者最优解的最大停滞步数。

7.4.3　粒子群优化算法步骤

图 7-3 所示为粒子群优化算法的流程图，其基本步骤如下。

1) 初始化粒子群。在设定的范围 $[x_{d\min}, x_{d\max}]$ 和 $[-v_{d\max}, v_{d\max}]$ 内随机地选定各个粒子的初始位置 $x_{i,d}$ 和初始速度 $v_{i,d}$，$i=1,2,\cdots,m$，$d=1,2,\cdots,D$。

2) 粒子的适应性计算。依据所选定的优化准则，计算粒子群中各个粒子的适应度 $\mathrm{Crit}[\boldsymbol{x}_i(t)]$。对于每个粒子，基于公式 $\mathrm{Crit}[\boldsymbol{p}_i(t)]=\max\{\mathrm{Crit}[\boldsymbol{x}_i(\tau)]\}$，$\tau \leqslant t$ 来确定其个体最优解 $\boldsymbol{p}_i(t)$。

3) 寻找粒子群中的全局最优解。根据当前整个粒子群体的状态，基于公式 $\mathrm{Crit}[\boldsymbol{p}_g(t)]=\max\{\mathrm{Crit}[\boldsymbol{p}_i(t)]\}$，$i=1,2,\cdots,m$，寻找全局最优解 $\boldsymbol{p}_g(t)$。

4) 更新各个粒子的位置和速度。利用得到的个体最优解和全局最优解，基于方程 (7-20) 和方程 (7-21) 更新粒子群中各个粒子的速度和位置。

5) 收敛准则的判断。判断当前粒子群是否满足给定的收敛条件，如果条件满足，则停止计算并输出最优解；如果条件不满足，则返回步骤 2) 继续迭代计算。

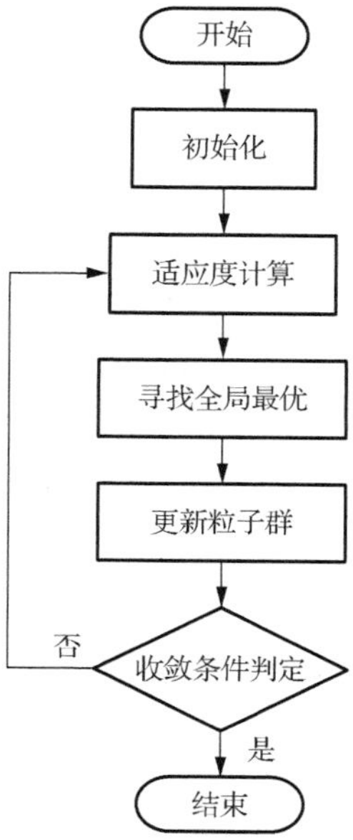

图 7-3　粒子群优化算法流程图

7.5　柔性悬臂板的作动器优化位置

本节用一个算例来展示如何来进行作动器优化位置的计算[12]。图 7-4 为一柔性悬臂板结构，悬臂板的尺寸为 $0.6\text{m}\times0.3\text{m}\times0.0015\text{m}$，密度为 2766kg/m^3，弹性模量为 69GPa，泊松比为 0.32。假设采用压电作动器对结构进行振动主动控制，压电片尺寸为 $0.06\text{m}\times0.015\text{m}\times0.0005\text{m}$，密度为 7600kg/m^3，横向弹性模量 E_{11} 为 69GPa，轴向弹性模量 E_{33} 为 54GPa，压电常数 d_{31} 为 $-1.75\times10^{-10}\text{m/V}$。采用有限元方法可以计算得到结构的前九阶固有频率如表 7-1 所示。

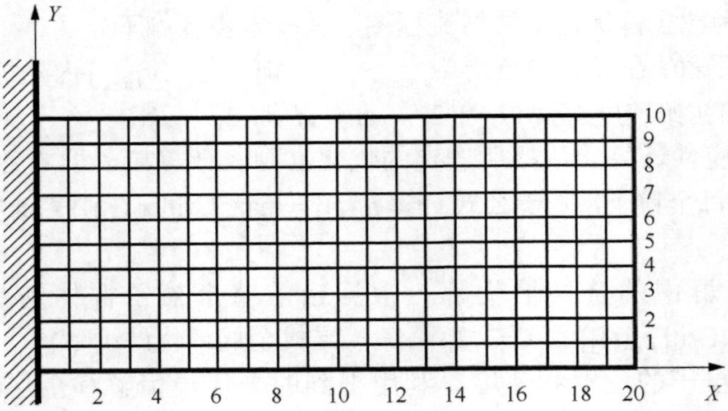

图 7-4　悬臂板示意图

表 7-1　悬臂板前九阶固有频率

阶数	1	2	3	4	5	6	7	8	9
频率/Hz	3.46	14.75	21.56	48.12	60.56	92.63	93.73	119.29	127.41

采用有限元方法可以建立结构的振动控制方程，截取结构的前九阶模态，模态控制方程可表示为

$$\ddot{\eta}_i + 2\zeta_i\omega_i\dot{\eta}_i + \omega_i^2\eta_i = \boldsymbol{\varphi}_i^{\mathrm{T}}\boldsymbol{D}\boldsymbol{u},\quad i = 1,2,\cdots,9 \tag{a}$$

其中，η_i 表示系统的第 i 阶模态坐标；ω_i 为结构的第 i 阶固有频率；ζ_i 为结构的第 i 阶模态阻尼系数；$\boldsymbol{\varphi}_i$ 为第 i 阶振型。

与第 3 章不同，此处调整了状态向量的形式，状态方程可以写成如下形式：

$$\dot{\boldsymbol{y}} = \boldsymbol{A}\boldsymbol{y} + \boldsymbol{B}\boldsymbol{u} \tag{b}$$

其中

$$\boldsymbol{y} = [\dot{\eta}_1, \omega_1\eta_1, \cdots, \dot{\eta}_9, \omega_9\eta_9]^{\mathrm{T}} \tag{c}$$

$$\boldsymbol{A} = \mathrm{diag}(\boldsymbol{A}_i),\qquad \boldsymbol{A}_i = \begin{bmatrix} -2\zeta_i\omega_i & -\omega_i \\ \omega_i & 0 \end{bmatrix} \tag{d}$$

$$\boldsymbol{B} = [(\boldsymbol{\varphi}_1^{\mathrm{T}}\boldsymbol{D})^{\mathrm{T}}, \boldsymbol{0}, \cdots, (\boldsymbol{\varphi}_9^{\mathrm{T}}\boldsymbol{D})^{\mathrm{T}}, \boldsymbol{0}]^{\mathrm{T}} \tag{e}$$

采用方程(7-13)所示的优化准则，结合粒子群优化算法对悬臂板上的作动器的最优布置位置进行计算。作动器的位置划分如图 7-4 所示。本算例中，粒子群优化算法的参数选取如下：$c_1 = c_2 = 2$，$v_{\max} = 5$。计算 1～9 个压电作动器的情况下，作动器的最优位置如表 7-2 所示。图 7-5 为 1～9 个压电作动器在柔性板上的最优配置位置示意图。应当说明的是，作动器的优化位置是沿板的 Y 方向中线对称分布的，例如，当采用一个作动器时，其优化位置为(1,1)，也可以是(1,9)，其余雷同。

表 7-2　悬臂板有 1～9 个作动器时作动器的最优布置位置

作动器数量	1	2	3	4	5	6	7	8	9
最优布置位置	(1,1)	(1,1)	(1,1)	(1,1)	(1,1)	(1,1)	(1,1)	(1,1)	(1,1)
		(15,7)	(15,6)	(15,4)	(1,2)	(1,2)	(1,2)	(1,3)	(1,2)
			(1,9)	(1,8)	(11,5)	(1,3)	(15,5)	(1,4)	(1,6)
				(1,9)	(1,8)	(17,4)	(18,8)	(1,6)	(1,8)
					(1,9)	(1,7)	(1,8)	(1,7)	(1,9)
						(1,9)	(1,9)	(1,9)	(6,5)
							(2,8)	(11,5)	(11,3)
								(12,8)	(14,1)
									(14,6)

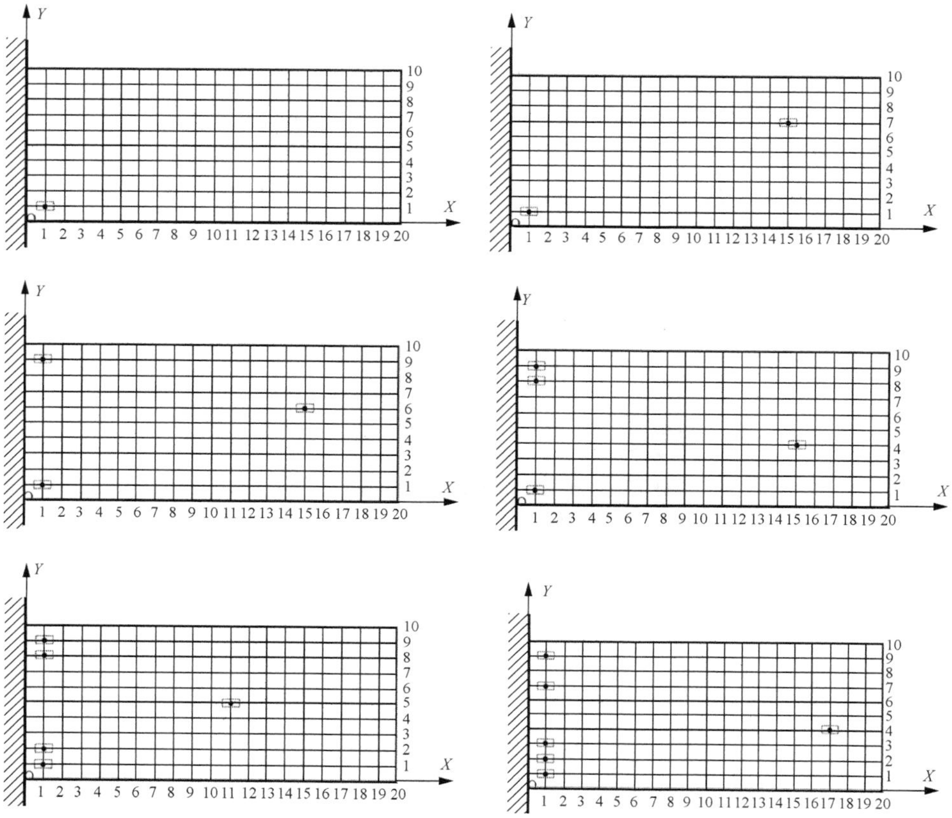

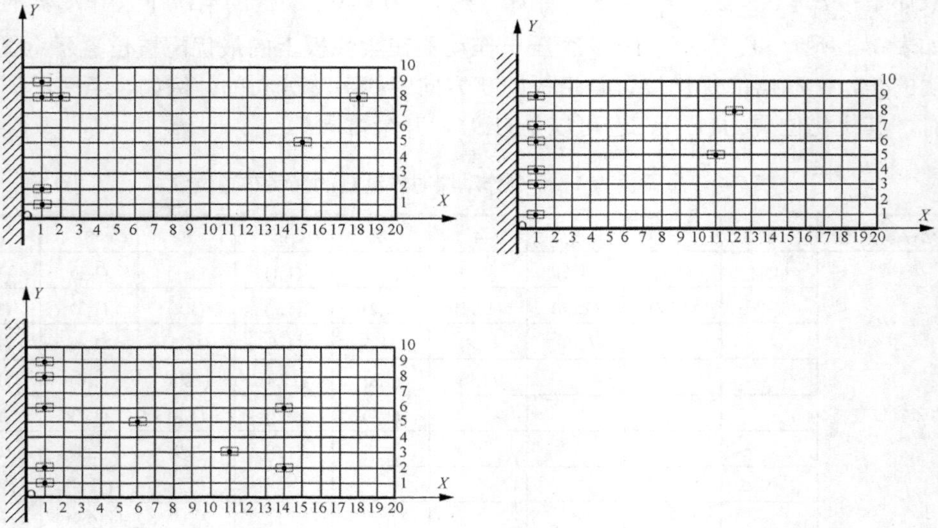

图 7-5　1～9 个压电作动器在柔性板上的最优配置位置示意图

下面进行控制仿真。假定悬臂板的右下角点存在 2cm 的初始位移，板在该初始条件下自由振动，采用线性二次最优控制方法对结构进行振动主动控制。假定悬臂板上布置有一个压电作动器，作动器安置在最优位置(1,1)处，仿真计算得到结构右下角点的振动如图 7-6(a)所示。可以看到，悬臂板的振动可以得到较好的抑制。这里，还对压电作动器布置在最优位置和非最优位置的情况进行了仿真对比，结果如图 7-6(b)所示，可以看到，作动器布置在最优位置时的控制结果明显优于非最优位置的控制结果，这说明了本文中作动器优化位置研究的正确性。

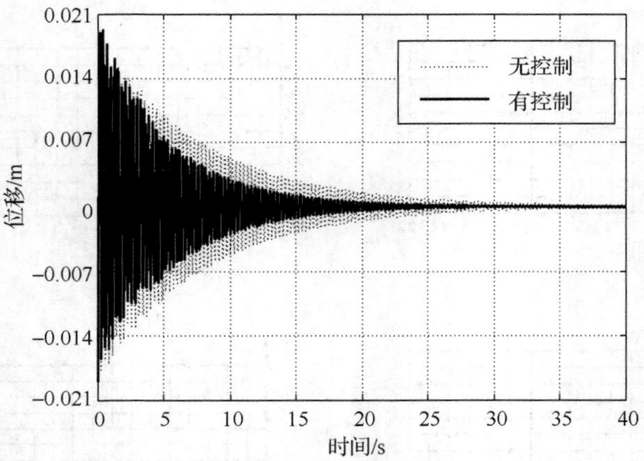

(a) 有控制和无控制时悬臂板右下角点的振动

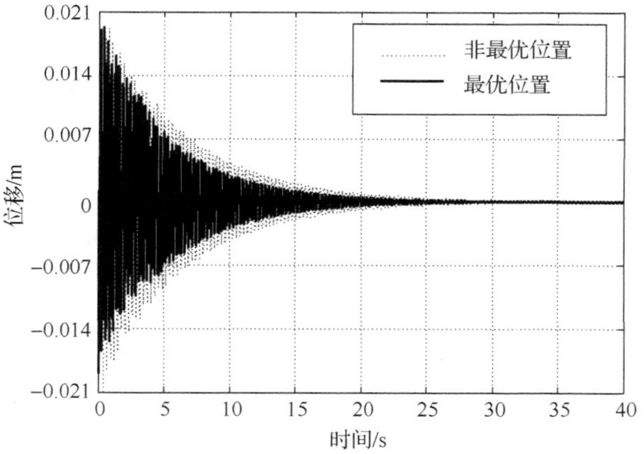

（b）作动器位于最优位置和非最优位置时悬臂板右下角点的振动

图 7-6　柔性悬臂板控制仿真结果

复习思考题

7-1　如图 7-7 所示 H 形柔性悬臂板。板参数如下：厚度 $h=1.5\text{mm}$，密度 $\rho=1800\text{kg}/\text{m}^3$，弹性模量 $E=18.96\text{GPa}$，泊松比 $\nu=0.30$。板尺寸为 $a=0.6\text{m}$，$b=0.5\text{m}$，$c=0.45\text{m}$，$d=0.2\text{m}$，$e=0.05\text{m}$，假定各阶模态阻尼比都为 0.01。讨论作动器的优化布置。

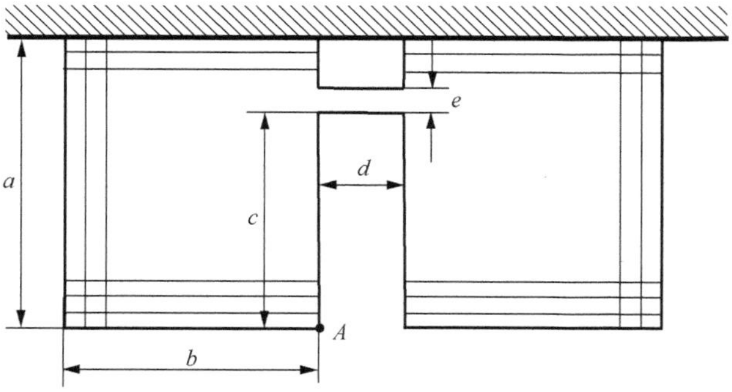

图 7-7　H 形柔性悬臂板

参 考 文 献

[1] LELEU S, ABOU-KANDIL H, BONNASSIEUX Y. Piezoelectric actuators and sensors location for active control of flexible structures[J]. IEEE Transaction on Instrumentation and Measurement, 2002, 50(6): 1577-1582.

[2] 顾荣荣, 盆忠钫, 程耀东. 挠性结构主动减振中传感器和激振器的优化布置[J]. 振动与冲击, 1995, 14(3): 12-18.

[3] SUNAR M, RAO S S. Distributed modeling and actuator locations for piezoelectric control systems[J]. AIAA Journal, 1996, 34(10): 2209-2211.

[4] 周星德, 汪凤泉. 基于可靠性的框架结构作动器/传感器最优配置[J]. 东南大学学报（自然科学版）, 2003, 33(6): 746-749.

[5] CHOE K, BARUH H. Actuator placement in structural control[J]. Journal of Guidance, Control and Dynamics, 1992, 15(1): 40-48.

[6] BRYSON A E, HO Y C, SIOURIS G M. Applied optimal control: optimization, estimation, and control[M]. New York: Routledge, 2018.

[7] SEPULVEDA A E, JIN I M, SCHMIT L A. Optimal placement of active elements in control augmented structural synthesis[J]. AIAA Journal, 1993, 31(10): 1906-1915.

[8] 刘福强, 张令弥. 作动器与传感器优化配置的逐步消减法[J]. 宇航学报, 2000, 21(3): 64-69.

[9] KIRKPATRICK S, GELATT C D, VECCHI M P. Optimization by simulated annealing[J]. Science, 1987, 220: 606-615.

[10] 刘福强, 张令弥. 遗传算法在主动构件优化配置中的应用[J]. 振动与冲击, 1999,18(4): 16-21.

[11] KENNEDY J, EBERHART R. Particle swarm optimization[C]. Proceedings of the IEEE International Conference on Neural Networks, 1995: 1942-1948.

[12] 潘继. 结构作动器/传感器的优化配置及其主动控制研究[D]. 上海: 上海交通大学, 2008.

第 8 章　结构振动主动控制中时滞问题的处理方法

学习要点

- 三种经典的时滞问题处理方法的特点
- 连续时间形式的时滞控制律的设计方法

主动控制系统中不可避免地存在着时滞现象。时滞有时是对象固有的，即系统本身存在时滞，如带式运输机中物料传输的延迟、卫星通信信号传递的延迟、原水多级泵送系统中水流传输的延迟等；有时是由外界无意识地引入系统的，如数字滤波器的使用等。对于一个结构振动主动控制系统，传感器信号的采集和传输、控制器的计算和作动器的作动过程等，都会导致最后作用于结构的控制力产生时滞；即使是小时滞量，也会致使在结构不需要能量时作动器向结构输入能量，有可能引起控制效率的降低，甚至导致控制系统失稳。

目前数学界和控制界对时滞问题研究较多，研究的重点集中在时滞系统稳定性和最大稳定时滞量的确定问题上。在结构动力学研究领域，时滞问题的研究大体上可以分为两方面：时滞消除技术、时滞利用技术。最早人们认为时滞是“坏”因素，它会引起控制效率的下降或控制系统失稳，因此应设法在控制设计中消除它对控制系统所造成的负面影响，常采用的方法有泰勒级数展开法、移项技术、状态预估法等，这些都是时滞消除技术。近年来，人们在研究中发现，时滞也存在潜在的利用价值。利用时滞进行控制设计有可能取得良好的系统性能和控制效果，如时滞阻尼器、时滞滤波器、混沌时滞控制、利用时滞改善系统稳定性等。虽然目前人们关于时滞问题已经进行了大量研究并取得了许多成果，但是仍有许多问题有待深入探讨。例如，目前关于时滞问题的研究大多是在理论上进行探讨，实验研究很少；以往的研究大多是针对线性时滞结构系统，而对于非线性时滞结构系统中的时滞问题的研究很少；以往的时滞反馈控制器设计大多是针对确定性结构系统，但是在实际工程中，数学建模和实际结构之间会存在误差，模型参数也有可能在一定范围内变化，当前关于不确定性结构系统的时滞反馈控制设计的研究较少；目前关于时滞问题的研究大多是在假定系统中的时滞量已知的前提下进行的，回避了系统中的时滞量到底是多少这个基本问题，即时滞辨识问题。时滞系统动力学是一门新兴的交叉学科，它涉及数学、力学、结构工程、自动化等多个学科领域，它的发展也依赖于多个学科的有效综合，其理论体系的发展和完善无疑具有重要的理论意义和实际应用价值。

本章讲述一种连续时间形式的结构振动主动控制系统的时滞问题处理方法。首先讲述三种经典的时滞问题处理方法，指出它们的适用范围和优缺点，然后给出连续时间的时滞问题处理方法。

8.1 时滞问题基本描述

对时滞系统动力学的研究晚于对结构主动控制的研究，而且研究成果数量也相对较少。近年来，人们逐渐认识到时滞问题的重要性，研究成果数量呈现上升趋势[1-6]。

与用映射和微分方程所描述的动力学系统相比，时滞动力学系统的运动不仅依赖于当前的系统状态，而且与过去一段时间的系统状态有关。对于 n 维线性单时滞反馈控制系统，采用微分方程可描述为

$$\boldsymbol{M}\ddot{\boldsymbol{x}}+\boldsymbol{C}\dot{\boldsymbol{x}}+\boldsymbol{K}\boldsymbol{x}=\boldsymbol{D}\boldsymbol{u}(t-\tau) \tag{8-1}$$

其中，$\boldsymbol{x}\in\Re^{n\times 1}$ 为系统广义坐标列阵；$\boldsymbol{M}\in\Re^{n\times n}$、$\boldsymbol{C}\in\Re^{n\times n}$、$\boldsymbol{K}\in\Re^{n\times n}$ 分别为系统的质量、阻尼和刚度矩阵；$\boldsymbol{u}(t)\in\Re^{r\times 1}$ 为控制力列阵；$\boldsymbol{D}\in\Re^{n\times r}$ 为作动器的位置指示矩阵；τ 为滞后时间。

将方程(8-1)转到状态空间，并且进行主动控制设计，有

$$\begin{cases}\dot{\boldsymbol{y}}=\boldsymbol{A}\boldsymbol{y}+\boldsymbol{B}\boldsymbol{u}(t-\tau)\\ \boldsymbol{u}(t)=-\boldsymbol{L}\boldsymbol{y}(t)\end{cases} \tag{8-2}$$

其中，$\boldsymbol{y}(t)=\begin{bmatrix}\boldsymbol{x}(t)\\ \dot{\boldsymbol{x}}(t)\end{bmatrix}$；$\boldsymbol{A}=\begin{bmatrix}\boldsymbol{0} & \boldsymbol{I}\\ -\boldsymbol{M}^{-1}\boldsymbol{K} & -\boldsymbol{M}^{-1}\boldsymbol{C}\end{bmatrix}$；$\boldsymbol{B}=\begin{bmatrix}\boldsymbol{0}\\ \boldsymbol{M}^{-1}\boldsymbol{D}\end{bmatrix}$；$\boldsymbol{L}$ 为反馈增益矩阵。

如果不考虑系统中的时滞，对应于方程(8-2)的系统运动服从于

$$\begin{cases}\dot{\boldsymbol{y}}=\boldsymbol{A}\boldsymbol{y}+\boldsymbol{B}\boldsymbol{u}(t)\\ \boldsymbol{u}(t)=-\boldsymbol{L}\boldsymbol{y}(t)\end{cases} \tag{8-3}$$

该系统的解空间是 $2n$ 维的，即系统在 $t>t_0$ 后的运动依赖于 $2n$ 维初始状态向量 $[\boldsymbol{x}^{\mathrm{T}}(t_0),\dot{\boldsymbol{x}}^{\mathrm{T}}(t_0)]^{\mathrm{T}}$，$2n$ 个线性无关的初始状态向量演化出的运动可线性组合出任意初始状态下的运动。而对于方程(8-2)所表示的时滞控制系统，系统 $t>t_0$ 后的运动依赖于时间区间 $[t_0-\tau,t_0]$ 内的系统状态，它可充满无限维函数空间。因此，时滞控制系统的解空间维数无限。另外，由于时滞的出现，线性系统的特征方程由一般的有限次多项式代数方程变为超越方程，具有无穷多特征值。

对于非线性时滞反馈控制系统，其动力学行为更加复杂。例如，在无时滞的情况下，一些简单的非线性振动系统(如无外部激励的 Duffing 振子)的动力学行为并不复杂，但只要对 Duffing 振子实施状态反馈控制，控制过程中的时滞就会使振子产生非常复杂的动力学行为，如出现多个周期运动共存、周期与拟周期运动共存、混沌运动等现象[7]。

实际建模时，人们通常忽略系统中的时滞，将时滞动力学系统简化为普通动力学系统，然而从动力学的角度来看，这种做法是不可靠的。存在这样的时滞动力学系统[4,7]，其约化的微分方程的零解不稳定，但对任意时滞，原方程的零解是稳定的；一个时滞微分方程存在 Hopf 分岔时，其约简的常微分方程却不存在 Hopf 分岔。

8.2　经典的三种时滞问题处理方法

经典的时滞消除技术有三种：移项技术、泰勒级数展开法、状态预估法。下面分别进行简介。

1. 移项技术[8]

移项技术最早由 Chung 等提出，该方法的要点是先在不考虑时滞的情况下设计控制增益，然后再在考虑时滞前后系统的主动固有频率和主动阻尼系数相等的前提下，对控制增益进行变换，以得到可以用于时滞反馈的控制增益。

不考虑系统中时滞的影响时，可以设计反馈控制力为

$$u(t)=k_1x(t)+k_2\dot{x}(t) \tag{8-4}$$

其中，k_1 和 k_2 分别为不考虑时滞情况下的位移反馈增益和速度反馈增益。

假定位移反馈力和速度反馈力中存在时滞 τ，则对于固有频率为 ω 的模态，位移和速度反馈力的相位滞后为 $\omega\tau$。图 8-1 表示相平面内控制力与响应之间的关系。由图 8-1 可以看出，由于相位的滞后，位移反馈力可分解产生正刚度项和负阻尼项，速度反馈力可分解产生正刚度项和正阻尼项，由于时滞引起负阻尼存在，导致系统失稳。

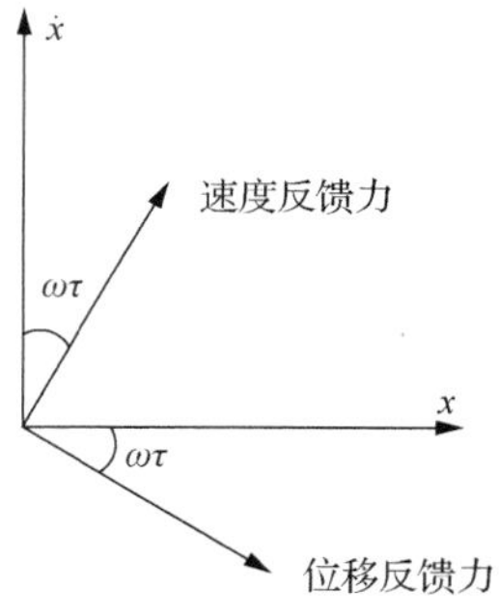

图 8-1　反馈力与响应的相位图

当考虑时滞时，控制律可写为

$$u(t)=g_1x(t-\tau)+g_2\dot{x}(t-\tau) \tag{8-5}$$

其中，g_1 和 g_2 分别为考虑时滞补偿的位移反馈增益和速度反馈增益。为了使考虑时滞后的系统与未考虑时滞的系统等效，两系统必须具有相同的主刚度和主阻尼，则有

$$k_1x(t)+k_2\dot{x}(t)=g_1x(t-\tau)+g_2\dot{x}(t-\tau) \tag{8-6}$$

由于相位滞后的影响，位移反馈控制力和速度反馈控制力可分解为

$$k_1x(t)=g_1\cos(\omega\tau)x(t-\tau)+\omega g_2\sin(\omega\tau)\dot{x}(t-\tau) \tag{8-7}$$

$$k_2\dot{x}(t)=-\frac{1}{\omega}g_1\sin(\omega\tau)x(t-\tau)+g_2\cos(\omega\tau)\dot{x}(t-\tau) \tag{8-8}$$

由方程(8-5)～方程(8-8)可以得到考虑时滞补偿而重新设计的控制增益为

$$\begin{bmatrix} g_1 \\ g_2 \end{bmatrix} = \begin{bmatrix} \cos(\omega\tau) & \omega\sin(\omega\tau) \\ -\dfrac{1}{\omega}\sin(\omega\tau) & \cos(\omega\tau) \end{bmatrix}^{-1} \begin{bmatrix} k_1 \\ k_2 \end{bmatrix} \tag{8-9}$$

以上即为移项技术的主要思路。从以上过程可以看出，移项技术用于单自由度系统是可行的，但是无法用于多自由度系统。

2. 泰勒级数展开法[9]

Abdel-Rohman 研究了采用直接速度反馈的分布参数系统中的时滞影响问题，提出了泰勒级数展开法，并对系统中的时滞进行补偿。泰勒级数展开法的中心思想是将时滞微分方程的时滞项按泰勒级数进行展开，当时滞量较小时，在展开多项式中忽略高阶项，以得到显式时滞量的动力学方程，然后进行控制设计。

分布参数系统的时滞模态控制方程为

$$\ddot{\boldsymbol{\eta}}(t) + \boldsymbol{K}_p\boldsymbol{\eta}(t) = \boldsymbol{p}(t) - \boldsymbol{C}\dot{\boldsymbol{\eta}}(t-\tau) \tag{8-10}$$

其中，$\boldsymbol{\eta}(t)$ 为系统的模态坐标列阵；$\boldsymbol{K}_p$ 为对角型模态刚度矩阵，$\boldsymbol{K}_p$ 的对角元素为 ω_i^2，ω_i 为第 i 阶模态频率；$\boldsymbol{p}(t)$ 为系统所受到的外部扰动力列阵；$\boldsymbol{C}$ 为速度控制增益和系统阻尼项合并之后的系数矩阵。

采用泰勒级数展开法将方程(8-10)中的 $\dot{\boldsymbol{\eta}}(t-\tau)$ 项展开，得到

$$\ddot{\boldsymbol{\eta}}(t) + \boldsymbol{C}\dot{\boldsymbol{\eta}}(t) - \tau\boldsymbol{C}\ddot{\boldsymbol{\eta}}(t) + \frac{\tau^2}{2}\boldsymbol{C}\dddot{\boldsymbol{\eta}}(t) + \cdots + \boldsymbol{K}_p\boldsymbol{\eta}(t) = \boldsymbol{p}(t) \tag{8-11}$$

略去高阶小量，有

$$\ddot{\boldsymbol{\eta}}(t) + (\boldsymbol{I}-\tau\boldsymbol{C})^{-1}\boldsymbol{C}\dot{\boldsymbol{\eta}}(t) + (\boldsymbol{I}-\tau\boldsymbol{C})^{-1}\boldsymbol{K}_p\boldsymbol{\eta}(t) = (\boldsymbol{I}-\tau\boldsymbol{C})^{-1}\boldsymbol{p}(t) \tag{8-12}$$

利用方程(8-12)，可以在考虑时滞影响的条件下对控制增益重新进行设计。

由以上过程可以看出，泰勒级数展开法受展开条件的限制，只能在小时滞量范围进行展开，因此只适用于小时滞量的情况。

3. 状态预估法[10]

Mc Greery 等提出了状态预估的方法，用于对时滞进行补偿。状态预估法的中心思想是将 $t-\tau$ 时刻的系统状态按泰勒级数展开，忽略高阶项以提前估计出 t 时刻的系统状态，进而根据估计出的状态计算出 t 时刻的控制力，然后将 t 时刻的控制力在 $t-\tau$ 时刻加入到系统中，这样系统到达 t 时刻所施加的控制力正好就是提前估计出的控制力值。

将状态 $\boldsymbol{x}(t)$ 、 $\dot{\boldsymbol{x}}(t)$ 在 $(t-\tau)$ 附近展开成泰勒级数为

$$\boldsymbol{x}(t) = \boldsymbol{x}(t-\tau) + \tau\dot{\boldsymbol{x}}(t-\tau) + \frac{\tau^2}{2}\ddot{\boldsymbol{x}}(t-\tau) + \cdots \tag{8-13}$$

$$\dot{\boldsymbol{x}}(t) = \dot{\boldsymbol{x}}(t-\tau) + \tau\ddot{\boldsymbol{x}}(t-\tau) + \frac{\tau^2}{2}\dddot{\boldsymbol{x}}(t-\tau) + \cdots \tag{8-14}$$

由于 $\boldsymbol{x}(t-\tau)$ 、 $\dot{\boldsymbol{x}}(t-\tau)$ 和 $\ddot{\boldsymbol{x}}(t-\tau)$ 可知，在 τ 较小时，略去高阶项，根据 $t-\tau$ 时刻的状态对 t 时刻的状态进行预估，可以提前得到 t 时刻的系统状态；t 时刻的系统状态得到后，则可在 $t-\tau$ 时刻提前得到 t 时刻的控制力值，并在 $t-\tau$ 时刻将 t 时刻的控制力施加于系统。因为系统正好存在 τ 大小的时滞量，这样就保证了控制力的施加不受系统时滞的影响，从而达到消除时滞的目的。由以上过程可以看出，状态预估法的效率依赖于所估计状态的精度。由于在状态预估法中同样采用了泰勒级数法，因此该方法的准确性同样受

到时滞量大小的限制。

以上三种时滞问题处理方法简单易行，对于小时滞量问题可以有效地减小或消除时滞对系统性能的影响，但是由于各自方法本身的局限性，不能处理大时滞量的情况[11]。

8.3　连续时间形式的时滞问题处理方法

8.3.1　时滞动力学方程

假定采用 r 个作动器对结构进行控制，每个作动器存在的时滞量为 τ_i， $i=1,\cdots,r$ 。时滞控制系统动力学方程为

$$\boldsymbol{M}\ddot{\boldsymbol{x}}+\boldsymbol{C}\dot{\boldsymbol{x}}+\boldsymbol{K}\boldsymbol{x}=\sum_{i=1}^{r}\boldsymbol{D}_i u_i(t-\tau_i)+\boldsymbol{D}_p u_p(t) \tag{8-15}$$

其中，$\boldsymbol{x}(t)$ 为系统物理坐标；$\boldsymbol{M}$ 、$\boldsymbol{C}$ 和 $\boldsymbol{K}$ 分别表示系统的质量阵、阻尼阵和刚度阵；u_i 为作动器的控制力（$i=1,\cdots,r$）；$\boldsymbol{D}_i$ 为与控制力 u_i 位置有关的列向量；u_p 为外部激励；$\boldsymbol{D}_p$ 为与外部激励 u_p 位置有关的列向量。

假定时滞量 τ_i 可以描述为

$$\tau_i=l_i\overline{T}-\overline{m}_i \qquad i=1,\cdots,r \tag{8-16}$$

其中， $l_i>1$ 为任意正整数； $0\leqslant\overline{m}_i<\overline{T}$ ， $\overline{T}$ 为数据采样周期。当 $m_i=0$ 时，时滞量是采样周期的整数倍，否则为非整数倍。一般情况下，当时滞量小于采样周期时，它对控制效果的影响很小，可以忽略不计，只有大于采样周期时才会对控制性能造成影响[12]。

转到状态空间，方程(8-15)可以表示为

$$\dot{\boldsymbol{y}}(t)=\boldsymbol{A}\boldsymbol{y}(t)+\sum_{i=1}^{r}\boldsymbol{B}_i u_i(t-\tau_i)+\boldsymbol{B}_p u_p(t) \tag{8-17}$$

其中

$$\boldsymbol{y}(t)=\begin{bmatrix}\boldsymbol{x}(t)\\ \dot{\boldsymbol{x}}(t)\end{bmatrix},\quad \boldsymbol{A}=\begin{bmatrix}\boldsymbol{0} & \boldsymbol{I}\\ -\boldsymbol{M}^{-1}\boldsymbol{K} & -\boldsymbol{M}^{-1}\boldsymbol{C}\end{bmatrix},\quad \boldsymbol{B}_i=\begin{bmatrix}\boldsymbol{0}\\ \boldsymbol{M}^{-1}\boldsymbol{D}_i\end{bmatrix},\quad \boldsymbol{B}_p=\begin{bmatrix}\boldsymbol{0}\\ \boldsymbol{M}^{-1}\boldsymbol{D}_p\end{bmatrix}$$

8.3.2　时滞控制设计

对方程(8-17)进行如下积分变换[11,13]：

$$\overline{\boldsymbol{y}}(t)=\boldsymbol{y}(t)+\sum_{i=1}^{r}\boldsymbol{\Gamma}_i(t)=\boldsymbol{y}(t)+\sum_{i=1}^{r}\int_{-\tau_i}^{0}\mathrm{e}^{-\boldsymbol{A}(\eta+\tau_i)}\boldsymbol{B}_i u_i(t+\eta)\mathrm{d}\eta \tag{8-18}$$

可以得到不显含时滞量的标准形式的状态方程为

$$\dot{\overline{\boldsymbol{y}}}(t)=\boldsymbol{A}\overline{\boldsymbol{y}}(t)+\overline{\boldsymbol{B}}\boldsymbol{u}(t)+\boldsymbol{B}_p u_p(t) \tag{8-19}$$

其中， $\boldsymbol{u}(t)=[u_1(t),\cdots,u_r(t)]^{\mathrm{T}}$ ； $\overline{\boldsymbol{B}}=[\mathrm{e}^{-\boldsymbol{A}\tau_1}\boldsymbol{B}_1,\cdots,\mathrm{e}^{-\boldsymbol{A}\tau_r}\boldsymbol{B}_r]$ 。由文献[12]可知，若方程(8-17)绝对可控，则方程(8-19)可控。$\boldsymbol{\Gamma}_i(t)$ 代表方程(8-18)中与 τ_i 有关的积分项。8.3.3 节中将给出积分项的迭代计算格式。

1. 最优调节控制问题

最优调节控制的目的是设计控制律使得系统的响应回到平衡位置。定义性能指标函

数为

$$J=\frac{1}{2}\int_0^{\infty}\left[\overline{\boldsymbol{y}}^{\mathrm{T}}(t)\boldsymbol{Q}\,\overline{\boldsymbol{y}}(t)+\boldsymbol{u}^{\mathrm{T}}(t)\boldsymbol{R}\boldsymbol{u}(t)\right]\mathrm{d}t \tag{8-20}$$

其中，$\boldsymbol{Q}\in\Re^{2n\times 2n}$ 是半正定对称权重矩阵；$\boldsymbol{R}\in\Re^{r\times r}$ 是正定对称权重矩阵。根据最优控制理论，控制律可以得出为

$$\boldsymbol{u}(t)=-\boldsymbol{R}^{-1}\overline{\boldsymbol{B}}^{\mathrm{T}}\boldsymbol{Y}\,\overline{\boldsymbol{y}}(t) \tag{8-21}$$

其中，$\boldsymbol{Y}\in\Re^{2n\times 2n}$ 为 Riccati 方程(8-22)的解。

$$\boldsymbol{Y}\boldsymbol{A}+\boldsymbol{A}^{\mathrm{T}}\boldsymbol{Y}-\boldsymbol{Y}\overline{\boldsymbol{B}}\boldsymbol{R}^{-1}\overline{\boldsymbol{B}}^{\mathrm{T}}\boldsymbol{Y}=-\boldsymbol{Q} \tag{8-22}$$

将方程(8-18)代入方程(8-21)，可得

$$\boldsymbol{u}(t)=-\boldsymbol{R}^{-1}\overline{\boldsymbol{B}}^{\mathrm{T}}\boldsymbol{Y}\left[\boldsymbol{y}(t)+\sum_{i=1}^{r}\int_{-\tau_i}^{0}\mathrm{e}^{-\boldsymbol{A}(\lambda+\tau_i)}\boldsymbol{B}_i u_i(t+\lambda)\mathrm{d}\lambda\right] \tag{8-23}$$

2. 最优跟踪控制问题

最优跟踪控制是设计控制律使得系统运动轨迹和响应跟踪预期的理想轨迹。定义性能指标函数为

$$J=\frac{1}{2}\int_0^{\infty}[\boldsymbol{e}^{\mathrm{T}}(t)\boldsymbol{Q}\boldsymbol{e}(t)+\boldsymbol{u}^{\mathrm{T}}(t)\boldsymbol{R}\boldsymbol{u}(t)]\mathrm{d}t \tag{8-24}$$

其中，$\boldsymbol{e}(t)=\overline{\boldsymbol{y}}_d(t)-\overline{\boldsymbol{y}}(t)$ 为测量值与设计的理想轨迹之间的差值，$\overline{\boldsymbol{y}}_d(t)$ 为 $\overline{\boldsymbol{y}}(t)$ 的理想轨迹。由方程(8-18)可以看出，对于 $\overline{\boldsymbol{y}}(t)$ 的理想轨迹 $\overline{\boldsymbol{y}}_d(t)$，应有 $\tau_i=0$ 成立，因此 $\overline{\boldsymbol{y}}_d(t)$ 应与 $\overline{\boldsymbol{y}}(t)$ 的理想轨迹 $\boldsymbol{y}_d(t)$ 相等，即 $\overline{\boldsymbol{y}}_d(t)=\boldsymbol{y}_d(t)$。则时滞最优控制律可得出为[11,14]

$$\boldsymbol{u}(t)=-\boldsymbol{R}^{-1}\overline{\boldsymbol{B}}^{\mathrm{T}}\boldsymbol{Y}[\boldsymbol{y}(t)+\sum_{i=1}^{r}\boldsymbol{\Gamma}_i(t)]+\boldsymbol{R}^{-1}\overline{\boldsymbol{B}}^{\mathrm{T}}[\boldsymbol{Y}\overline{\boldsymbol{B}}\boldsymbol{R}^{-1}\overline{\boldsymbol{B}}^{\mathrm{T}}-\boldsymbol{A}^{\mathrm{T}}]^{-1}\boldsymbol{Q}\boldsymbol{y}_d(t) \tag{8-25}$$

其中，$\boldsymbol{Y}\in\Re^{2n\times 2n}$，$\boldsymbol{Y}$ 为 Riccati 方程的解。Riccati 方程具有和方程(8-22)相同的形式，$\boldsymbol{\Gamma}_i(t)$ 的表达式如方程(8-18)中积分项所示。

8.3.3　控制实现

控制律(8-23)和控制律(8-25)中含有积分项，不便于实际控制的实现。以下对该积分项进行处理。

令

$$\boldsymbol{\Gamma}_i(t)=\int_{-\tau_i}^{0}\mathrm{e}^{-\boldsymbol{A}(\lambda+\tau_i)}\boldsymbol{B}_i u_i(t+\lambda)\mathrm{d}\lambda \tag{8-26}$$

根据方程(8-16)，方程(8-26)可表示为

$$\begin{aligned}\boldsymbol{\Gamma}_i(t)&=\mathrm{e}^{-\boldsymbol{A}(l_i\overline{T}-\overline{m}_i)}\int_{-(l_i\overline{T}-\overline{m}_i)}^{0}\mathrm{e}^{-\boldsymbol{A}\lambda}\boldsymbol{B}_i u_i(t+\lambda)\mathrm{d}\lambda\\&=\mathrm{e}^{-\boldsymbol{A}(l_i\overline{T}-\overline{m}_i)}\left[\int_{-(l_i\overline{T}-\overline{m}_i)}^{-(l_i-1)\overline{T}}\mathrm{e}^{-\boldsymbol{A}\lambda}\boldsymbol{B}_i u_i(t+\lambda)\,\mathrm{d}\lambda\right.\\&\quad\left.+\sum_{h=1}^{l_i-1}\int_{-h\overline{T}}^{-(h-1)\overline{T}}\mathrm{e}^{-\boldsymbol{A}\lambda}\boldsymbol{B}_i u_i(t+\lambda)\mathrm{d}\lambda\right]\end{aligned} \tag{8-27}$$

采用如下零阶保持器[12]：

$$u_i(t)=u_i(k),\qquad k\overline{T}\leqslant t<(k+1)\overline{T} \tag{8-28}$$

实际中，当数据采样周期较小时，零阶保持器的假设是合理的。对方程(8-27)积分上下限做变换，可得

$$\boldsymbol{\Gamma}_i(t) = \int_0^{\bar{T}-\bar{m}_i} \mathrm{e}^{-A\lambda}\,\mathrm{d}\lambda \boldsymbol{B}_i u_i(k-l_i) + \sum_{h=1}^{l_i-1}\left[\mathrm{e}^{-A(l_i\bar{T}-\bar{m}_i-hT)}\int_0^{\bar{T}} \mathrm{e}^{-A\lambda}\,\mathrm{d}\lambda \boldsymbol{B}_i u_i(k-h)\right] \tag{8-29}$$

定义如下矩阵函数：

$$\boldsymbol{F}(\zeta) = \mathrm{e}^{A\zeta}, \qquad \boldsymbol{G}_i(\zeta) = \int_0^{\zeta} \mathrm{e}^{-A\lambda} d\lambda \boldsymbol{B}_i \tag{8-30}$$

最终得到$\boldsymbol{\Gamma}_i(t)$ 的表达式为

$$\boldsymbol{\Gamma}_i(t) = \boldsymbol{I}\boldsymbol{G}_i(\bar{T}-\bar{m}_i)u_i(k-l_i) + \sum_{h=1}^{l_i-1}[\boldsymbol{F}(\bar{m}_i-(l_i-h)\bar{T})\boldsymbol{G}_i(\bar{T})u_i(k-h)] \tag{8-31}$$

当$\bar{m}_i = 0$，即时滞量为系统采样周期整数倍时，$\boldsymbol{\Gamma}_i(t)$ 的表达式为

$$\boldsymbol{\Gamma}_i(t) = \sum_{h=1}^{l_i}[\boldsymbol{F}(-(l_i-h)\bar{T})\boldsymbol{G}_i(\bar{T})u_i(k-h)] \tag{8-32}$$

$\boldsymbol{F}(\zeta)$ 和 $\boldsymbol{G}_i(\zeta)$ 的迭代计算格式详见文献[11,12]，总结为

$$\begin{cases} \boldsymbol{F}(\zeta) = \mathrm{e}^{A\zeta} = \sum\limits_{j=0}^{\infty} \dfrac{\boldsymbol{A}^j\zeta^j}{j!} \\ \boldsymbol{G}_i(\zeta) = \int_0^{\zeta} \mathrm{e}^{-A\lambda} d\lambda \boldsymbol{B}_i = \sum\limits_{j=1}^{\infty} \dfrac{(-\boldsymbol{A})^{j-1}\zeta^j}{j!}\cdot \boldsymbol{B}_i \end{cases} \tag{8-33}$$

当ζ 给出时，参数 $\boldsymbol{F}(\zeta)$ 和 $\boldsymbol{G}_i(\zeta)$ 都将在有限迭代步数内收敛于常数矩阵。

8.4 数 值 仿 真

8.4.1 建筑结构地震响应主动控制

以三层建筑结构的地震响应控制为对象，对本章时滞问题处理方法进行仿真验证。结构示意图如图 8-2 所示[15]，各层质量、刚度和阻尼系数为 $m_i = 1000\text{kg}$，$k_i = 980\text{kN/m}$，$c_i = 1.407\text{kN}\cdot\text{s/m}$，$i = 1,2,3$。假定结构受到峰值加速度为$0.2g$ 的天津地震波激励作用，地震持续时间为10s，地震波时程曲线如图 8-3 所示。

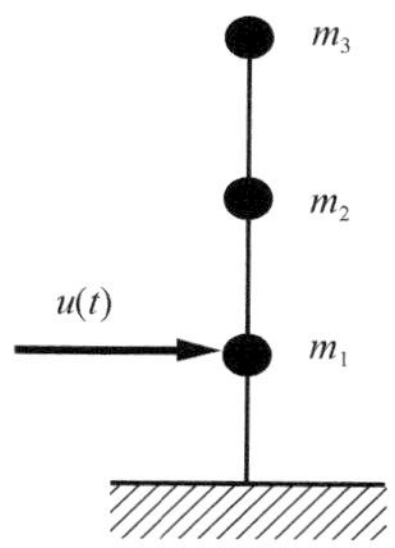

图 8-2　三层建筑结构模型示意图

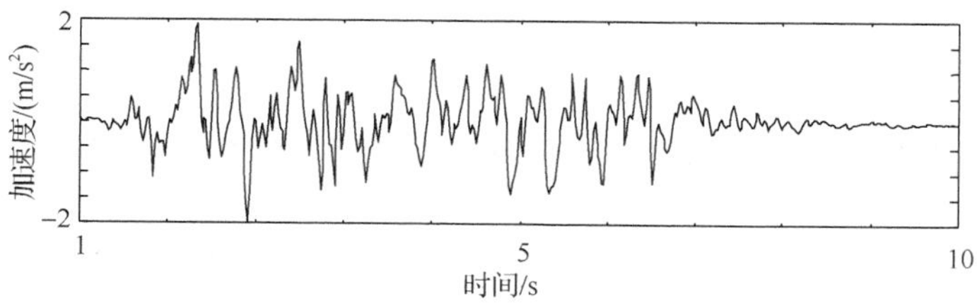

图 8-3　天津地震波

首先确定控制系统的最大稳定时滞量。为了能够精确确定最大稳定时滞量，采样周期可取 0.001s，在采用四阶龙格-库塔法进行计算时，计算积分步长也取为 0.001s。控制设计时，取方程(8-20)中的权重矩阵 $\boldsymbol{Q}=\mathrm{diag}(10^4,10^4,10^4,1,1,1)$；因为只在结构第一层有主动控制力，所以权重矩阵 R 为标量，取值为 $R=7\times10^{-9}$。当采用无时滞情况下所设计的控制律对存在时滞的结构系统进行主动控制时，图 8-4(a)给出了结构各层的峰值层间位移随时滞量的变化曲线，图 8-4(b)和图 8-4(c)分别为峰值绝对加速度和峰值控制力的变化曲线。由图 8-4 可以看出，如果不对时滞进行处理，控制系统在时滞量大约为 0.018s 时出现发散。因此可以认为，控制系统的最大稳定时滞量为 0.018s。

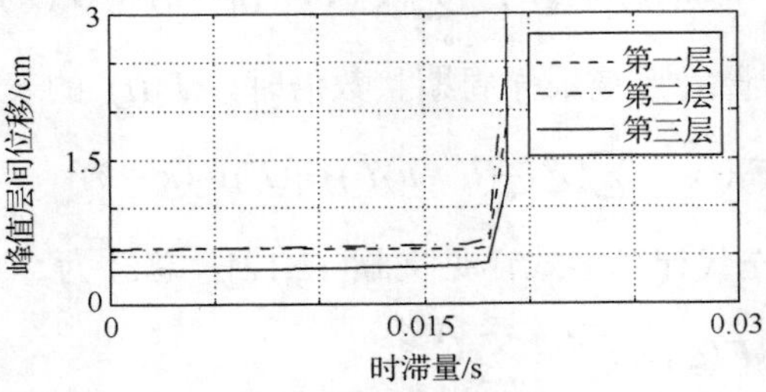

(a) 峰值层间位移

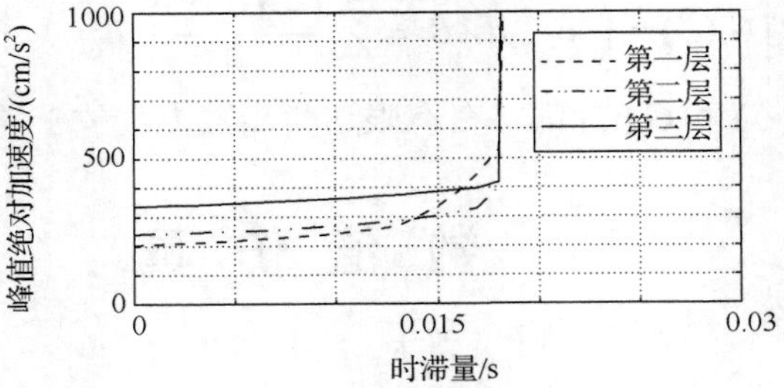

(b) 峰值绝对加速度

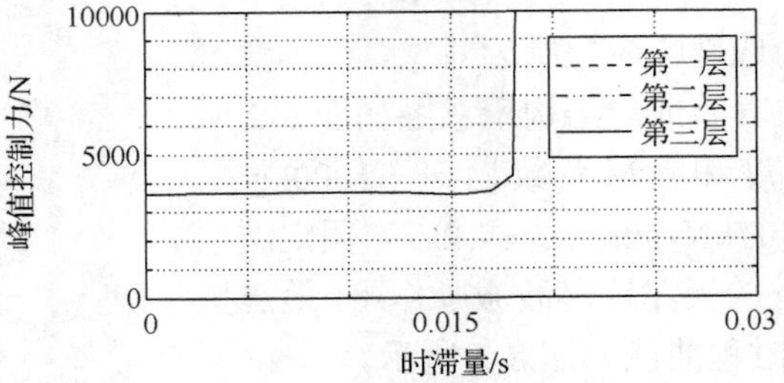

(c) 峰值控制力

图 8-4 结构峰值响应随时滞量的变化(用无时滞控制律控制有时滞系统)

然后进行无时滞情况下的控制效果比较。采样周期和数值积分步长皆取值为 0.01s。表 8-1 给出了结构各层的峰值层间位移、峰值绝对加速度和峰值控制力值，其中第二、三列为无控制的结果，第四、五列为无时滞情况下最优控制的结果。控制设计中，$\boldsymbol{Q}$ 和 R 仍取前值。

表 8-1　结构峰值响应和峰值控制力　　单位：x /cm；$\ddot{x}$ /(cm/s^2)

层数	无控制		无时滞控制(τ=0) U_{max}=3.58kN		时滞控制(τ=0.1s) U_{max}=3.99kN		时滞控制(τ=0.4s) U_{max}=3.33kN	
	x	$\ddot{x}$	x	$\ddot{x}$	x	$\ddot{x}$	x	$\ddot{x}$
1	1.26	307	0.58	198	0.77	207	0.97	229
2	1.02	463	0.56	240	0.63	255	0.84	363
3	0.57	559	0.34	332	0.39	386	0.50	495

接着进行时滞控制律的效果比较。假定控制系统中存在的时滞量为$\tau = 0.1\text{s}$。使用本章中的连续时间形式的时滞问题处理方法设计时滞控制律，控制效果如表 8-1 中第六和第七列所示，控制设计中，$\boldsymbol{Q}$ 和 R 仍取前值。图 8-5 为结构第三层的响应时程。由图 8-5 和表 8-1 可以看出，时滞控制律能够取得良好的控制效果。进一步的仿真结果能够显示出，如果采用无时滞情况下所设计的控制律对存在$\tau = 0.1\text{s}$的时滞系统进行控制，系统响应将出现发散，图形在此省略。表 8-1 中第八和第九列给出了$\tau = 0.4\text{s}$情况下的计算结果，可以看出，即使系统存在大时滞量，本章的方法仍然能够有效地处理。图 8-6 给出了结构的峰值响应随时滞量的变化，可以看出，即使时滞量达1.0s，本章方法仍然有效。因为本章中的连续时间形式的时滞问题处理方法在时滞控制律的设计过程中没有做假设和近似处理，所以该方法易于保证控制系统的稳定性。本章方法不但可以处理小时滞量问题，也能处理大时滞量问题。

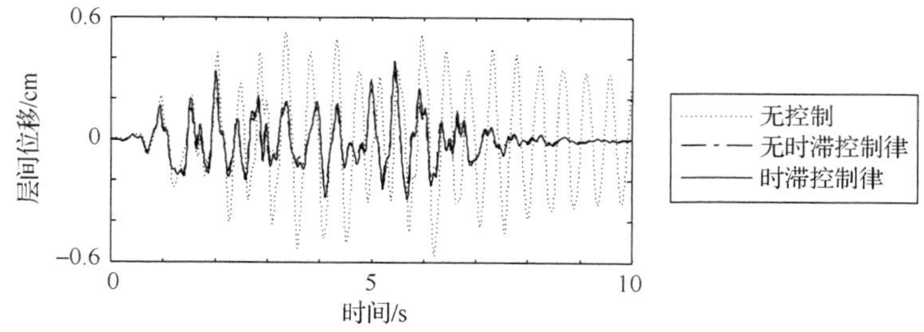

（a）层间位移

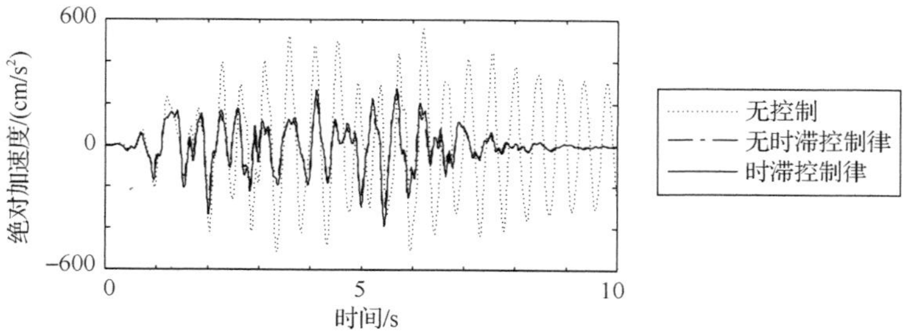

（b）绝对加速度

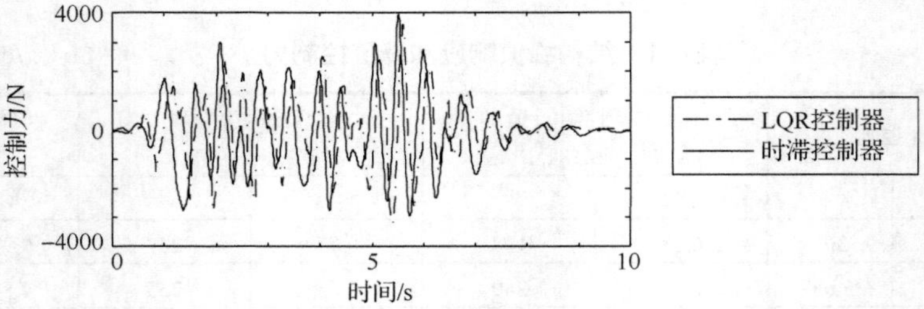

（c）控制力

图 8-5　结构第三层响应时程和控制力时程

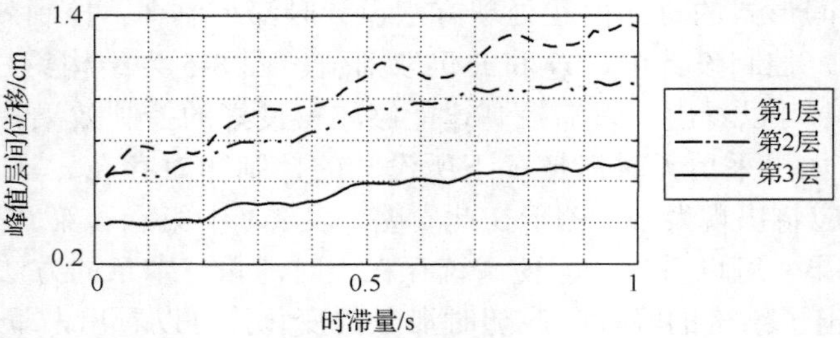

（a）峰值层间位移

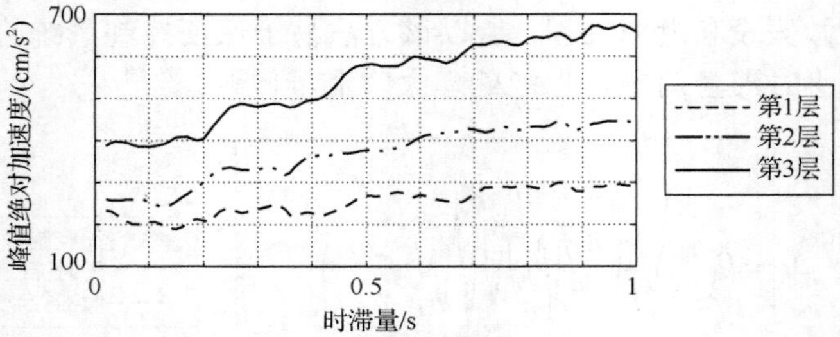

（b）峰值绝对加速度

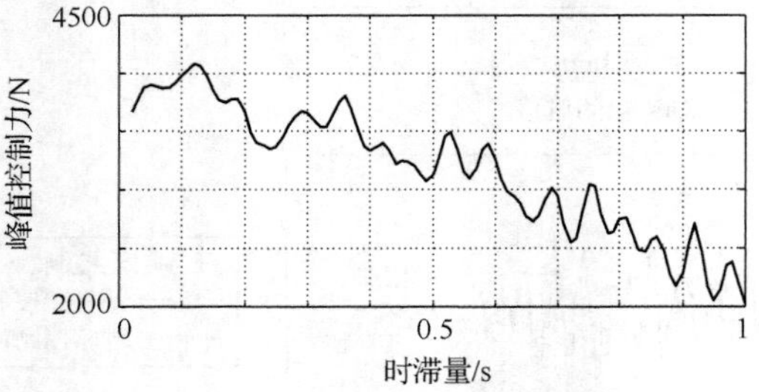

（c）峰值控制力

图 8-6　结构峰值响应随时滞量的变化(用时滞控制律控制有时滞系统)

8.4.2　中心刚体-柔性梁系统的位置主动控制

考虑在水平面内旋转运动的柔性梁，如图 8-7 所示。梁一端固结在关节上，不考虑重力的影响。考虑到梁的纵向变形小且固有频率高，忽略其纵向变形的影响。L 为梁的长度，I 为梁横截面对中性轴的惯量矩，E_b 为梁的弹性模量，ρ 为梁的密度，A 为梁的横截面积，r_A 为关节半径，J_H 为关节转动惯量，θ 为系统大范围运动的角位移，u 为关节扭矩。关节扭矩用于系统大范围运动的控制。假定在柔性梁根部位置粘贴有一片压电作动器，用于控制柔性梁的弹性振动。图 8-7 所示的结构模型除了压电片外，其他条件与第 3 章中例 3-5 完全相同。

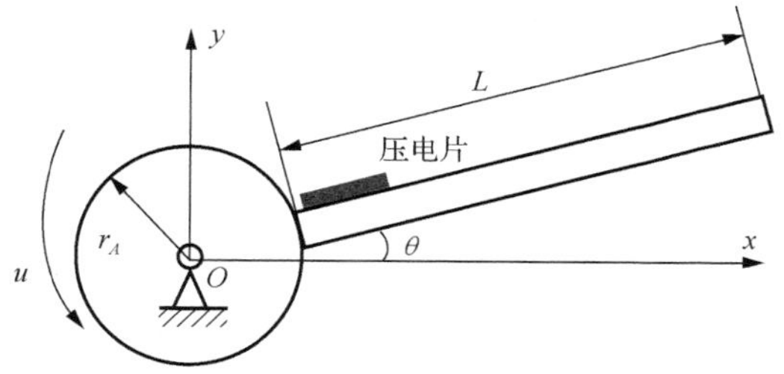

图 8-7　中心刚体-柔性梁系统

假定关节扭矩和压电作动器所产生的控制扭矩和控制力矩存在时滞，忽略所有阻尼因素，系统的线性化动力学模型可以表达为[11,16]

$$\begin{bmatrix} J_H+J_1 & \boldsymbol{M}_{\theta\eta} \\ \boldsymbol{M}_{\eta\theta} & \boldsymbol{M}_{\eta\eta} \end{bmatrix}\begin{bmatrix} \ddot{\theta} \\ \ddot{\boldsymbol{\eta}} \end{bmatrix}+\begin{bmatrix} 0 & \boldsymbol{0} \\ \boldsymbol{0} & \boldsymbol{K} \end{bmatrix}\begin{bmatrix} \theta \\ \boldsymbol{\eta} \end{bmatrix}=\begin{bmatrix} 1 & \boldsymbol{0} \\ \boldsymbol{0} & K_z[\boldsymbol{\Phi}'(x_a)-\boldsymbol{\Phi}'(x_b)] \end{bmatrix}\begin{bmatrix} u(t-\tau_1) \\ V(t-\tau_2) \end{bmatrix} \tag{a}$$

其中，$\boldsymbol{\eta}$ 为柔性梁的模态坐标列阵；V 为压电作动器的外部作动电压；$\boldsymbol{\Phi}(x)=[\varphi_1(x), \varphi_2(x),\cdots,\varphi_{\bar{n}}(x)]^{\mathrm{T}}$ 为悬臂梁模态函数列向量，$\bar{n}$ 为柔性梁模态截断的个数；K_z 为与压电材料物理和几何特性有关的常量；x_a、x_b 分别为压电作动器两端距离柔性梁固定端的距离；τ_1、τ_2 分别为电机扭矩和压电作动器的时滞量。上式中各变量的物理含义和表达式参见第 3 章中例 3-5。K_z 的表达式为[11]

$$K_z=\frac{12E_bI_bd_{31}}{t_pt_b[6+(E_bt_b/E_pt_p)]} \tag{b}$$

其中，E_b 和 E_p 分别为柔性梁和压电片的弹性模量；t_b 和 t_p 分别表示柔性梁和压电层的厚度；I_b 为截面对中性轴的惯性矩；d_{31} 为压电应变常数。

系统的理想轨迹与第 3 章例 3-5 相同，表达如下：

$$\theta=\begin{cases} \dfrac{2\theta_0}{t_1^2}t^2, & t\leqslant\dfrac{t_1}{2} \\ \dfrac{\theta_0}{2}+\dfrac{2\theta_0}{t_1}\left(t-\dfrac{\tilde{T}}{2}\right)-\dfrac{2\theta_0}{t_1^2}\left(t-\dfrac{t_1}{2}\right)^2, & \dfrac{t_1}{2}<t\leqslant t_1 \\ \theta_0, & t>t_1 \end{cases} \tag{c}$$

即系统由零初始条件开始加速运动，在到达指定位置的时间的一半时达到最大角速度，然后再减速到角速度为零，完成指定的角位移运动，且要求到达指定位置时抑制柔性梁的残余振动。假定所期望的角位移为 $\theta_0=\pi\approx3.14$，要求系统在 $t_1=1\mathrm{s}$ 时刻到达指定位置。

因柔性旋转梁的振动以第一阶模态响应为主，因此控制律的设计针对第一阶模态进行。与第 3 章例 3-5 相同，数值仿真是将基于线性最优跟踪控制方法所设计的控制律代入原非线性系统的模型中进行仿真的。

使用关节扭矩和压电作动器同时对柔性旋转梁进行控制。控制设计时，取权重矩阵为 $\boldsymbol{Q} = \mathrm{diag}(100,10,1,1)$，$\boldsymbol{R} = \mathrm{diag}(200,300)$。数据采样周期取值为 0.001s。假定关节和压电作动器的时滞量分别为 0.04s 和 0.02s。图 8-8 为采用本章时滞问题处理方法的控制结果，可以看出，本章的时滞控制律能够使系统到达所要求的位置，并能有效地抑制柔性梁的弹性振动。文献[11]对结构主动控制中的时滞问题进行了详细研究与总结，不但介绍了线性和非线性结构的时滞控制的设计方法，还介绍了时滞辨识、时滞参数鲁棒性和时滞正反馈控制技术等，另外还包含大量的时滞问题实验研究。

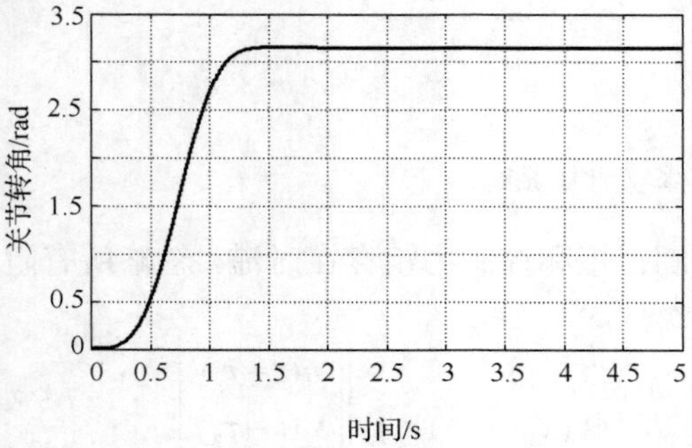

(a) 关节转角

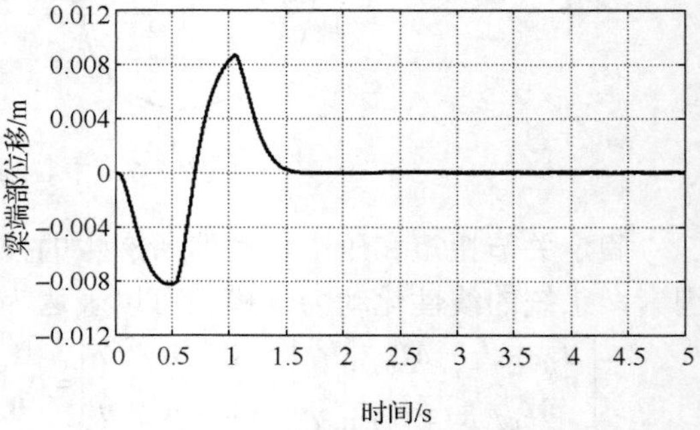

(b) 梁端部位移

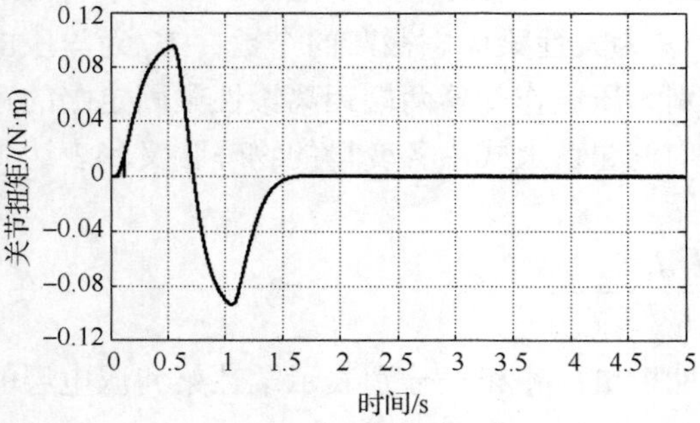

(c) 关节扭矩

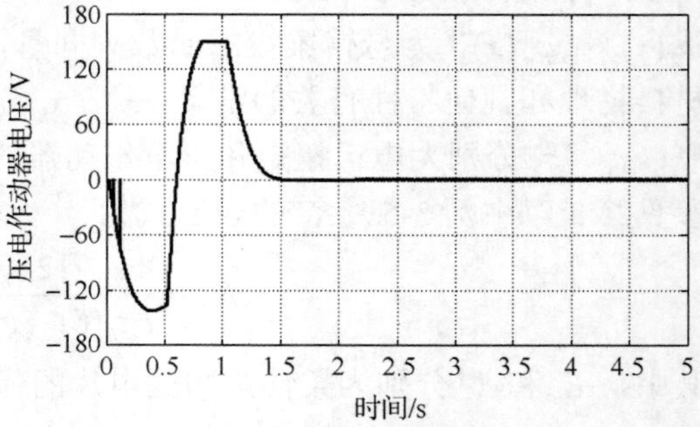

(d) 压电作动器电压

图 8-8　电机时滞 τ_1=0.04s 同时压电作动器时滞 τ_2=0.02s 情况下的控制仿真结果

复习思考题

8-1　如图 8-9 所示柔性悬臂梁，梁长度 $L = 1.8\mathrm{m}$，材料弹性模量 $E = 6.90\times10^{10}\ \mathrm{N/m^2}$，截面对中性轴的惯性矩 $I = 1.3021\times10^{-10}\ \mathrm{m^4}$，单位体积梁的质量 $\rho = 2.766\times10^3\ \mathrm{kg/m^3}$，梁横截面积 $A = 2.5\times10^{-4}\ \mathrm{m^2}$。梁自由端在外部集中力作用下产生 2cm 的初始位移，初始速度为零。去掉外力，梁发生自由振动。使用两个作动器对梁的振动进行控制，两个作动器分别存在 0.01s 和 0.02s 的时滞量。试设计时滞最优控制律，对梁的振动进行主动抑制。

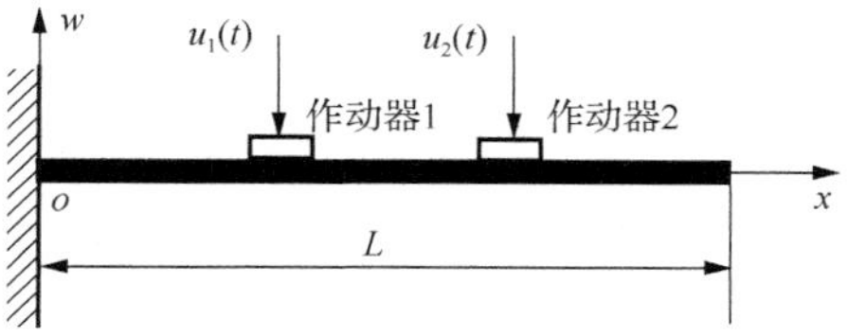

图 8-9　悬臂梁示意图

参 考 文 献

[1] 胡海岩. 振动主动控制中的时滞动力学问题[J]. 振动工程学报. 1997, 10(3): 273-279.
[2] 胡海岩, 王在华. 非线性时滞动力系统的研究进展[J]. 力学进展, 1999, 29(4): 501-512.
[3] 徐鉴, 裴利军. 时滞系统动力学近期研究进展与展望[J]. 力学进展, 2006, 36(1): 17-30.
[4] HU H Y, WANG Z H. Dynamics of Controlled Mechanical Systems with Delayed Feedback[M]. Berlin: Springer, 2002.
[5] 胡海岩, 王在华. 时滞受控机械系统动力学研究进展[J]. 自然科学进展, 2000, 10(7): 577-585.
[6] 蔡国平, 陈龙祥. 时滞反馈控制的若干问题[J]. 力学进展, 2013, 43(1): 21-28.
[7] 秦元勋, 刘永清, 王联, 等. 带有时滞的动力系统的运动稳定性[M]. 2 版. 北京: 科学出版社, 1989.
[8] CHUNG L L, REINHORN A M, SOONG T T. Experiments on active control of seismic structures[J]. Journal of Engineering Mechanics, 1988, 114(2): 241-256.
[9] ABDEL-ROHMAN M. Time-delay effects on actively damped systems[J]. Journal of Engineering Mechanics, 1987, 113(11): 1709-1719.
[10] MCGREEVY S, SOONG T T, REINHORN A M. An experimental study of time-delay compensation in active structural control[C]. Proceedings of the sixth International Modal Analysis Conference, 1987: 1733-1739.
[11] 蔡国平, 陈龙祥. 时滞反馈控制及其实验[M]. 北京: 科学出版社, 2017.
[12] 孙增圻. 计算机控制理论及应用[M]. 北京: 清华大学出版社, 1990.
[13] CAI G P, HUANG J Z, YANG S X. An optimal control method for linear systems with time delay[J]. Computers & Structures, 2003, 81(15): 1539-1546.
[14] 蔡国平, 李琳, 洪嘉振. 中心刚体-柔性梁系统的最优跟踪控制[J]. 力学学报, 2006, 38(1): 97-105.
[15] YANG J N, WU J C, AGRAWAL A K. Sliding mode control for seismically excited linear structures[J]. Journal of Engineering Mechanics, 1995, 121(12):1386-1390.
[16] 蔡国平, 洪嘉振. 中心刚体-柔性悬臂梁系统的位置主动控制[J]. 宇航学报, 2004, 25(6): 616-620.

第 9 章 结构振动主动控制系统的模型降阶

学习要点

- 模型降阶的基本概念
- 模态价值分析准则的特点及其使用
- 平衡降阶方法的特点及其使用
- 经典的模态截断技术的适用情况

随着现代工程技术的飞速发展，结构系统，如飞机结构、大型轮船结构、高层建筑结构、大型机械、机车和各种航天器等，越来越庞大且复杂。在复杂结构系统的振动分析中，通常是利用有限元的离散化方法建立结构系统的离散化动力学模型。有限元方法可以对任何复杂形式的结构进行动力学建模，具有很好的普适性，然而所得模型自由度的维数往往都很高。对于这样一个庞大的多自由度系统的求解往往十分困难，有时甚至是不可能的[1]。另外，对于一个高维的系统，其振动主动控制器的设计也通常十分困难。为了解决这一问题，模型降阶问题的研究就显得十分重要。所谓的**模型降阶**就是用一个低维的模型去近似模拟高维的模型，低维模型需要既能真实地反映出系统的动力学特性，同时其阶数也要足够低，以便进行控制设计和仿真分析。

模型降阶一般可以从两方面予以考虑：一方面是从建模的角度进行降阶，即根据经典的假设模态法选择具有良好正交性的模态集，截取少数低阶模态以构成系统模型；另一方面是选择合适的降阶准则进行降阶，即根据系统价值函数的大小确定出那些对系统特性贡献较大的少数主要模态，并以这些模态组成系统模型，以达到模型降阶的目的，如惯性完备性准则、模态价值分析准则、平衡准则等。按照建模过程来划分，模型降阶可以分为建模中降阶和建模后降阶。建模中降阶是指在建模过程中完成降阶任务，如经典的模态综合法是在建模过程中对柔性构件进行低阶模态截断，进而根据界面位移和力的协调条件完成低维系统建模的。建模后降阶是指在建立系统的动力学模型后再进行模型降阶，如经典的动力缩聚方法，其在模型建立之后进行物理自由度的减缩。准则降阶则比较灵活，可以根据具体情况在建模中或建模后进行降阶。

本章将重点介绍结构振动主动控制系统模型降阶的模态价值分析准则和平衡降阶方法，并通过算例讲述模型降阶的具体实施过程。

9.1 模态价值分析准则

模态价值分析准则是由 Skelton 等[2,3]提出来的动力学模型降阶方法，它考虑了扰动作用和控制目标对模态选择的影响，应用较为广泛。它提供了一种方法，以确定系统中各组成要素对控制目标函数的贡献。这些要素可以是物理上的子系统，也可以是如模态坐标这样的数学子系统，它们统称为分量(component)。对于一般意义上的分量，这一方法称为分量价值分析(component cost analysis, CCA)。当取模态作为分量时，则称为模态价值分析(modal cost analysis, MCA)。

模态价值分析准则是根据各阶模态的模态价值对系统价值函数的贡献来决定对该模态的取舍。对所得的模态价值按大小进行排列，保留那些价值大的模态，略去价值很小的模态。可以说，模态价值分析准则本质上是提供了一种进行模态截断的依据，即根据模态价值的大小来选取模态。由于该准则考虑到控制目标对模型截断的影响，其降阶原则更为合理，因此得到了广泛的应用。

9.1.1　模态价值分析基本理论

设系统的动力学控制方程为

$$\begin{cases} \boldsymbol{M}\ddot{\boldsymbol{x}} + \boldsymbol{C}\dot{\boldsymbol{x}} + \boldsymbol{K}\boldsymbol{x} = \boldsymbol{D}\boldsymbol{u} \\ \boldsymbol{z} = \boldsymbol{E}_d\boldsymbol{x} + \boldsymbol{E}_v\dot{\boldsymbol{x}} \end{cases} \tag{9-1}$$

其中，$\boldsymbol{x} \in \Re^{n\times 1}$ 为系统的位移列向量，n 为自由度数；$\boldsymbol{M} \in \Re^{n\times n}$、$\boldsymbol{K} \in \Re^{n\times n}$ 和 $\boldsymbol{C} \in \Re^{n\times n}$ 分别为系统质量阵、刚度阵和阻尼阵；$\boldsymbol{D} \in \Re^{n\times r}$ 为作动器位置矩阵；$\boldsymbol{u} \in \Re^{r\times 1}$ 为控制力列向量，r 为作动器的个数；$\boldsymbol{z} \in \Re^{l\times 1}$ 为系统观测输出向量，l 为输出向量的维数；$\boldsymbol{E}_d \in \Re^{l\times n}$ 为位移输出系数矩阵；$\boldsymbol{E}_v \in \Re^{l\times n}$ 为速度输出系数矩阵。

采用正则模态矩阵 $\boldsymbol{\Phi}_N$，可将方程(9-1)变换到正则模态空间：

$$\begin{cases} \ddot{\boldsymbol{\eta}}_N + \mathrm{diag}(2\zeta_i\omega_i)\dot{\boldsymbol{\eta}}_N + \mathrm{diag}(\omega_i^2)\boldsymbol{\eta}_N = \boldsymbol{D}_N\boldsymbol{u} \\ \boldsymbol{z} = \boldsymbol{E}_{N,d}\boldsymbol{\eta}_N + \boldsymbol{E}_{N,v}\dot{\boldsymbol{\eta}}_N \end{cases} \tag{9-2}$$

其中，$\boldsymbol{\eta}_N$ 为正则模态坐标列向量；ω_i 和 ζ_i 分别为第 i 个模态的固有频率和阻尼比；$\boldsymbol{E}_{N,d} = \boldsymbol{E}_d\boldsymbol{\Phi}_N$；$\boldsymbol{E}_{N,v} = \boldsymbol{E}_v\boldsymbol{\Phi}_N$；$\boldsymbol{D}_N = \boldsymbol{\Phi}_N^{\mathrm{T}}\boldsymbol{D}$。

将方程(9-2)转成状态方程形式，有

$$\begin{cases} \dot{\boldsymbol{y}} = \boldsymbol{A}\boldsymbol{y} + \boldsymbol{B}\boldsymbol{u} \\ \boldsymbol{z} = \boldsymbol{E}\boldsymbol{y} \end{cases} \tag{9-3}$$

其中，$\boldsymbol{y} = [\dot{\eta}_{N,1}, \omega_1\eta_{N,1}, \cdots, \dot{\eta}_{N,n}, \omega_n\eta_{N,n}]^{\mathrm{T}}$；$\boldsymbol{A} = \mathrm{diag}(\boldsymbol{A}_i)$，$\boldsymbol{A}_i = \begin{bmatrix} -2\zeta_i\omega_i & -\omega_i \\ \omega_i & 0 \end{bmatrix}$；$\boldsymbol{B} = [\boldsymbol{B}_1^{\mathrm{T}}, \cdots, \boldsymbol{B}_n^{\mathrm{T}}]^{\mathrm{T}}$，$\boldsymbol{B}_i = \begin{bmatrix} \boldsymbol{D}_{N,i} \\ \boldsymbol{0} \end{bmatrix}$，其中，$\boldsymbol{D}_{N,i}$ 是矩阵 $\boldsymbol{D}_N$ 的第 i 行；$\boldsymbol{E} = [\boldsymbol{E}_{N,1}, \cdots, \boldsymbol{E}_{N,n}]$，$\boldsymbol{E}_{N,i} = [\boldsymbol{E}_{N,vi}, \boldsymbol{E}_{N,di} / \omega_i] = [\boldsymbol{E}_{N,i1}, \boldsymbol{E}_{N,i2}]$，其中，$\boldsymbol{E}_{N,vi}$ 和 $\boldsymbol{E}_{N,di}$ 分别为矩阵 $\boldsymbol{E}_{N,v}$ 和 $\boldsymbol{E}_{N,d}$ 的第 i 列。

定义在时间段 $0 \leqslant t \leqslant t_f$ 内各阶模态的总价值为[3]

$$V = \frac{1}{t_f}\mathrm{E}\left[\int_0^{t_f} Y\mathrm{d}t + Y(t_f)\right] \tag{9-4}$$

其中，E 表示期望算子，Y 的表达式为

$$Y = \|\boldsymbol{y}\|_Q^2 = \boldsymbol{z}^{\mathrm{T}}\boldsymbol{Q}\boldsymbol{z} = \boldsymbol{y}^{\mathrm{T}}\boldsymbol{E}^{\mathrm{T}}\boldsymbol{Q}\boldsymbol{E}\boldsymbol{y} \tag{9-5}$$

其中，$\boldsymbol{Q}$ 为输出 $\boldsymbol{z}$ 中各分量相对重要性的权矩阵。

将方程(9-5)代入方程(9-4)可得

$$V=\frac{1}{t_f}\mathrm{E}\left[\int_0^{t_f}\boldsymbol{y}^{\mathrm{T}}\boldsymbol{E}^{\mathrm{T}}\boldsymbol{QEy}\mathrm{d}t+\boldsymbol{y}(t_f)^{\mathrm{T}}\boldsymbol{E}^{\mathrm{T}}\boldsymbol{QEy}(t_f)\right] \tag{9-6}$$

显然，V 是关于状态向量 $\boldsymbol{y}$ 的二次型齐次函数。将 $\boldsymbol{y}\in\Re^{2n\times1}$ 分为 $\boldsymbol{n}$ 个子块 $\boldsymbol{y}_i=[\dot{\eta}_{N,i},\omega_i\eta_{N,i}]^{\mathrm{T}}=[y_{i1},y_{i2}]^{\mathrm{T}}\in\Re^{2\times1}$，同时由欧拉齐次定理可得

$$V=\sum_{i=1}^{n}V_i=\sum_{i=1}^{n}\frac{\partial V}{2\partial\boldsymbol{y}_i}\boldsymbol{y}_i=\sum_{i=1}^{n}\left(\frac{\partial V}{2\partial y_{i1}}y_{i1}+\frac{\partial V}{2\partial y_{i2}}y_{i2}\right) \tag{9-7}$$

由于方程(9-3)中的状态分量为模态坐标，故 V 的各个分量 V_i 即为第 i 阶模态的模态价值。对于 V_i 可推得

$$\begin{aligned}V_i&=\frac{\partial V}{2\partial y_{i1}}y_{i1}+\frac{\partial V}{2\partial y_{i2}}y_{i2}\\&=\frac{1}{t_f}\mathrm{E}\left[\int_0^{t_f}\frac{\partial Y}{2\partial y_{i1}}y_{i1}\mathrm{d}t+\int_0^{t_f}\frac{\partial Y}{2\partial y_{i2}}y_{i2}\mathrm{d}t+\frac{\partial Y(t_f)}{2\partial y_{i1}}y_{i1}+\frac{\partial Y(t_f)}{2\partial y_{i2}}y_{i2}\right]\end{aligned} \tag{9-8}$$

其中

$$\left\{\begin{aligned}\int_0^{t_f}\frac{\partial Y}{2\partial y_{i1}}y_{i1}\mathrm{d}t+\frac{\partial Y(t_f)}{2\partial y_{i1}}y_{i1}&=\int_0^{t_f}\frac{\partial(\boldsymbol{y}^{\mathrm{T}}\boldsymbol{E}^{\mathrm{T}}\boldsymbol{QEy})}{2\partial y_{i1}}y_{i1}\mathrm{d}t+\frac{\partial[\boldsymbol{y}(t_f)^{\mathrm{T}}\boldsymbol{E}^{\mathrm{T}}\boldsymbol{QEy}(t_f)]}{2\partial y_{i1}}y_{i1}\\&=\int_0^{t_f}\sum_{j=1}^{n}(y_{i1}y_{j1}\boldsymbol{E}_{j1}^{\mathrm{T}}\boldsymbol{QE}_{i1}+y_{i1}y_{j2}\boldsymbol{E}_{j2}^{\mathrm{T}}\boldsymbol{QE}_{i1})\mathrm{d}t\\&\quad+\sum_{j=1}^{n}[y_{i1}(t_f)y_{j1}(t_f)\boldsymbol{E}_{j1}^{\mathrm{T}}\boldsymbol{QE}_{i1}+y_{i1}(t_f)y_{j2}(t_f)\boldsymbol{E}_{j2}^{\mathrm{T}}\boldsymbol{QE}_{i1}]\\\int_0^{t_f}\frac{\partial Y}{2\partial y_{i2}}y_{i2}\mathrm{d}t+\frac{\partial Y(t_f)}{2\partial y_{i2}}y_{i2}&=\int_0^{t_f}\frac{\partial(\boldsymbol{y}^{\mathrm{T}}\boldsymbol{E}^{\mathrm{T}}\boldsymbol{QEy})}{2\partial y_{i2}}y_{i2}\mathrm{d}t+\frac{\partial[\boldsymbol{y}(t_f)^{\mathrm{T}}\boldsymbol{E}^{\mathrm{T}}\boldsymbol{QEy}(t_f)]}{2\partial y_{i2}}y_{i2}\\&=\int_0^{t_f}\sum_{j=1}^{n}(y_{i2}y_{j1}\boldsymbol{E}_{j1}^{\mathrm{T}}\boldsymbol{QE}_{i2}+y_{i2}y_{j2}\boldsymbol{E}_{j2}^{\mathrm{T}}\boldsymbol{QE}_{i2})\mathrm{d}t\\&\quad+\sum_{j=1}^{n}[y_{i2}(t_f)y_{j1}(t_f)\boldsymbol{E}_{j1}^{\mathrm{T}}\boldsymbol{QE}_{i2}+y_{i2}(t_f)y_{j2}(t_f)\boldsymbol{E}_{j2}^{\mathrm{T}}\boldsymbol{QE}_{i2}]\end{aligned}\right. \tag{9-9}$$

定义系统状态的协方差矩阵为

$$\boldsymbol{X}=\mathrm{E}(\boldsymbol{yy}^{\mathrm{T}})=\mathrm{E}\begin{bmatrix}y_{11}y_{11}&\cdots&y_{11}y_{i1}&y_{11}y_{i2}&\cdots&y_{11}y_{n2}\\\vdots&\ddots&\vdots&\vdots&\ddots&\vdots\\y_{i1}y_{11}&\cdots&y_{i1}y_{i1}&y_{i1}y_{i2}&\cdots&y_{i1}y_{n2}\\y_{i2}y_{11}&\cdots&y_{i2}y_{i1}&y_{i2}y_{i2}&\cdots&y_{i2}y_{n2}\\\vdots&\ddots&\vdots&\vdots&\ddots&\vdots\\y_{n2}y_{11}&\cdots&y_{n2}y_{i1}&y_{n2}y_{i2}&\cdots&y_{n2}y_{n2}\end{bmatrix}=\begin{bmatrix}\boldsymbol{X}_{11}\\\vdots\\\boldsymbol{X}_{i1}\\\boldsymbol{X}_{i2}\\\vdots\\\boldsymbol{X}_{n2}\end{bmatrix} \tag{9-10}$$

其中，$\boldsymbol{X}\in\Re^{2n\times2n}$；$\boldsymbol{X}_{i1}\in\Re^{1\times2n}$ 表示矩阵 $\boldsymbol{X}$ 中与 y_{i1} 对应的行（第 $2i-1$ 行），$\boldsymbol{X}_{i2}\in\Re^{1\times2n}$ 表示矩阵 $\boldsymbol{X}$ 中与 y_{i2} 对应的行（第 $2i$ 行），$i=1,2,\cdots,n$。$\boldsymbol{X}$ 也可通过 Lyapunov 方程(9-11)求解得到[3]。

$$\boldsymbol{A}\boldsymbol{X}+\boldsymbol{X}\boldsymbol{A}^{\mathrm{T}}+\boldsymbol{B}\boldsymbol{B}^{\mathrm{T}}=\boldsymbol{0} \tag{9-11}$$

结合方程(9-10)，经矩阵展开运算可推得

$$\boldsymbol{X}_{i1}\boldsymbol{E}^{\mathrm{T}}\boldsymbol{Q}\boldsymbol{E}_{N,i1}=\sum_{j=1}^{n}(y_{i1}y_{j1}\boldsymbol{E}_{N,j1}^{\mathrm{T}}\boldsymbol{Q}\boldsymbol{E}_{N,i1}+y_{i1}y_{j2}\boldsymbol{E}_{N,j2}^{\mathrm{T}}\boldsymbol{Q}\boldsymbol{E}_{N,i1})$$

$$\boldsymbol{X}_{i2}\boldsymbol{E}^{\mathrm{T}}\boldsymbol{Q}\boldsymbol{E}_{N,i2}=\sum_{j=1}^{n}(y_{i2}y_{j1}\boldsymbol{E}_{N,j1}^{\mathrm{T}}\boldsymbol{Q}\boldsymbol{E}_{N,i2}+y_{i2}y_{j2}\boldsymbol{E}_{N,j2}^{\mathrm{T}}\boldsymbol{Q}\boldsymbol{E}_{N,i2})$$

此时，方程(9-8)可改写为

$$\begin{aligned}V_i&=\frac{1}{t_f}\left[\int_0^{t_f}(\boldsymbol{X}_{i1}\boldsymbol{E}^{\mathrm{T}}\boldsymbol{Q}\boldsymbol{E}_{i1}+\boldsymbol{X}_{i2}\boldsymbol{E}^{\mathrm{T}}\boldsymbol{Q}\boldsymbol{E}_{i2})\mathrm{d}t+\boldsymbol{X}_{i1}(t_f)\boldsymbol{E}^{\mathrm{T}}\boldsymbol{Q}\boldsymbol{E}_{i1}+\boldsymbol{X}_{i2}(t_f)\boldsymbol{E}^{\mathrm{T}}\boldsymbol{Q}\boldsymbol{E}_{i2}\right]\\&=\frac{1}{t_f}\mathrm{tr}\begin{bmatrix}\int_0^{t_f}\boldsymbol{X}_{i1}\boldsymbol{E}^{\mathrm{T}}\boldsymbol{Q}\boldsymbol{E}_{i1}\mathrm{d}t+\boldsymbol{X}_{i1}(t_f)\boldsymbol{E}^{\mathrm{T}}\boldsymbol{Q}\boldsymbol{E}_{i1} & \int_0^{t_f}\boldsymbol{X}_{i1}\boldsymbol{E}^{\mathrm{T}}\boldsymbol{Q}\boldsymbol{E}_{i2}\mathrm{d}t+\boldsymbol{X}_{i1}(t_f)\boldsymbol{E}^{\mathrm{T}}\boldsymbol{Q}\boldsymbol{E}_{i2}\\ \int_0^{t_f}\boldsymbol{X}_{i2}\boldsymbol{E}^{\mathrm{T}}\boldsymbol{Q}\boldsymbol{E}_{i1}\mathrm{d}t+\boldsymbol{X}_{i2}(t_f)\boldsymbol{E}^{\mathrm{T}}\boldsymbol{Q}\boldsymbol{E}_{i1} & \int_0^{t_f}\boldsymbol{X}_{i2}\boldsymbol{E}^{\mathrm{T}}\boldsymbol{Q}\boldsymbol{E}_{i2}\mathrm{d}t+\boldsymbol{X}_{i2}(t_f)\boldsymbol{E}^{\mathrm{T}}\boldsymbol{Q}\boldsymbol{E}_{i2}\end{bmatrix}\\&=\frac{1}{t_f}\mathrm{tr}\left\{\left[\int_0^{t_f}\boldsymbol{X}\boldsymbol{E}^{\mathrm{T}}\boldsymbol{Q}\boldsymbol{E}\mathrm{d}t+\boldsymbol{X}(t_f)\boldsymbol{E}^{\mathrm{T}}\boldsymbol{Q}\boldsymbol{E}\right]_{ii}\right\}\end{aligned} \tag{9-12}$$

其中，tr( )代表矩阵的迹。当时间 t_f 足够长时，方程(9-12)可进一步化简为

$$\begin{aligned}V_i&=\lim_{t_f\to\infty}\frac{1}{t_f}\mathrm{tr}\left\{\left[\int_0^{t_f}\boldsymbol{X}\boldsymbol{E}^{\mathrm{T}}\boldsymbol{Q}\boldsymbol{E}\mathrm{d}t+\boldsymbol{X}(t_f)\boldsymbol{E}^{\mathrm{T}}\boldsymbol{Q}\boldsymbol{E}\right]_{ii}\right\}\\&=\mathrm{tr}\left\{\left[\boldsymbol{X}(\infty)\boldsymbol{E}^{\mathrm{T}}\boldsymbol{Q}\boldsymbol{E}\right]_{ii}\right\}\\&=\mathrm{tr}\left\{\left[\boldsymbol{X}\boldsymbol{E}^{\mathrm{T}}\boldsymbol{Q}\boldsymbol{E}\right]_{ii}\right\}\end{aligned} \tag{9-13}$$

方程(9-13)即为常用的用于计算模态价值的计算公式。

模态 i 的模态价值也可按照方程(9-14)进行计算。

$$V_i=\mathrm{tr}\{[\boldsymbol{X}\boldsymbol{E}^{\mathrm{T}}\boldsymbol{Q}\boldsymbol{E}]_{ii}\}=V_{i1}+V_{i2} \tag{9-14}$$

其中

$$\begin{cases}V_{i1}=\boldsymbol{X}_{i1}\boldsymbol{E}^{\mathrm{T}}\boldsymbol{Q}\boldsymbol{E}_{N,i1}\\ \quad=\displaystyle\sum_{j=1}^{n}\left[2\omega_i\omega_j(\zeta_j\omega_i+\zeta_i\omega_j)\frac{d_{ij}}{\varDelta_{ij}}\boldsymbol{E}_{N,j1}^{\mathrm{T}}\boldsymbol{Q}\boldsymbol{E}_{N,i1}+\omega_j(\omega_j^2-\omega_i^2)\frac{d_{ij}}{\varDelta_{ij}}\boldsymbol{E}_{N,j2}^{\mathrm{T}}\boldsymbol{Q}\boldsymbol{E}_{N,i1}\right]\\ V_{i2}=\boldsymbol{X}_{i2}\boldsymbol{E}^{\mathrm{T}}\boldsymbol{Q}\boldsymbol{E}_{N,i2}\\ \quad=\displaystyle\sum_{j=1}^{n}\left[2\omega_i\omega_j(\zeta_i\omega_i+\zeta_j\omega_j)\frac{d_{ij}}{\varDelta_{ij}}\boldsymbol{E}_{N,j2}^{\mathrm{T}}\boldsymbol{Q}\boldsymbol{E}_{N,i2}-\omega_i(\omega_j^2-\omega_i^2)\frac{d_{ij}}{\varDelta_{ij}}\boldsymbol{E}_{N,j1}^{\mathrm{T}}\boldsymbol{Q}\boldsymbol{E}_{N,i2}\right]\end{cases} \tag{9-15}$$

其中，$d_{ij}=\boldsymbol{D}_{N,i}\boldsymbol{D}_{N,j}^{\mathrm{T}}$；$\varDelta_{ij}=4\omega_i\omega_i(\zeta_i\omega_i+\zeta_j\omega_j)(\zeta_j\omega_i+\zeta_i\omega_j)+(\omega_j^2-\omega_i^2)^2$。

由此可见，V_i 不仅包含第 i 阶模态的贡献，还包含其他模态的贡献，即模态价值并不是价值解耦的，$V_i=0$ 并不意味着可略去第 i 阶模态而不影响其他模态价值。模态价值分析准则就是根据各阶模态价值对系统价值函数的贡献来决定对该阶模态的取舍。系统的价值函数 V 为各阶模态价值之和，即

$$V=\sum_{i=1}^{n}V_i \tag{9-16}$$

Skelton 和 Hughes 曾引入**模型品质指标**(model quality index, MQI)[2]来衡量降阶模型

的品质，MQI 的表达式为

$$\mathrm{MQI}=\frac{\sum_{i=1}^{\bar{n}}V_i}{\sum_{i=1}^{n}V_i}=\frac{\sum_{i=1}^{\bar{n}}V_i}{V} \tag{9-17}$$

其中，$\sum_{i=1}^{\bar{n}}V_i$ 表示保留下的模态价值；$\bar{n}$ 为保留模态的个数；n 为系统总的模态数。MQI 接近于 1 时表示该模型品质最理想。

模态价值分析准则通过计算出系统各阶模态的价值，按照模态价值的大小来对模态进行选择，一般来讲模态价值并不按频率大小的顺序排列。在进行模型降阶时，依据模态价值计算的结果，保留那些价值高的模态，略去那些价值很小的模态。若模态价值分析要求保留的模态数过多，则应修改控制目标，进而再次根据模态价值大小选择需要保留的模态，直到只需保留合理的模态数为止。一般地讲，保留模态的选择是一个反复的过程。

9.1.2 弱阻尼、频率足够分开时模态价值的近似计算

前面给出的是模态价值计算公式的一般形式。下面介绍一种计算弱阻尼且频率足够分开系统模态价值的近似计算公式，在该公式中，第 i 阶模态价值将只包含有第 i 阶模态的贡献，不包含其他模态的贡献。

由表达式 $\varDelta_{ij}=4\omega_i\omega_i(\zeta_i\omega_i+\zeta_j\omega_j)(\zeta_j\omega_i+\zeta_i\omega_j)+(\omega_j^2-\omega_i^2)^2$ 可知，当 $i=j$ 时，有

$$\varDelta_{ij}=16\zeta_i^2\omega_i^4 \tag{9-18}$$

当 $i\neq j$ 时，对于阻尼比 $\zeta\ll 1$ 的弱阻尼系统，且相应的模态频率足够分开时，有

$$4\omega_i\omega_j(\zeta_i\omega_i+\zeta_j\omega_j)\ll(\omega_j^2-\omega_i^2)^2 \tag{9-19}$$

此时

$$\varDelta_{ij}\approx({\omega_j}^2-{\omega_i}^2)^2 \tag{9-20}$$

于是

$$\begin{cases}V_{i1}=\dfrac{d_{ii}\boldsymbol{E}_{N,i1}^{\mathrm{T}}\boldsymbol{Q}\boldsymbol{E}_{N,i1}}{4\zeta_i\omega_i}+\sum\limits_{i\neq j}\left[\dfrac{2\omega_i\omega_j(\zeta_j\omega_i+\zeta_i\omega_j)d_{ij}}{(\omega_j^2-\omega_i^2)^2}\boldsymbol{E}_{N,j1}^{\mathrm{T}}\boldsymbol{Q}\boldsymbol{E}_{N,i1}\right.\\ \qquad\left.+\dfrac{\omega_j d_{ij}}{(\omega_j^2-\omega_i^2)}\boldsymbol{E}_{N,j2}^{\mathrm{T}}\boldsymbol{Q}\boldsymbol{E}_{N,i1}\right]\\ \quad\approx\dfrac{d_{ii}\boldsymbol{E}_{N,i1}^{\mathrm{T}}\boldsymbol{Q}\boldsymbol{E}_{N,i1}}{4\zeta_i\omega_i}=\dfrac{d_{ii}\boldsymbol{E}_{N,vi}^{\mathrm{T}}\boldsymbol{Q}\boldsymbol{E}_{N,vi}}{4\zeta_i\omega_i}\\ V_{i2}=\dfrac{d_{ii}\boldsymbol{E}_{N,i2}^{\mathrm{T}}\boldsymbol{Q}\boldsymbol{E}_{N,i2}}{4\zeta_i\omega_i}+\sum\limits_{i\neq j}\left[\dfrac{2\omega_i\omega_j(\zeta_i\omega_i+\zeta_j\omega_j)d_{ij}}{(\omega_j^2-\omega_i^2)^2}\boldsymbol{E}_{N,j2}^{\mathrm{T}}\boldsymbol{Q}\boldsymbol{E}_{N,i2}\right.\\ \qquad\left.-\dfrac{\omega_i d_{ij}}{(\omega_j^2-\omega_i^2)}\boldsymbol{E}_{N,j1}^{\mathrm{T}}\boldsymbol{Q}\boldsymbol{E}_{N,i2}\right]\\ \quad\approx\dfrac{d_{ii}\boldsymbol{E}_{N,i2}^{\mathrm{T}}\boldsymbol{Q}\boldsymbol{E}_{N,i2}}{4\zeta_i\omega_i}=\dfrac{d_{ii}\boldsymbol{E}_{N,di}^{\mathrm{T}}\boldsymbol{Q}\boldsymbol{E}_{N,di}}{4\zeta_i\omega_i^3}\end{cases} \tag{9-21}$$

所以第 i 个模态的模态价值近似为[2,4]

$$V_i = V_{i1} + V_{i2} \approx \frac{\sigma_i^2 (\boldsymbol{E}_{N,di}^{\mathrm{T}} \boldsymbol{Q} \boldsymbol{E}_{N,di} + \omega_i^2 \boldsymbol{E}_{N,vi}^{\mathrm{T}} \boldsymbol{Q} \boldsymbol{E}_{N,vi})}{4\zeta_i \omega_i^3} \tag{9-22}$$

其中，$\sigma_i^2 = d_{ii} = \boldsymbol{D}_{N,i} \boldsymbol{D}_{N,i}^{\mathrm{T}}$。由此可看出，第 i 阶模态价值只包含有第 i 阶模态的贡献，因此当系统频率足够分开且为弱阻尼的情况下，用该近似公式进行模态价值分析更为方便。

9.1.3　悬臂板模型降阶

考虑图 9-1 所示的柔性悬臂矩形板。采用假设模态法对板进行建模，将板的横向位移 $w(x,y,t)$ 展开成模态叠加形式 $w(x,y,t) = \sum_{i=1}^{\infty}\sum_{j=1}^{\infty} \varphi_{ij}(x,y)\eta_{ij}(t)$，其中，$\varphi_{ij}(x,y) = X_i(x)Y_j(y)$ 为板的第 ij 阶模态试函数；$\eta_{ij}(t)$ 为板的第 ij 阶模态坐标；$X_i(x)$ 采用固定-自由悬臂梁的模态函数；$Y_j(y)$ 采用自由-自由梁的模态函数，详见文献[5]。图 9-1 所示的柔性板为规则形状，采用这样的假设模态进行建模是可行的，以下的动力学仿真和实验也将验证这种处理方法的可行性和有效性。

悬臂板为铝合金板，尺寸为 $0.6\text{m} \times 0.3\text{m} \times 0.0015\text{m}$，密度为 2766kg/m^3，弹性模量为 69GPa，泊松比为 0.32，阻尼比取为 0.5%。柔性板前 10 阶固有频率分别为

$$f = [3.567, 15.173, 22.353, 49.823, 62.265, 94.458, 95.281, 119.821, 128.362, 156.503]\text{Hz}$$

仿真计算时，截取板的前五阶模态作为板的真实响应，即 n=5。假定在悬臂板的右下角点 $(x_0, y_0) = (0.6, 0)$ 处施加一个外力，使得该点产生 2cm 的初始位移，初始速度为零。然后去掉外力，板在该初始条件下自由振动。若对该点进行控制与位移观测，则控制矩阵和观测矩阵为

$$\boldsymbol{D} = [X_1(x_0)Y_1(y_0), X_1(x_0)Y_2(y_0), X_2(x_0)Y_1(y_0), X_2(x_0)Y_2(y_0), X_3(x_0)Y_1(y_0)]^{\mathrm{T}}$$
$$\boldsymbol{E}_d = [X_1(x_0)Y_1(y_0), X_1(x_0)Y_2(y_0), X_2(x_0)Y_1(y_0), X_2(x_0)Y_2(y_0), X_3(x_0)Y_1(y_0)]$$
$$\boldsymbol{E}_v = \boldsymbol{0}_{1\times 5}$$

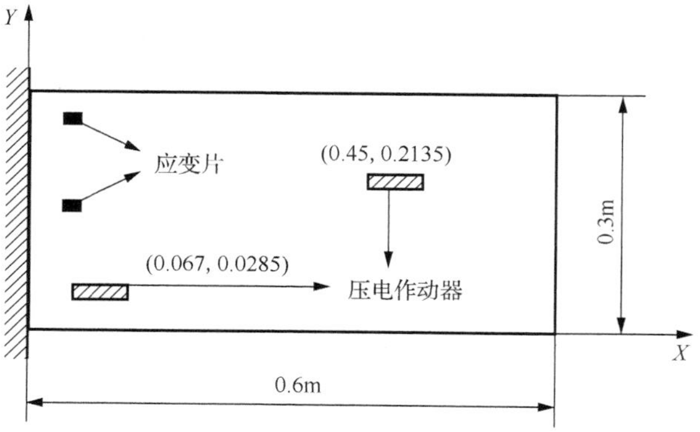

图 9-1　柔性悬臂矩形板结构示意图

表 9-1 中第 3～5 列给出了模态价值结果，其中，V_1 为采用方程(9-14)所得出的精确解，V_2 为采用近似方程(9-22)的结果，MQI 为各阶模态价值占总价值的百分比。计算时，

因为选取的观测点为板右下角点，因此方程(9-5)中 $\boldsymbol{Q}$ 取值为 1。因为本文考虑的柔性板具有弱阻尼且频率足够分开的特点，因此 V_1 的结果和 V_2 的基本相同，这也验证了模态价值近似解(9-22)在弱阻尼、频率足够分开的情况下是适用的。同时可以看到，对于自由响应模态分析，前两阶模态价值之和已经达到总价值的 99.36%，所以只需要截取第一、第二阶模态便可以很好地对原高阶系统进行近似，因此取前两阶模态组成降阶系统。图 9-2(a)展示了采用原高阶系统和降阶系统所得出的柔性板右下角点的响应时程，可以看到降阶系统得出的结果与原系统吻合良好。

表 9-1　模态价值计算结果

模态阶数	固有频率/Hz	无控制			有控制		
		V_1	V_2	MQI	$V_1(10^{-9})$	$V_2(10^{-9})$	MQI
1	3.567	0.1337	0.1337	0.9519	0.4244	0.4244	0.7747
2	15.173	0.0059	0.0059	0.0417	0.0577	0.0577	0.1054
3	22.353	0.0005	0.0005	0.0039	0.0367	0.0368	0.0671
4	49.823	0.0003	0.0003	0.0023	0.0114	0.0114	0.0209
5	62.265	2.47×10^{-5}	2.47×10^{-5}	0.0002	0.0175	0.0175	0.0320

考虑采用两片压电作动器对板的自由振动进行控制。压电片尺寸为 $0.06\text{m}\times0.015\text{m}\times0.0005\text{m}$，密度为 7600kg/m^3，横向弹性模量 E_{11} 为 69GPa，轴向弹性模量 E_{33} 为 54GPa，压电常数 d_{31} 为 $-1.75\times10^{-10}\text{m/V}$。压电材料用于结构控制会引起附加质量和刚度效应，因为本文中板的尺寸远大于压电作动器，因此可忽略压电作动器所引起的质量和刚度效应。文献[6]采用粒子群优化方法对柔性板上作动器的优化位置进行了详细研究，本文中两片压电作动器的位置放置在文献[6]中所确定出的优化位置，压电作动器沿长度方向中点在板坐标系 XY 中的坐标为(0.067, 0.0285)和(0.45, 0.2135)，如图 9-1 所示。此时作动器位置矩阵 $\boldsymbol{D}\in\Re^{5\times2}$ 可由两个压电作动器的位置计算得到；因为观测点仍为板的右下角点，因此 $\boldsymbol{E}_d$、$\boldsymbol{E}_v$ 仍如前所述。模态价值结果如表 9-1 中第 6～8 列所示，可看出，对于施加控制的情况，前两阶模态价值之和也可达到总价值的 88.01%，因此也只需截取前两阶模态组成降阶系统，以进行控制设计。最优控制设计时，取权重矩阵为 $\bar{\boldsymbol{Q}}=\text{diag}(100,100,1,1)$，$\bar{\boldsymbol{R}}=\text{diag}(4\times10^{-7},4\times10^{-8})$。施加控制后，柔性板右下角点的响应时程如图 9-2(b)中实线所示，可看出板的振动可以得到有效抑制。

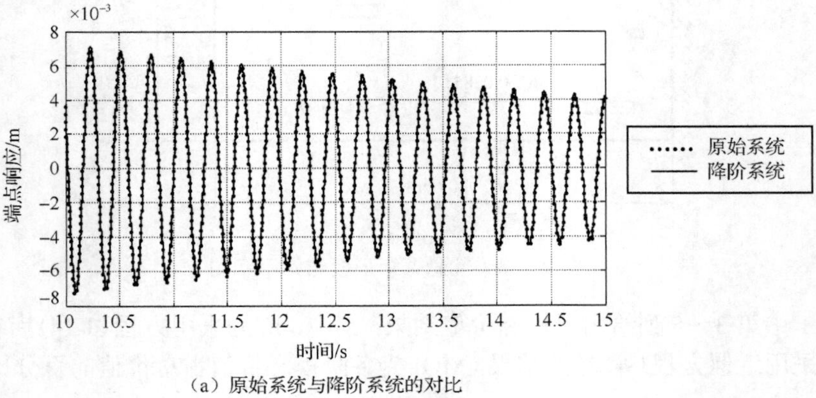

(a) 原始系统与降阶系统的对比

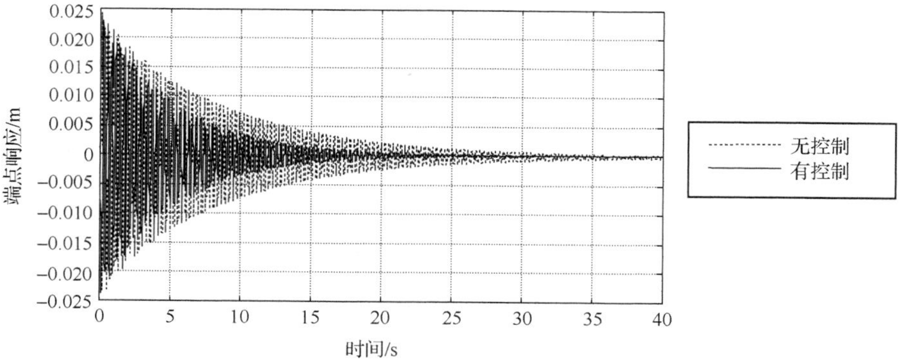

（b）控制仿真结果

图 9-2　柔性板右下角点的仿真结果

9.2 平衡降阶

1981 年 Moore[7]提出系统的平衡实现概念和平衡降阶方法，并成功应用到模型降阶中。一个线性时不变系统的可控性和可观性可以用系统的可控性 Gramian 矩阵和可观性 Gramian 矩阵来度量，它们在不同的坐标系中的值是变化的；其中存在一个平衡坐标，使得系统在该坐标中的两个 Gramian 矩阵是相等的对角阵，此时其对角元素值的大小也就是该坐标对应的分量的可控度和可观度的一个定量的衡量，保留其中最可控和最可观的子系统(平衡坐标下 Gramian 矩阵较大的对角元素对应的状态分量)后得到的就是平衡的降阶模型。**平衡降阶准则**通过对线性系统的可控、可观 Gramian 矩阵进行线性变换，使原系统转变为平衡系统(具有相同的且对角化的可控、可观 Gramian 矩阵的系统)，然后在平衡系统模态基上进行模态选择，从而得到降阶系统。平衡变换本质上实现了系统可控、可观性对各阶模态的解耦，可有效地解决现代复杂柔性结构频率密集模型的降阶问题。

9.2.1 平衡系统的定义及其实现

对于方程(9-3)所示的控制系统状态方程，其可控性 Gramian 矩阵和可观性 Gramian 矩阵可通过以下两个 Lyapunov 方程求解得到。

$$\boldsymbol{A}\boldsymbol{W}_c+\boldsymbol{W}_c\boldsymbol{A}^{\mathrm{T}}+\boldsymbol{B}\boldsymbol{B}^{\mathrm{T}}=\boldsymbol{0} \tag{9-23}$$

$$\boldsymbol{A}^{\mathrm{T}}\boldsymbol{W}_o+\boldsymbol{W}_o\boldsymbol{A}+\boldsymbol{E}^{\mathrm{T}}\boldsymbol{E}=\boldsymbol{0} \tag{9-24}$$

由方程(9-3)可知，矩阵 $\boldsymbol{A}$ 是块对角的。应用这一特征，由方程(9-23)、方程(9-24)可以得出 $\boldsymbol{W}_c$ 和 $\boldsymbol{W}_o$ 的解析解。对于 $\boldsymbol{W}_c$，可将其划分为 $\Re^{2\times2}$ 分块形式，即

$$\boldsymbol{W}_c=\begin{bmatrix}\ddots & & & & ⋰\\ & \boldsymbol{W}_{cii} & \cdots & \boldsymbol{W}_{cij} & \\ & \vdots & & \vdots & \\ & \boldsymbol{W}_{cji} & \cdots & \boldsymbol{W}_{cjj} & \\ ⋰ & & & & \ddots\end{bmatrix} \tag{9-25}$$

其中，$\boldsymbol{W}_{cij} \in \Re^{2\times 2}$，$i, j = 1,2,\cdots,n$。把其代入方程(9-23)，可得

$$\boldsymbol{A}_i\boldsymbol{W}_{cij} + \boldsymbol{W}_{cij}\boldsymbol{A}_i^{\mathrm{T}} + \boldsymbol{B}_i\boldsymbol{B}_j^{\mathrm{T}} = \boldsymbol{0} \tag{9-26}$$

解得

$$\boldsymbol{W}_{cij} = \frac{d_{ij}}{\Delta_{ij}}\begin{bmatrix} 2\omega_i\omega_j(\zeta_i\omega_j + \zeta_j\omega_i) & \omega_j(\omega_j^{\ 2} - \omega_i^{\ 2}) \\ -\omega_i(\omega_j^{\ 2} - \omega_i^{\ 2}) & 2\omega_i\omega_j(\zeta_i\omega_i + \zeta_j\omega_j) \end{bmatrix} \tag{9-27}$$

其中，$d_{ij} = \boldsymbol{D}_{N,i}\boldsymbol{D}_{N,j}^{\mathrm{T}}$；$\Delta_{ij} = 4\omega_i\omega_i(\zeta_i\omega_i + \zeta_j\omega_j)(\zeta_j\omega_i + \zeta_i\omega_j) + (\omega_j^{\ 2} - \omega_i^{\ 2})^2$。对于$\Delta_{ij}$，当$i = j$时，有$\Delta_{ij} = 16\zeta_i^{\ 2}\omega_i^{\ 4}$；当$i \neq j$时，对于阻尼比$\zeta \ll 1$的弱阻尼系统，且相应的模态频率足够分开时，即当满足条件$4\omega_i\omega_i(\zeta_i\omega_i + \zeta_j\omega_j)(\zeta_j\omega_i + \zeta_i\omega_j) \ll (\omega_j^{\ 2} - \omega_i^{\ 2})^2$时，$\Delta_{ij} = (\omega_j^{\ 2} - \omega_i^{\ 2})^2$。

对于方程(9-27)，当$i = j$时，有

$$\boldsymbol{W}_{cii} = \frac{d_{ii}}{4\zeta_i\omega_i}\boldsymbol{I}_{2\times 2} \tag{9-28}$$

Gramian 矩阵$\boldsymbol{W}_{cij}$是系统(9-3)的模态i和模态j之间可控性耦合程度的度量，较大的$\boldsymbol{W}_{cij}$值表明对应的模态之间存在较强的控制耦合。可观性 Gramian 矩阵$\boldsymbol{W}_o$的求解与$\boldsymbol{W}_c$的求解过程相似，在此不再重复。对于具有密频特征的系统，各个模态之间将存在强烈的控制耦合和观测耦合，此时可通过平衡变换的方式实现系统可控性和可观性的解耦，然后再进行模态截断。

设有非奇异线性变换：

$$\boldsymbol{y} = \boldsymbol{T}_b\bar{\boldsymbol{y}} \tag{9-29}$$

使得系统(9-3)变为

$$\begin{cases} \dot{\bar{\boldsymbol{y}}} = \bar{\boldsymbol{A}}\bar{\boldsymbol{y}} + \bar{\boldsymbol{B}}\boldsymbol{u} \\ \bar{\boldsymbol{z}} = \bar{\boldsymbol{E}}\bar{\boldsymbol{y}} \end{cases} \tag{9-30}$$

其中，$\bar{\boldsymbol{A}} = \boldsymbol{T}_b^{-1}\boldsymbol{A}\boldsymbol{T}_b$；$\bar{\boldsymbol{B}} = \boldsymbol{T}_b^{-1}\boldsymbol{B}$；$\bar{\boldsymbol{E}} = \boldsymbol{E}\boldsymbol{T}_b$。该系统的可控和可观 Gramian 矩阵满足

$$\bar{\boldsymbol{W}}_c = \bar{\boldsymbol{W}}_o = \boldsymbol{\Sigma} = \mathrm{diag}\{\sigma_i\} \tag{9-31}$$

称系统(9-30)为**平衡系统**，相应的变换(9-29)为**平衡变换**。可以证明，所有线性时不变的渐近稳定模型都可以通过线性变换转换成平衡形式。

由方程(9-23)可知，平衡系统(9-30)的可控 Gramian 矩阵$\bar{\boldsymbol{W}}_c$满足

$$\bar{\boldsymbol{A}}\bar{\boldsymbol{W}}_c + \bar{\boldsymbol{W}}_c\bar{\boldsymbol{A}}^{\mathrm{T}} + \bar{\boldsymbol{B}}\bar{\boldsymbol{B}}^{\mathrm{T}} = 0 \tag{9-32}$$

将$\bar{\boldsymbol{A}} = \boldsymbol{T}_b^{-1}\boldsymbol{A}\boldsymbol{T}_b$和$\bar{\boldsymbol{B}} = \boldsymbol{T}_b^{-1}\boldsymbol{B}$代入方程(9-32)，并且分别左乘$\boldsymbol{T}_b$、右乘$\boldsymbol{T}_b^{\mathrm{T}}$，可得

$$\boldsymbol{A}(\boldsymbol{T}_b\bar{\boldsymbol{W}}_c\boldsymbol{T}_b^{\mathrm{T}}) + (\boldsymbol{T}_b\bar{\boldsymbol{W}}_c\boldsymbol{T}_b^{\mathrm{T}})\boldsymbol{A}^{\mathrm{T}} + \boldsymbol{B}\boldsymbol{B}^{\mathrm{T}} = \boldsymbol{0} \tag{9-33}$$

从而得到

$$\begin{cases} \boldsymbol{W}_c = \boldsymbol{T}_b\bar{\boldsymbol{W}}_c\boldsymbol{T}_b^{\mathrm{T}} \\ \bar{\boldsymbol{W}}_c = \boldsymbol{T}_b^{-1}\boldsymbol{W}_c(\boldsymbol{T}_b^{-1})^{\mathrm{T}} \end{cases} \tag{9-34}$$

对于可观性 Gramian 矩阵，同样可以得到

$$\bar{\boldsymbol{W}}_o = \boldsymbol{T}_b^{\mathrm{T}}\boldsymbol{W}_o\boldsymbol{T}_b \tag{9-35}$$

所以

$$\boldsymbol{\Sigma}^2 = \bar{\boldsymbol{W}}_c\bar{\boldsymbol{W}}_o = \boldsymbol{T}_b^{-1}(\boldsymbol{W}_c\boldsymbol{W}_o)\boldsymbol{T}_b \tag{9-36}$$

方程(9-36)表明，平衡变换矩阵 $\boldsymbol{T}_b$ 是矩阵 $\boldsymbol{W}_c\boldsymbol{W}_o$ 的特征向量，而系统的 Hankel 奇异值的平方 σ_i^2 即为对应的特征值。

Laub[8]和 Bartels[9]提出了一种计算 $\boldsymbol{T}_b$ 的有效方法：

$$\boldsymbol{T}_b = \boldsymbol{L}_c\boldsymbol{U}\boldsymbol{\Lambda} \tag{9-37}$$

其中，$\boldsymbol{L}_c$ 为系统可控 Gramian 矩阵 $\boldsymbol{W}_c$ 的 Choleskye 分解；$\boldsymbol{U}$ 是正交模态阵；$\boldsymbol{\Lambda}$ 是对角阵，且

$$\boldsymbol{U}^{\mathrm{T}}(\boldsymbol{L}_c\boldsymbol{W}_o\boldsymbol{L}_c)\boldsymbol{U} = \boldsymbol{\Lambda}^2, \qquad \boldsymbol{\Lambda} = \mathrm{diag}\{\sigma_i\} \tag{9-38}$$

对于平衡系统(9-30)，奇异值 σ_i 表征系统模态的可控性和可观性。由于平衡变换后的系统可控性矩阵 $\bar{\boldsymbol{W}}_c$ 和可观性矩阵 $\bar{\boldsymbol{W}}_o$ 都为对角阵，此时系统各阶平衡模态的可控性和可观性是解耦的，因此可以根据系统的奇异值 σ_i 的大小进行模态截断。为了区别，称系统(9-3)对应的坐标基 $\boldsymbol{y}$ 为标准模态坐标，所对应的平衡系统(9-30)的坐标基 $\bar{\boldsymbol{y}}$ 称为平衡模态坐标。平衡降阶是根据系统的奇异值在平衡模态坐标基 $\bar{\boldsymbol{y}}$ 中进行模态截断，保留 σ_i 值较大的平衡模态，即保留系统最可控、最可观的模态。假设保留了 $\bar{n}$ 阶平衡模态，则降阶系统 $(\bar{\boldsymbol{A}}_{\bar{n}}, \bar{\boldsymbol{B}}_{\bar{n}}, \bar{\boldsymbol{E}}_{\bar{n}})$ 为

$$\begin{cases} \dot{\bar{\boldsymbol{y}}}_{\bar{n}} = \bar{\boldsymbol{A}}_{\bar{n}}\bar{\boldsymbol{y}}_{\bar{n}} + \bar{\boldsymbol{B}}_{\bar{n}}\boldsymbol{u} \\ \bar{\boldsymbol{z}} = \bar{\boldsymbol{E}}_{\bar{n}}\bar{\boldsymbol{y}}_{\bar{n}} \end{cases} \tag{9-39}$$

9.2.2　H 形板模型降阶

本节基于有限元建模方法对 H 形柔性板的模型降阶与主动控制进行研究。采用文献[10]中给出的 H 形密集模态柔性悬臂板作为研究对象，如图 9-3 所示。板参数如下：厚度 $h = 1.5\text{mm}$，密度 $\rho = 1800\text{kg/m}^3$，弹性模量 $E = 18.96\text{GPa}$，泊松比 $\nu = 0.30$，$a = 0.6\text{m}$，$b = 0.5\text{m}$，$c = 0.45\text{m}$，$d = 0.2\text{m}$，$e = 0.05\text{m}$，并且假定各阶模态阻尼比都为 0.01。

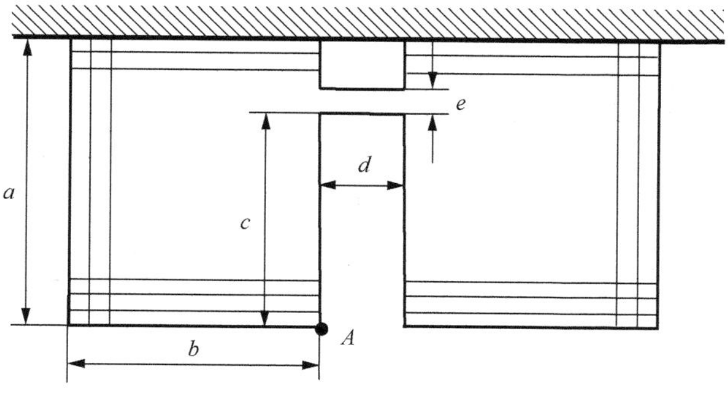

图 9-3　H 形柔性板

将板划分成 244 个 $5\text{cm}\times 5\text{cm}$ 的小单元，计算出质量阵 $\boldsymbol{M}$ 和刚度阵 $\boldsymbol{K}$，从而建立 H 形柔性板的有限元模型，此时系统有 $n = 810$ 个自由度。通过特征值分析，可以得出系统的前 10 阶固有频率为

$$f = [2.265, 2.338, 6.377, 6.745, 13.931, 14.414, 21.948, 23.024, 23.798, 24.242]\text{Hz}$$

可看出，在结构的低阶模态中，第一阶和第二阶、第三阶和第四阶、第五阶和第六阶模

态之间存在密频，而且高阶模态之间也存在密频情况。现假定在 H 形板的 A 点处(如图 9-3 所示)施加一个外力，使得该点产生 2cm 的初始位移，初始速度为零，去掉外力，板在该初始条件下自由振动。仿真计算该点的位移输出响应。利用平衡降阶方法，系统的前 10 阶平衡模态对应的 20 个奇异值为

$$\boldsymbol{\sigma}=[0.3418,0.3299,0.1707,0.1701,0.0847,0.0815,0.0655,0.0655,0.0126,0.0120,\\0.0063,0.0062,0.0059,0.0057,0.0048,0.0048,0.0026,0.0026,0.0007,0.0007]$$

可以看出，前两阶平衡模态对应的奇异值(前四个奇异值)较大，因此取前两阶平衡模态组成平衡降阶系统，即方程(9-39)中 $\bar{n}=4$ 。图 9-4 给出了采用原高阶系统和平衡降阶系统所得出的 A 点的响应时程，可以看到，采用平衡降阶系统所得出的该点的时程和原系统的结果吻合良好。

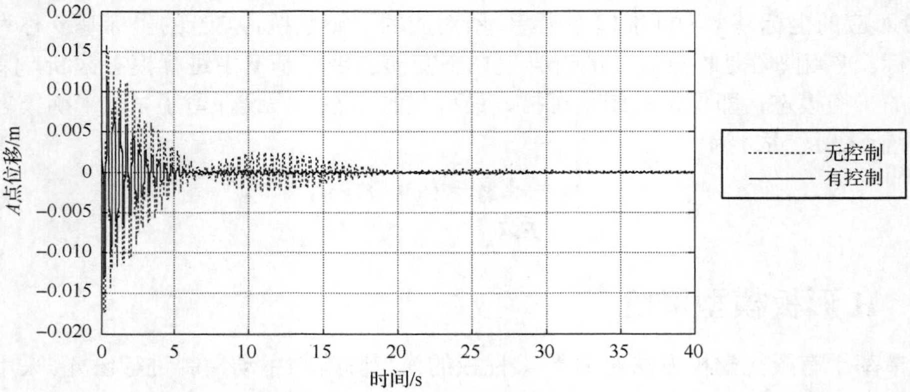

（a）控制仿真结果

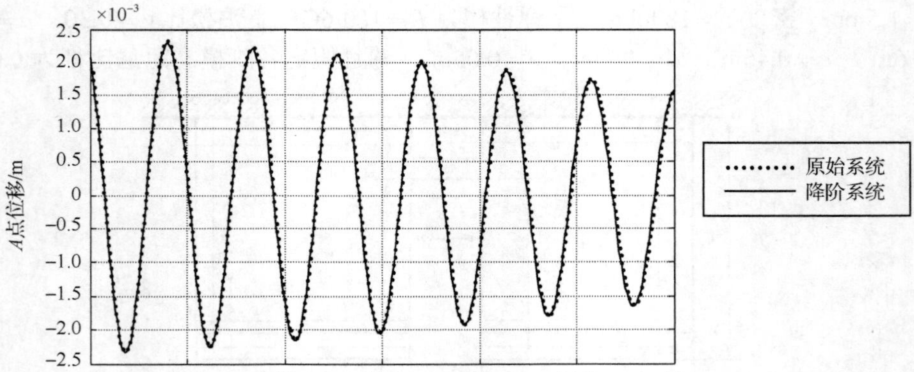

（b）原始模型与降阶模型的对比

图 9-4　平衡降阶结果

当采用模态价值分析方法进行模型降阶时，系统的前 10 阶标准模态的模态价值为

$$V=[0.065218992,0.054326061,0.010839439,0.011742677,1.37759\times10^{-4},\\6.73503\times10^{-5},3.13899\times10^{-4},1.164608\times10^{-3},6.00319\times10^{-4},8.45418\times10^{-5}]$$

可看出，前两阶模态的模态价值较大，因此，取前两阶标准模态组成模态价值降

阶系统。图 9-5(b)为采用模态价值降阶系统所得的 A 点的响应时程局部放大图，可以看出，采用模态价值降阶系统所得出的该点的时程结果和原系统结果也吻合较好。

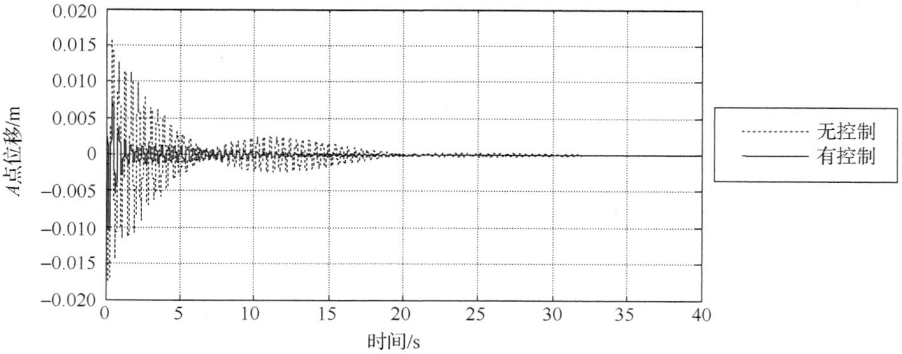

(a) 控制仿真结果

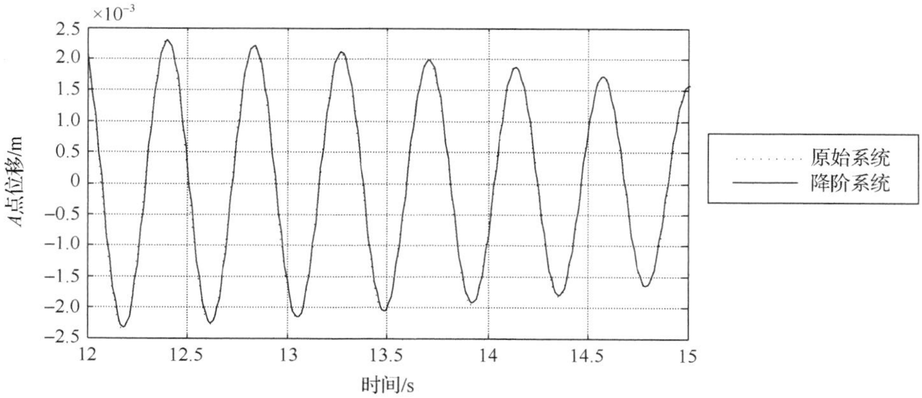

(b) 原始模型与降阶模型的对比

图 9-5　模态价值降阶结果

在此应当说明的是，本节考虑的 H 形柔性板，第一阶和第二阶模型之间存在密频，而板的自由振动则以第一阶模态振动占主要成分，采用平衡降阶和模态价值降阶所截取的平衡模态和标准模态皆为前两阶模态，因此平衡的降阶结果和模态价值的降阶结果基本一致。9.2.3 节的算例将对一个三自由度的弹簧-质量系统进行降阶，其中，第二阶和第三阶模态存在密频，结果显示，平衡的降阶效果要优于模态价值的降阶效果。

现在考虑对 A 点施加主动控制力，以抑制板的弹性振动。分别利用平衡降阶系统与模态价值降阶系统进行控制设计，控制方法采用最优控制，权重矩阵取为 $\bar{\boldsymbol{Q}} = \mathrm{diag}(100,100,1,1)$，$\bar{R} = 60$。施加控制后，利用平衡降阶系统进行控制设计得到 A 点的响应时程如图 9-4(a) 中实线所示，利用模态价值降阶系统进行控制设计得到 A 点的响应时程如图 9-5(a) 中实线所示。可以看出，板的振动可以得到有效抑制。

9.2.3　三自由度密频系统模型降阶

考虑如图 9-6 所示的三自由度质量-弹簧系统[11]，其中 $m_1 = m_3 = 1\mathrm{kg}$，$m_2 = 2\mathrm{kg}$，

$k_1 = k_4 = 50\text{N/m}$，$k_2 = k_3 = 5\text{N/m}$，$c_i = 0.01k_i$，$i = 1,\cdots,4$。

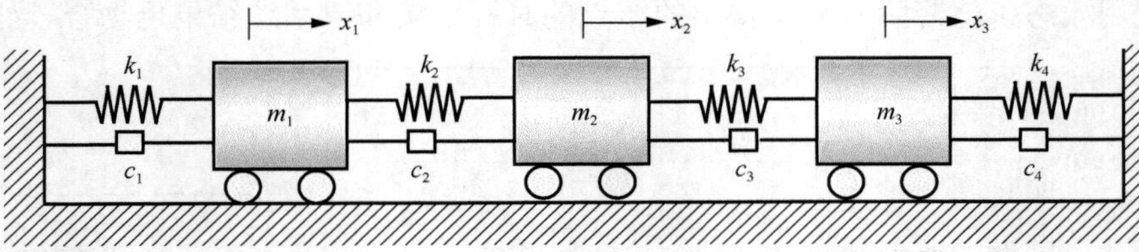

图 9-6　三自由度质量-弹簧系统

考虑单输入单输出的情况，假定控制力作用在 m_1 上，系统的动力学控制方程为

$$\begin{cases} \boldsymbol{M}\ddot{\boldsymbol{x}} + \boldsymbol{C}\dot{\boldsymbol{x}} + \boldsymbol{K}\boldsymbol{x} = \boldsymbol{D}u \\ z = \boldsymbol{E}_d\boldsymbol{x} + \boldsymbol{E}_v\dot{\boldsymbol{x}} \end{cases} \tag{a}$$

其中

$$\boldsymbol{x} = [x_1, x_2, x_3]^{\mathrm{T}}, \qquad \boldsymbol{M} = \begin{bmatrix} m_1 & 0 & 0 \\ 0 & m_2 & 0 \\ 0 & 0 & m_3 \end{bmatrix}$$

$$\boldsymbol{K} = \begin{bmatrix} k_1 + k_2 & -k_2 & 0 \\ -k_2 & k_2 + k_3 & -k_3 \\ 0 & -k_3 & k_3 + k_4 \end{bmatrix} = \begin{bmatrix} 55 & -5 & 0 \\ -5 & 10 & -5 \\ 0 & -5 & 55 \end{bmatrix}$$

$$\boldsymbol{C} = 0.01\boldsymbol{K}, \qquad \boldsymbol{D} = [1,0,0]^{\mathrm{T}}$$

系统的输出系数矩阵设定为

$$\boldsymbol{E}_d = [1,2,2], \qquad \boldsymbol{E}_v = [0,0,0]$$

根据方程(a)可得系统的模态频率和质量归一化的模态阵为

$$\boldsymbol{\omega} = \begin{bmatrix} 2.122476 \\ 7.416198 \\ 7.449905 \end{bmatrix}, \qquad \boldsymbol{\Phi} = \begin{bmatrix} 0.0697 & -0.7071 & -0.7037 \\ 0.7037 & 0 & 0.0697 \\ 0.0697 & 0.7071 & -0.7037 \end{bmatrix} \tag{b}$$

可见系统的第二阶和第三阶模态频率非常接近，为存在密集模态的系统。

变换到模态空间，系统的控制方程为

$$\begin{cases} \ddot{\boldsymbol{\eta}} + \mathrm{diag}(2\zeta_i\omega_i)\dot{\boldsymbol{\eta}} + \mathrm{diag}(\omega_i^2)\boldsymbol{\eta} = \bar{\boldsymbol{D}}u \\ z = \bar{\boldsymbol{E}}_d\boldsymbol{\eta} + \bar{\boldsymbol{E}}_v\dot{\boldsymbol{\eta}} \end{cases} \tag{c}$$

其中

$$\zeta_1 = 0.0106, \qquad \zeta_2 = 0.0371, \qquad \zeta_3 = 0.0372,$$

$$\omega_1 = 2.122476, \qquad \omega_2 = 7.416198, \qquad \omega_3 = 7.449905,$$

$$\bar{\boldsymbol{D}} = [0.0697, -0.7071, -0.7037]^{\mathrm{T}}, \qquad \bar{\boldsymbol{E}}_d = [0.616, 0.707, -1.972], \qquad \bar{\boldsymbol{E}}_v = [0,0,0]$$

根据方程(c)，可得到原系统的状态方程为

$$\begin{cases} \dot{\boldsymbol{y}} = \boldsymbol{A}\boldsymbol{y} + \boldsymbol{B}u \\ z = \boldsymbol{E}\boldsymbol{y} \end{cases} \tag{d}$$

其中，$y=[\dot{\eta}_1,\omega_1\eta_1,\dot{\eta}_2,\omega_2\eta_2,\dot{\eta}_3,\omega_3\eta_3]^{\mathrm{T}}$；系统矩阵 $\boldsymbol{A}$、控制矩阵 $\boldsymbol{B}$ 和观测矩阵 $\boldsymbol{E}$ 可通过方程(c)计算得到，具体如下：

$$\boldsymbol{A}=\begin{bmatrix} -0.0450 & -2.1225 & 0 & 0 & 0 & 0 \\ 2.1225 & 0 & 0 & 0 & 0 & 0 \\ 0 & 0 & -0.5500 & -7.4162 & 0 & 0 \\ 0 & 0 & 7.4162 & 0 & 0 & 0 \\ 0 & 0 & 0 & 0 & -0.5500 & -7.4495 \\ 0 & 0 & 0 & 0 & 7.4495 & 0 \end{bmatrix}$$

$$\boldsymbol{B}=[0.0697,0,-0.7071,0,-0.7037,0]^{\mathrm{T}}$$

$$\boldsymbol{E}=[0,0.7616,0,0.0953,0,-0.2646]$$

假设权矩阵 $\boldsymbol{Q}$ 为单位阵，输入为单位强度的白噪声，分别利用方程(9-4)通过数值解 Lyapunov 方程、封闭形式方程(9-8)和近似方程(9-22)算得的各阶模态价值如表 9-2 所示。

表 9-2　各阶模态价值计算结果

	一阶模态价值	二阶模态价值	三阶模态价值
数值解	0.031296	0.0072036	0.019962
封闭式	0.031281	0.0071798	0.019943
近似式	0.031273	0.0041313	0.031249

由表 9-2 可知，利用封闭形式方程(9-8)得到的结果与由方程(9-4)通过数值解 Lyapunov 方程得到的结果很接近，而由近似方程(9-22)得到的第二阶和第三阶模态价值的误差较大。可见，在弱阻尼情况下，利用本节介绍的封闭形式的模态价值计算公式可以很好地估计各阶模态价值；而近似公式除了要求弱阻尼外，还要求各阶模态频率足够分开。

对原系统进行平衡变换，变换后得到的平衡系统设为 Bsys：

$$\begin{cases}\dot{\bar{y}}=\bar{\boldsymbol{A}}\bar{y}+\bar{\boldsymbol{B}}\boldsymbol{u} \\ \bar{z}=\bar{\boldsymbol{E}}\bar{y}\end{cases} \tag{e}$$

其中

$$\bar{\boldsymbol{A}}=\begin{bmatrix} -0.02363 & -2.121 & -0.05694 & -0.08393 & 0.003454 & 0.004275 \\ 2.121 & -0.02151 & -0.08062 & -0.05677 & 0.003335 & 0.004118 \\ -0.05694 & 0.08062 & -0.2582 & -7.463 & 0.02632 & 0.03273 \\ 0.08393 & -0.05677 & 7.463 & -0.2923 & 0.02925 & 0.03591 \\ 0.0034554 & -0.003335 & 0.02632 & -0.02925 & -0.2098 & -7.393 \\ -0.004275 & 0.004118 & -0.03273 & 0.03591 & 7.393 & -0.3446 \end{bmatrix}$$

$$\bar{\boldsymbol{B}}=[0.1677,-0.1583,0.2399,-0.246,-0.01227,0.01516]^{\mathrm{T}}$$

$$\bar{\boldsymbol{E}}=[0.1677,0.1583,0.2399,0.246,-0.01227,-0.01516]$$

求得系统的 Hankel 奇异值为

$$\boldsymbol{\sigma}=[0.5952,0.5827,0.1115,0.1035,0.0004,0.0003]$$

对平衡系统应用奇异值准则，在平衡模态基上进行模态截断，由上面的奇异值可知，最后两个奇异值小于前面的奇异值好几个数量级，可以将其舍去，只保留奇异值较大的前四阶平衡模态，截断得到的降阶系统设为 Rsys1：

$$\begin{cases} \dot{\bar{\boldsymbol{y}}}_1 = \bar{\boldsymbol{A}}_1 \bar{\boldsymbol{y}}_1 + \bar{\boldsymbol{B}}_1 \boldsymbol{u} \\ \bar{z}_1 = \bar{\boldsymbol{E}}_1 \bar{\boldsymbol{y}}_1 \end{cases} \tag{f}$$

其中

$$\bar{\boldsymbol{A}}_1 = \begin{bmatrix} -0.02363 & -2.121 & -0.05694 & -0.08393 \\ 2.121 & -0.02151 & -0.08062 & -0.05677 \\ -0.05694 & 0.08062 & -0.2582 & -7.463 \\ 0.08393 & -0.05677 & 7.463 & -0.2923 \end{bmatrix}$$

$$\bar{\boldsymbol{B}}_1 = [0.1677, -0.1583, 0.2399, -0.246]^{\mathrm{T}}, \quad \bar{\boldsymbol{E}}_1 = [0.1677, 0.1583, 0.2399, 0.246]$$

为比较平衡降阶准则的效果，在此对原系统分别使用频率准则和模态价值分析准则进行降阶，以便对比各降阶模型与原系统的逼近程度，从而体现平衡降阶的优势。

对原系统应用频率准则，在标准模态基上截断最高频率对应的模态。删去矩阵 $\boldsymbol{A}$ 和 $\boldsymbol{B}$ 的最后两行，删去矩阵 $\boldsymbol{A}$ 和 $\boldsymbol{E}$ 的最后两列，得到四阶的降阶系统为 Rsys2：

$$\begin{cases} \dot{\bar{\boldsymbol{y}}}_2 = \bar{\boldsymbol{A}}_2 \bar{\boldsymbol{y}}_2 + \bar{\boldsymbol{B}}_2 \boldsymbol{u} \\ \bar{z}_2 = \bar{\boldsymbol{E}}_2 \bar{\boldsymbol{y}}_2 \end{cases} \tag{g}$$

其中

$$\bar{\boldsymbol{A}}_2 = \begin{bmatrix} -0.0450 & -2.1225 & 0 & 0 \\ 2.1225 & 0 & 0 & 0 \\ 0 & 0 & -0.5500 & -7.4162 \\ 0 & 0 & 7.4162 & 0 \end{bmatrix}$$

$$\bar{\boldsymbol{B}}_2 = [0.0697, 0, -0.7071, 0]^{\mathrm{T}}, \quad \bar{\boldsymbol{E}}_2 = [0, 0.76161, 0, 0.095335]$$

对原系统应用模态价值分析准则，由表 9-2 可知，第二阶的模态价值相对来讲小于其他两阶的模态价值，故截去第二阶模态。删去矩阵 $\boldsymbol{A}$ 和 $\boldsymbol{B}$ 的第三、四行，删去矩阵 $\boldsymbol{A}$ 和 $\boldsymbol{E}$ 的第三、四列，得到的系统设为 Rsys3：

$$\begin{cases} \dot{\bar{\boldsymbol{y}}}_3 = \bar{\boldsymbol{A}}_3 \bar{\boldsymbol{y}}_3 + \bar{\boldsymbol{B}}_3 \boldsymbol{u} \\ \bar{z}_3 = \bar{\boldsymbol{E}}_3 \bar{\boldsymbol{y}}_3 \end{cases} \tag{h}$$

其中

$$\bar{\boldsymbol{A}}_3 = \begin{bmatrix} -0.0450 & -2.1225 & 0 & 0 \\ 2.1225 & 0 & 0 & 0 \\ 0 & 0 & -0.5500 & -7.4495 \\ 0 & 0 & 7.4495 & 0 \end{bmatrix}$$

$$\bar{\boldsymbol{B}}_3 = [0.0697, 0, -0.7037, 0]^{\mathrm{T}}, \quad \bar{\boldsymbol{E}}_3 = [0, 0.76161, 0, -0.26466]$$

设定初始条件 $\boldsymbol{x}_0 = \dot{\boldsymbol{x}}_0 = [0,0,0]^{\mathrm{T}}$，正弦激励 $u = \sin(\omega t)$，激励频率设为 $\omega = 1\,\mathrm{rad/s}$，对上述得到的原系统和各降阶系统进行仿真分析，各系统在正弦激励作用下的输出曲线如图 9-7～图 9-9 所示。可以看到，当模态频率密集出现时，在平衡模态基上应用奇异值准则进行模态截断得到的降阶系统的响应曲线与原系统的响应曲线几乎一致；在标准模态基上应用频率准则和模态价值分析准则得到的降阶系统的响应曲线与原系统的响应曲线都有较大的出入，而这两者相比，又以模态价值分析准则的降阶效果要好。

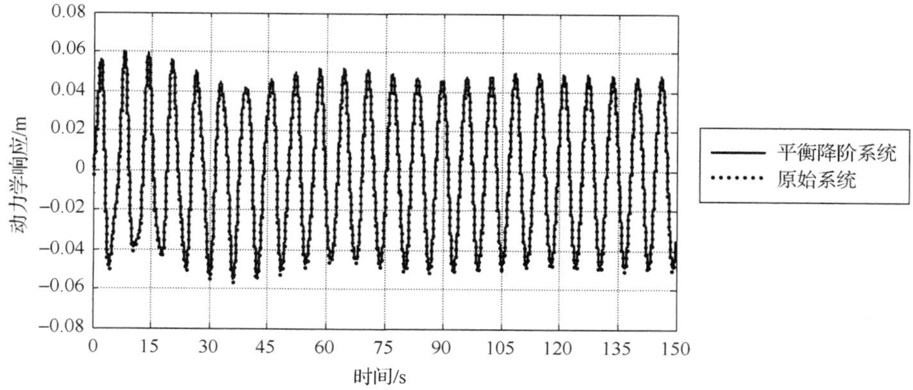

图 9-7　平衡降阶系统与原始系统响应曲线图

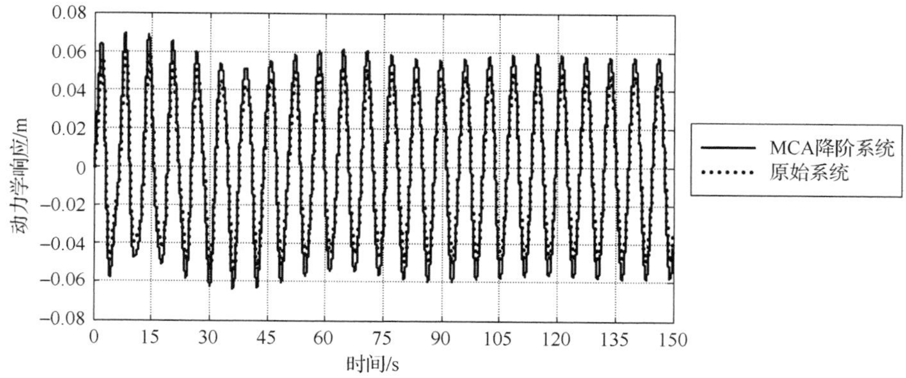

图 9-8　模态价值降阶系统与原始系统响应曲线图

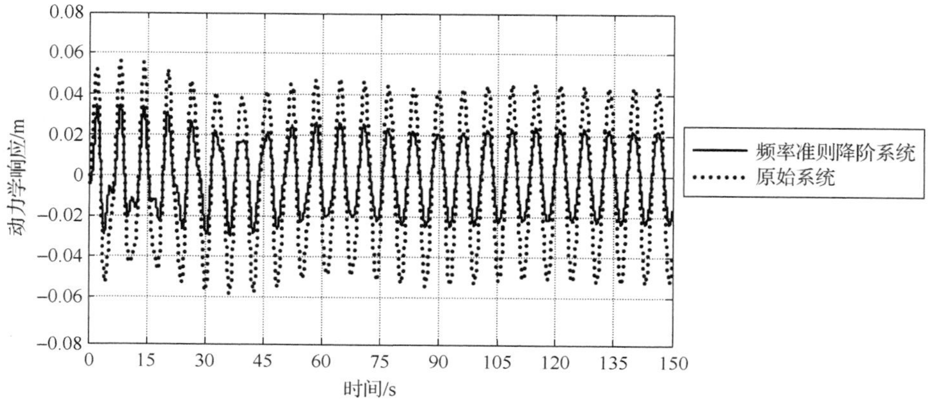

图 9-9　频率准则降阶系统与原始系统响应曲线图

综合 9.1 节和 9.2 节可以看出，当系统模态频率密集出现时，如果密集频率对应的模态价值比较接近，则模态价值降阶方法与平衡降阶法效果基本一致；如果密集频率对应的模态价值差距较大，则采用直接在标准模态基上进行模态截断的模态价值方法会产生较大的误差；而平衡降阶方法通过变换使系统的 Gramian 矩阵实现对角化，本质上使系统实现了模态可控性、可观性解耦，在平衡模态基上而不是直接在标准模态基上进行模态截断，可有效地解决频率密集系统的降阶问题。

复习思考题

9-1　参考文献[11]的第四章，针对类似于 9.2.3 节的三自由度弹簧质量系统的模型降阶问题进行数值仿真和详细讨论，分别考虑自由振动情况和强迫振动情况，降阶方法分别采用经典的频率准则降阶方法和模态价值分析准则。研究结果指出，经典的频率准则在模态截断上存在不足。但是文献[11]中考虑的三自由度系统为非密频系统，即系统的三个固有频率值足够分开。请针对 9.2.3 节三自由度密频系统，并结合参考文献[11]，讨论密频情况下的自由振动和强迫振动的模型降阶，深入体会经典的频率截断的使用方法。

参考文献

[1] 章敏. 柔性结构的模型降阶与主动控制研究[D]. 上海: 上海交通大学, 2009.

[2] SKELTON R E. Cost decomposition of linear systems with application to model reduction[J]. International Journal of Control, 1980, 32(6): 1031-1055.

[3] SKELTON R E, YOUSUFF A. Component cost analysis of large scale systems[J]. International Journal of Control, 1982, 37(2): 285-304.

[4] 施高萍. 多柔体系统动力学模型的降阶研究[D]. 杭州: 浙江工业大学, 2004.

[5] 邱志成. 航天器挠性板系统的模态分析和模型降阶[J]. 航天控制, 2006, 24(3): 89-96.

[6] 潘继. 结构作动器/传感器的优化配置及其主动控制研究[D]. 上海: 上海交通大学, 2008.

[7] MOORE B C. Principal component analysis in linear system: controllability, observability and model reduction[J]. IEEE Transactions on Automatic Control, 1981, 26(1): 17-32.

[8] LAUB A J. Computation of "balancing" transformations[C]. Proceedings of the Joint Automatic Control Conference, 1980.

[9] BARTELS R H, STEWART G W. Solution of the matrix equation AX+XB=C[F4] (Algorithm 432)[J]. Communications of the ACM, 1972, 15(9): 820-826.

[10] 陈光, 王永, 万璞. 密集模态挠性结构传感器/作动器的优化配置[J]. 实验力学, 2006, 21(2): 183-189.

[11] 谢永. 柔性结构的低维建模与主动控制研究[D]. 上海: 上海交通大学, 2012.